电工常用技能一本通

第 2 版

王兰君　凌玉泉　黄海平　等编著

机 械 工 业 出 版 社

本书在介绍安全用电、电工基础知识和电工基本操作技能的基础上，重点介绍了电工在实际工作中的具体应用实例和实用技术。本书内容包括：电工基础，电子技术基础，安全用电，电工识图，工具与仪表，基本操作技能，照明电气设备的安装与维修，数控机床与可编程序控制器，三相异步电动机，变压器，电工常用配电线路，电工实用电路，电梯设备，弱电系统，低压电器及应用等。

本书内容新颖丰富，既有电工基本知识，又有具体操作技能，适合广大初、中级电工（包括一般电工操作人员、维修安装电工）以及职业院校相关专业的师生阅读、参考和应用。

图书在版编目（CIP）数据

电工常用技能一本通/王兰君等编著. —2 版. —北京：机械工业出版社，2015.6
ISBN 978 - 7 - 111 - 50007 - 0

Ⅰ. ①电… Ⅱ. ①王… Ⅲ. ①电工技术 - 基本知识 Ⅳ. ①TM

中国版本图书馆 CIP 数据核字（2015）第 081638 号

机械工业出版社（北京市百万庄大街 22 号 邮政编码 100037）
策划编辑：张俊红 责任编辑：间洪庆 版式设计：霍永明
责任校对：张晓蓉 封面设计：路恩中 责任印制：刘 岚
北京圣夫亚美印刷有限公司印刷
2015 年 6 月第 2 版第 1 次印刷
184mm×260mm ·17.25 印张·427 千字
0001—3000 册
标准书号：ISBN 978 - 7 - 111 - 50007 - 0
定价：49.80 元

凡购本书，如有缺页、倒页、脱页，由本社发行部调换
电话服务　　　　　　　　　网络服务
服务咨询热线：010 - 88361066　机工官网：www.cmpbook.com
读者购书热线：010 - 68326294　机工官博：weibo.com/cmp1952
　　　　　　　010 - 88379203　金 书 网：www.golden - book.com
封面无防伪标均为盗版　　　教育服务网：www.cmpedu.com

前言

随着我国经济建设的不断发展，电气技术也在日渐普及，从事电气工作的人员也越来越多。为了帮助广大电气工作人员掌握更多电气方面的知识和技能，特编写了本书，目的是给初、中级电工技术人员、电气维修人员、职业技术学院学生以及下岗再就业人员提供更实用、更具有操作性的技能实训，使广大读者能活学活用，在较短的学习时间内，学到更实用的技能和宝贵的电工经验技巧，并能应用到自己的实际工作中去，达到立竿见影的良好效果。愿本书能使电工同行朋友开阔眼界，增加更多实用知识、增强操作技能，同时也希望本书能成为广大电工朋友的良师益友。

本书第1版在出版发行过程中，深受广大从事实际电工工作朋友的青睐，重印过数次，并得到同行读者称赞，同时也得到了很多宝贵的建议。因此，应广大读者的要求，我们对本书进行了修订，力求尽量多介绍一些电工各方面的实战经验，增加实用性。根据电工工作中常遇到的技术问题，我们增加了电工识图、电子技术基础、电工实用电路等章节，为初学朋友提供更直观的电路实战详解；同时增加了电梯设备、弱电系统等章节，使内容更丰富实用。

本书由王兰君、凌玉泉和黄海平改编，参加编写的人员还有王文婷、高惠瑾、张杨、李燕、凌黎、贾贵起、邢军、刘守真、凌珍泉、朱雷雷、刘彦爱、李渝陵、黄鑫、凌万泉、张从知、谭亚林，在此一并表示感谢。本书在编写过程中参考了很多同行的优秀作品，也有一些来自网络的资料，由于太过分散，故没有逐一列出来源，这里对这些同行及朋友一并表示感谢。

由于编者水平所限，书中难免有错误和不当之处，欢迎读者提出宝贵意见。

编　者

目录

第1章

电工基础

★★★ 1.1 电是什么 ★★★

我们用梳子梳理干燥的头发时，常常会听到噼噼啪啪的响声，如果在黑暗中，还会看到一些细小的火花。将这把梳子放到一撮小纸屑的近旁，小纸屑会被梳子吸起来，这种现象叫作摩擦起电。

电是什么呢？为了揭示电的本质，需要从物质的结构谈起。大家知道，自然界的一切物质都是由分子组成的，分子又是由原子组成的。原子是化学元素中的最小微粒，它的体积是极其微小的。例如，最简单的氢原子，其直径大约为一亿分之一厘米，其他化学元素的原子，也不过比氢原子大上几倍。每一种原子都有一个处在中心的原子核，在原子核周围有若干个电子沿着一定的轨道做着高速度的旋转运动，如同地球和其他行星围绕太阳旋转一样。一切原子的原子核都是带正电的，而电子是带负电的。在原子未受外界影响时，原子核所带的正电荷，等于它周围所有电子所带的负电荷。这样，原子对外界就不显示电性。带正电的原子核与带负电的电子间有电的吸引力在作用着，依靠正负电荷间的吸引力，把电子束缚在原子核周围的轨道上做旋转运动。

不同的原子，其原子核的质量和它周围的电子数目是不同的。按结构来说，氢原子是最简单的，它由一个原子核和一个电子组成。铜原子的结构较为复杂，它由一个原子核和 29 个电子组成，如图 1-1 所示。金属类的原子，原子核周围电子数量较多，它们分布在二层、三层或更多层轨道上。值得注意的是，那些处在最外层轨道上的电子，它们距离原子核比较远，与原子核的联

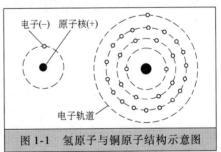

图 1-1 氢原子与铜原子结构示意图

系比较弱，在受到外界因素（如热、光、机械力）影响时，很容易脱离自己的轨道，不再受原子核的束缚，成为自由电子。金属等物质都具有不稳固的外层电子，在常温下就会脱离轨道成为自由电子（例如，$1cm^3$ 铜中包含 8×10^{32} 个自由电子）。这些自由电子在分子或原子间做着紊乱的无规则运动。

如果原子失掉一个或几个外层电子，它的电性中和就被破坏了，这个原子就变成带正电荷的正离子。飞出轨道的电子也可能被另外的原子所吸收，该原子就成为带负电荷的负离子。原来处于中性状态的原子，由于失去电子或额外地获得电子，变成带电的离子的过程，叫作电离。

★★★ 1.2 电流 ★★★

金属中含有大量的自由电子，当我们把金属导体和一个电池接成闭合回路时，导体中的自由电子（负电荷）就会受到电池负极的排斥和正极的吸引，而朝着电池正极运动，如图1-2所示。自由电子的这种有规则的运动，形成了金属导体中的电流。习惯上人们都把正电荷移动的方向定为电流的方向，它与电子移动的方向相反。

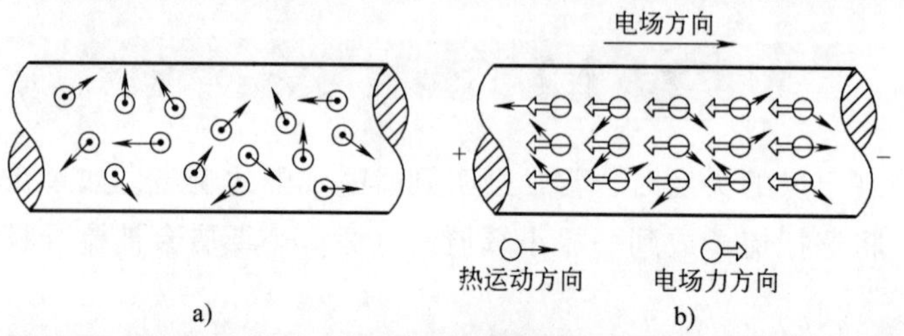

图 1-2 电流的形成

在实际工作中，我们常常需要知道电路中电流的大小。电流的大小可以用单位时间内通过导体任一横截面的电荷量来计量，称为电流强度，简称电流。电流的单位是安培（A），它是这样规定的：1s 内通过导体横截面上的电荷量为 1C（1C 相当于 6.242×10^{18} 个电子所带的电荷量），则电流就是 1A，即

$$1A = \frac{1C}{1s} \tag{1-1}$$

在实际工作中，还常常用到较小的单位，它们的关系是

$$1mA = \frac{1}{1000}A$$

$$1\mu A = \frac{1}{1000}mA = \frac{1}{1000000}A$$

大小和方向都不随时间变化的电流，称为直流电流，如图 1-3a 所示；方向始终不变，而大小随时间而变化的电流，称为脉动电流，如图 1-3b 所示；大小和方向均随时间作周期性变化的电流，称为交流电流，如图 1-3c 所示。

例题 1 在 1h 内通过导体横截面的电荷量为 900C，求电流。

解： 电流可按下式求出：

$$I = \frac{Q}{t} = \frac{900C}{1 \times 3600s} = 0.25A$$

式中，I 为电流（A）；Q 为电荷量（C）；t 为时间（s）。

例题 2 电路的电流为 0.5A，试求 2min 内流过电路的电荷量。

解： $Q = It = 0.5A \times 2 \times 60s = 60C$

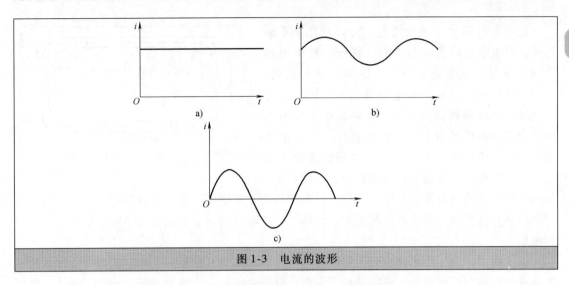

图 1-3　电流的波形

★★★　1.3　电动势和电压　★★★

　　大家对手电筒的电路都比较熟悉吧！它有一个小小的灯泡，通过金属导线和开关，与干电池相连接，如图 1-4 所示。把开关合上，小灯泡就亮了；把开关断开，小灯泡就熄灭。这正说明只有在闭合电路里才能有电流流通。这种闭合的电流通路，叫作闭合电路或回路。

　　图 1-4 中，干电池是产生电流的源泉，称为电源；小灯泡是消耗电能的元件，称为负载；电源和负载之间利用金属导线连接成闭合回路。电源、负载和连接导线是构成电路的不可缺少的部件。

　　为什么电源能推动电荷在电路里循环不断地流通呢？为了更容易理解电流的现象，人们时常将电流现象同水流现象相比拟。假如有 A、B 两个水槽，如图 1-5 所示，水槽之间用管子连通，如果两个水槽的水面一样高，水管中就不会有水流动。只有当两个水槽的水位一个高一个低时，水才会从水位高的水槽通过管子流向水位低的水槽。这就是说，有了水位差，就有了使水流动的压力，所以水位差也叫作水压。水位差越大，水流就越急。同样，为了使电荷在电路中流动，也需要有电位差。在一段电路上，当有电位差存在时，电流就会从高电位点流向低电位点，这两点之间就好像有一种"压力"存在，这种"压力"就叫作电压。那么，所谓高电位和低电位指的又是什么呢？

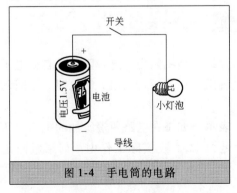

图 1-4　手电筒的电路

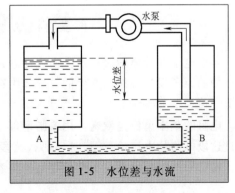

图 1-5　水位差与水流

4

电荷在电路中流通的情况，可以用图1-6来解释。产生电流的源泉是电源，任何一种电源都有两个电极，一个是正极，它缺少电子带正电；另一个是负极，它有多余电子带负电。如果用导线把负载和电源接成闭合回路，电路中的自由电子就会受到正极的吸引和负极的排斥，形成由负极经外电路流向正极的电子流。按照电流方向跟电子流方向相反的规定，在外电路中，电流总是

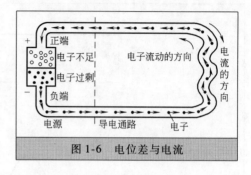

图1-6 电位差与电流

从电源的正极流向电源的负极。这样，我们就认为，电源的正极对负极具有高电位，而负极对正极具有低电位。和水流情况相仿，电源正、负极间的高、低电位之差叫作电位差，也叫作电压。

在水路中，为了使水在水管中持续流动，可以用水泵来维持一定的水位差。同样，为了使电流在电路中持续流动，就需要接入电源，电源就如同一个推动电子流动的"泵"。电源实质上是一种能量的转换装置：干电池和蓄电池把化学能转换成电能，发电机把机械能转换成电能……在电源内部进行能量转换的过程中，产生一种电源力，它不断地把电子从正极"搬运"到负极，使正极缺少电子，负极多余电子，由此建立并且维持正极和负极之间具有一定的电位差，使电流在电路中持续不断地流通。

为了衡量各种电源转换能量的本领，我们引入了一个叫作"电动势"的物理量。电动势用字母"E"来表示，它的单位是伏特，符号为V。1V就是在电源内部，把具有1C电量的电子从正极移动到负极，电源力所做的功为1J。所以，电动势表示电源所具有的维持一定电压的作用。由于电源存在着电动势，就能保持正极的电位高于负极的电位。

电压的单位和电动势的单位一样，都是V，但电压却指的是在任意一段电路上，把电荷从电路的一端推向另一端时，电场力所做的功。而电动势则是电源内部所具有的把电子从正极"搬运"到负极，建立并维持电位差的本领。所以电动势的方向是从负极到正极，即电位升高的方向；电压的方向是从正极到负极，即电位降低的方向。电压和电动势的基本单位是V，也常用到较大的单位和较小的单位，它们之间的关系是

$$1kV = 10^3 V$$
$$1mV = 10^{-3} V$$
$$1\mu V = 10^{-6} V$$

★★★ 1.4 电阻 ★★★

自由电子在导体中沿一定方向流动时，不可避免地会遇到阻力，这种阻力是自由电子与导体中的原子发生碰撞而产生的。导体中存在的这种阻碍电流通过的阻力叫电阻，电阻用符号R（值为R）表示。

电阻的基本单位是欧姆，用希腊字母"Ω"来表示。如果在电路两端所加的电压是1V，流过这段电路的电流恰好是1A，那么这段电阻就定为1Ω。在实际工作中，如果电阻比较大，常常采用较大的单位，它们之间的关系是

$$1\text{k}\Omega = 10^3\,\Omega \quad 1\text{M}\Omega = 10^6\,\Omega$$

电阻在电路图中的符号如图 1-7 所示。图 1-7a 代表固定电阻，图 1-7b 代表可变电阻。

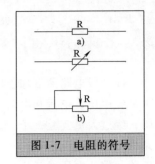

图 1-7　电阻的符号

物体电阻的大小与制成物体的材料、几何尺寸及温度有关。一般导线的电阻可由以下公式求得：

$$R = \rho\,\frac{l}{S} \tag{1-2}$$

式中，l 为导线长度（m）；S 为导线的截面积（mm^2）；ρ 为电阻率（$\Omega \cdot \text{mm}^2/\text{m}$）。

电阻率 ρ 是电工计算中的一个重要物理常数，不同材料物体的电阻率各不相同，它的数值相当于用这种材料制成长 1m、截面积为 1mm^2 的导线，在温度 $+20\,^\circ\!\text{C}$ 时的电阻值。电阻率直接反映着各种材料导电性能的好坏。材料的电阻率越大，表示它的导电能力越差；电阻率越小，则表示导电性能越好。常用导体材料的电阻率见表 1-1。

表 1-1　常用金属的电阻率（20℃）

材　　料	电阻率/($\Omega \cdot \text{mm}^2/\text{m}$)	材　　料	电阻率/($\Omega \cdot \text{mm}^2/\text{m}$)
银	0.0165	铸铁	0.5
铜	0.0175	黄铜（铜锌合金）	0.065
钨	0.0551	铝	0.0283
铁	0.0978	康铜	0.44
铅	0.222		

例题 3　一根铜导线，直径为 1mm，长度为 10m，试计算该导线在 20℃ 时的电阻。

解：先求导线的截面积：

$$S = \frac{\pi d^2}{4} = \frac{3.14 \times 1^2}{4}\,\text{mm}^2 = 0.785\,\text{mm}^2$$

查表 1-1 得，铜的电阻率 $\rho = 0.0175\,\Omega \cdot \text{mm}^2/\text{m}$

则导线在 20℃ 时的电阻 R 为

$$R = \rho\,\frac{l}{S} = 0.0175 \times \frac{10}{0.785}\,\Omega \approx 0.223\,\Omega$$

例题 4　装配某电表需要自制一个 30Ω 的电阻器，采用直径为 0.12mm 的康铜丝，问需要多长的康铜丝？

解：康铜丝的截面积为

$$S = \frac{\pi d^2}{4} = \frac{3.14 \times 0.12^2}{4}\,\text{mm}^2 \approx 0.0113\,\text{mm}^2$$

康铜丝的长度 $l = \dfrac{RS}{\rho} = \dfrac{30 \times 0.0113}{0.44}\,\text{m} \approx 0.77\,\text{m}$

例题 5　架设一条照明线路，线路长度为 1000m，要求输电线的电阻为 5Ω，求所用铝线的截面积。

解：$S = \rho\,\dfrac{l}{R} = 0.0283 \times \dfrac{1000}{5}\,\text{mm}^2 = 5.66\,\text{mm}^2$

★★★　1.5　欧姆定律　★★★

在一段电路两端加上电压，就能产生电流，电流流过电路，又不可避免地会遇到电阻。那么，电压、电流和电阻这三个基本物理量之间到底存在着什么关系呢？德国物理学家欧姆，经过大量实验，于 1827 年确定了电路中电流、电压和电阻三者之间的关系，总结出一条最基本的电路定律——欧姆定律。欧姆定律指出：在一段电路中，流过该段电路的电流与电路两端的电压成正比，与该段电路的电阻成反比，可用式（1-3）表示：

$$I = \frac{U}{R} \tag{1-3}$$

式中，R 为电阻（Ω）；I 为电流（A）；U 为电压（V）。

式（1-3）可以写成以下形式：

$$U = IR \tag{1-4}$$

式（1-4）的物理意义是，电流 I 流过电阻 R 时，会在电阻 R 上产生电压降。电流 I 越大，电阻 R 越大，电阻上降落的电压越多。

欧姆定律也可用式（1-5）表示：

$$R = \frac{U}{I} \tag{1-5}$$

式（1-5）的物理意义是，在任何一段电路两端加上一定的电压 U，可以测量出流过这段电路的电流 I，这时可以把这段电路等效为一个电阻 R。这个重要概念，在电路分析与计算中经常用到。

例题 6　有一手电筒的小灯泡在通电点燃时的灯丝电阻为 10Ω，两节干电池串联后的电压为 3V，求通过小灯泡的电流。

解：根据欧姆定律得：

$$I = \frac{U}{R} = \frac{3\mathrm{V}}{10\Omega} = 0.3\mathrm{A}$$

例题 7　一个信号灯，其额定电压为 6.3V，工作电流为 0.2A，今欲接入 12V 的电源，用一个线绕电阻降压，如图 1-8 所示，问降压电阻的阻值应为多大？

解：为保证信号灯得到所需的 6.3V 电压，降压电阻上应降落 12V − 6.3V = 5.7V 电压，为此，降压电阻的阻值为

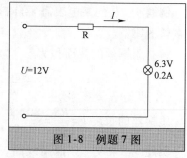

图 1-8　例题 7 图

$$R = \frac{U_{\mathrm{R}}}{I} = \frac{5.7\mathrm{V}}{0.2\mathrm{A}} = 28.5\Omega$$

例题 8　一段导线的电阻为 2.4Ω，通过导线的电流为 4.6A，求这段导线上的电压降。

解：$U = IR = 4.6\mathrm{A} \times 2.4\Omega = 11.04\mathrm{V}$

★★★　**1.6　电阻的串联**　★★★

如果电路中有两个或更多个电阻一个接一个地顺序相连，并且在这些电阻中通过同一电流，则这种连接方式就称为电阻的串联。图1-9是两个电阻串联的电路。

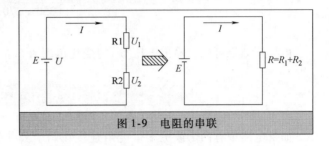

图1-9　电阻的串联

由于电流只有一条通路，所以电路的总电阻 R 必然等于各串联电阻之和，即

$$R = R_1 + R_2 \tag{1-6}$$

R 称为电阻串联电路的等效电阻。

电流 I 流过电阻 R1（值为 R_1）和 R2（值为 R_2）时都要产生电压降，分别用 U_1 和 U_2 表示，即

$$\left. \begin{array}{l} U_1 = IR_1 \\ U_2 = IR_2 \end{array} \right\} \tag{1-7}$$

电路的外加电压 U，等于各串联电阻上的电压降之和，即

$$U = U_1 + U_2 = IR_1 + IR_2 = I(R_1 + R_2) = IR \tag{1-8}$$

显然，电阻串联电路可以看作是一个分压电路，两个串联电阻上的电压分别为

$$\left. \begin{array}{l} U_1 = IR_1 = \dfrac{R_1}{R_1 + R_2}U \\[3mm] U_2 = IR_2 = \dfrac{R_2}{R_1 + R_2}U \end{array} \right\} \tag{1-9}$$

式（1-9）常称为分压公式，它确定了电阻串联电路外加电压 U 在各个电阻上的分配原则。显然，每个电阻上的电压大小，决定于该电阻在总电阻中所占的比例，这个比值称为分压比。

例题9　图1-10中，270Ω 的电位器（可变电阻）两边分别与 350Ω 及 550Ω 的电阻串联，组成一个分压电路，该串联电路的输入电压 $U_1 = 12\text{V}$，试计算输出电压 U_2 的变化范围。

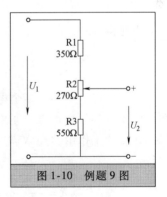

图1-10　例题9图

解：当电位器的滑动触头滑至最上端时：

$$\begin{aligned} U_2 &= U_1 \times \frac{R_2 + R_3}{R_1 + R_2 + R_3} \\[2mm] &= 12 \times \frac{270 + 550}{350 + 270 + 550}\text{V} \\[2mm] &\approx 8.4\text{V} \end{aligned}$$

当电位器的滑动触头滑至最下端时：

$$U_2 = U_1 \times \frac{R_3}{R_1 + R_2 + R_3}$$

$$= 12 \times \frac{550}{350 + 270 + 550} \text{V}$$

$$\approx 5.6 \text{V}$$

由计算结果可知，输出电压 U_2 的变化范围为 $5.6 \sim 8.4 \text{V}$。

★★★　1.7　电阻的并联　★★★

如果电路中有两个或更多个电阻连接在两个公共的节点之间，则这样的连接方式就称为电阻的并联。各个并联电阻上承受着同一电压。图 1-11 是两个电阻并联的电路。

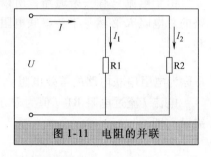

图 1-11　电阻的并联

根据欧姆定律，可以分别计算出每个电阻上的电流：

$$\left. \begin{array}{l} I_1 = \dfrac{U}{R_1} \\[2mm] I_2 = \dfrac{U}{R_2} \end{array} \right\} \tag{1-10}$$

电路未分支部分的电流，等于各并联支路中电流的总和，即

$$I = I_1 + I_2 \tag{1-11}$$

两个并联电阻也可以用一个等效电阻 R 来代替。等效电阻 R 的阻值大小可由下式推出：

$$\frac{U}{R} = \frac{U}{R_1} + \frac{U}{R_2} \tag{1-12}$$

由此得出：

$$\frac{1}{R} = \frac{1}{R_1} + \frac{1}{R_2} \tag{1-13}$$

式（1-13）表明，多个电阻并联以后的等效电阻 R 的倒数等于各个支路电阻的倒数之和。由式（1-13）可以方便地计算出电阻并联电路的等效电阻。

在实际工作中，经常需要计算两个电阻并联的等效电阻，这时可利用下列简捷公式求得：

$$R = \frac{1}{\dfrac{1}{R_1} + \dfrac{1}{R_2}} = \frac{R_1 R_2}{R_1 + R_2}$$

例题 10　如图 1-12 所示，在 220V 的电源上并联着两盏电灯，它们在点燃时的电阻分别为 $R_1 = 484\Omega$，$R_2 = 1\,210\Omega$，计算这两盏电灯从电源取用的总电流。

解：利用欧姆定律可以计算出每盏电灯取用的电流：

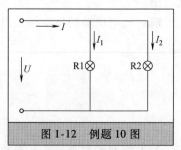

图 1-12　例题 10 图

$$I_1 = \frac{U}{R_1} = \frac{220\text{V}}{484\Omega} \approx 0.455\text{A}$$

$$I_2 = \frac{U}{R_2} = \frac{220\text{V}}{1210\Omega} \approx 0.182\text{A}$$

总电流为　　　　　　$I = I_1 + I_2 = 0.455\text{A} + 0.182\text{A} = 0.637\text{A}$

也可以先求出两盏电灯并联的等效电阻：

$$R = \frac{R_1 R_2}{R_1 + R_2} = \frac{484 \times 1210}{484 + 1210}\Omega \approx 345.7\ \Omega$$

再计算总电流　　　　　$I = \frac{U}{R} = \frac{220\text{V}}{345.7\Omega} \approx 0.636\text{A}$

例题 11　图 1-13 是一个表头，满度电流为 100 μA，表头内阻 $R_i = 1\text{k}\,\Omega$。若要改成量程为 10mA 的电流表，求并联的分流电阻 R_f 的大小。

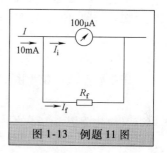

图 1-13　例题 11 图

解：由图可见，流过分流电阻 R_f 的电流为

$$I_f = I - I_i = 10\text{mA} - 0.1\text{mA} = 9.9\text{mA}$$

表头两端电压为

$$U_i = I_i R_i = 100 \times 10^{-6}\text{A} \times 1 \times 10^3\Omega = 0.1\text{V}$$

根据欧姆定律可算出 R_f 值，即

$$R_f = \frac{U_i}{I_f} = \frac{0.1\text{V}}{9.9 \times 10^{-3}\text{A}} \approx 10\ \Omega$$

★★★　1.8　电阻的混联　★★★

在一个电路中，既有并联电阻，又有串联电阻，这类电路称为电阻的混联电路。图 1-14a 中，R2 和 R3 是并联，然后再与 R1 串联；图 1-14b 中，R1 和 R2 是串联，R3 和 R4 是并联。上列电路都是电阻的混联电路。

尽管电阻的混联电路在形式上比较复杂，但只要熟练地掌握了电阻串联与并联的分析和计算方法，求解混联电路就不会有什么困难，下面通过例题说明分析电阻混联电路的方法与步骤。

例题 12　试计算图 1-15 所示混联电路的等效电阻。

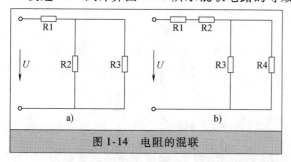

图 1-14　电阻的混联

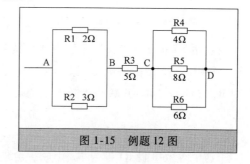

图 1-15　例题 12 图

解：在计算混联电路时，一般是先求出并联部分的等效电阻，把电路化成一个电阻串联电路，然后再进行计算。

先计算 AB 段的并联等效电阻：

$$R_{AB} = \frac{R_1 R_2}{R_1 + R_2} = \frac{2 \times 3}{2 + 3}\Omega = 1.2\ \Omega$$

再算出 CD 段的并联等效电阻：

$$R_{CD} = \frac{1}{\frac{1}{R_4} + \frac{1}{R_5} + \frac{1}{R_6}} = \frac{1}{\frac{1}{4} + \frac{1}{8} + \frac{1}{6}}\Omega \approx 1.8\ \Omega$$

电路的总电阻为

$$R = R_{AB} + R_3 + R_{CD} = 1.2\Omega + 5\Omega + 1.8\Omega = 8\ \Omega$$

例题 13　试求图 1-16 所示的电阻混联电路的等效电阻 R_{AB}。

解： 由图可见，R1 与 R2 是并联关系，先求出它们的等效电阻：

$$R_{12} = \frac{R_1 R_2}{R_1 + R_2} = \frac{6 \times 6}{6 + 6}\Omega = 3\ \Omega$$

于是电路就简化为图 1-16b 的形式，再计算 R12 与 R3 串联后的等效电阻：

$$R_{123} = R_{12} + R_3 = 3\Omega + 6\Omega = 9\ \Omega$$

电路又简化为图 1-16c 的形式，按两个电阻并联的公式，求出混联电路的等效电阻：

$$R_{AB} = \frac{R_{123} R_4}{R_{123} + R_4} = \frac{9 \times 6}{9 + 6}\Omega \approx 3.6\ \Omega$$

例题 14　图 1-17 中，$R_1 = 15\mathrm{k}\Omega$，$R_2 = 7.5\mathrm{k}\Omega$，现使用 5000 Ω/V 的 3V 量程的电压表测量 R1 两端的电压 U_1，问电压表的读数是多少？它是否反映了 R1 两端的实际工作电压？

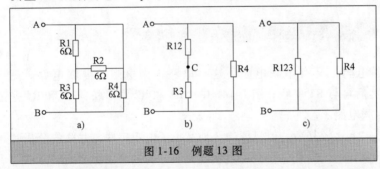

图 1-16　例题 13 图

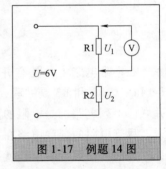

图 1-17　例题 14 图

解： 在未接电压表时，可用串联电阻的分压公式算出 R1 两端的电压 U_1：

$$U_1 = \frac{U R_1}{R_1 + R_2} = 6 \times \frac{15}{7.5 + 15}\mathrm{V} = 4\mathrm{V}$$

利用 5000 Ω/V 的 3V 量程电压表测量时，先要算出电压表的内阻。3V 挡的内阻为 $R_V = 3 \times 5000\Omega = 15\mathrm{k}\Omega$。将电压表并接在 R1 两端时，相当于给 R1 并上一个 15kΩ 的电阻 R_V（值为 R_V），R1 与 R_V 并联的等效电阻为

$$R_1' = \frac{R_1 R_V}{R_1 + R_V} = \frac{15 \times 15}{15 + 15}\mathrm{k}\Omega = 7.5\mathrm{k}\Omega$$

这个等效电阻 R1 再与 R2 串联，会使电路的分压比改变，此时电压表的读数为

$$U_1' = \frac{U R_1'}{R_1' + R_2} = 6 \times \frac{7.5}{7.5 + 7.5}\mathrm{V} = 3\mathrm{V}$$

由以上分析可见，R_1 上的电压降 U_1 本应是4V，由于并联了电压表，测出的结果只有3V，出现很大的误差。为了提高测量电压的准确性，应尽量选用内阻大的电压表。

★★★　1.9　全电路欧姆定律　★★★

图1-18所示是一个由电源、负载和连接导线组成的闭合电路。实际上，任何电源自身都是具有一定电阻的，电源自身的电阻叫电源内阻，用符号 R0（值为 R_0）表示。为了分析方便，可以把电源等效为恒定电动势 E 和内阻 R0 的串联支路，如图1-19所示。在这个闭合电路中，电流的大小可以由式（1-14）算出：

$$I = \frac{E}{R_0 + R} \tag{1-14}$$

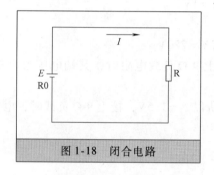

图1-18　闭合电路

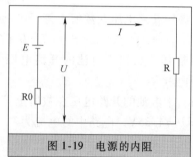

图1-19　电源的内阻

式（1-14）表明，在只有一个电源的无分支闭合电路中，电流与电动势成正比，与全电路的电阻成反比，这个规律称为全电路欧姆定律。

根据全电路欧姆定律可以得出

$$E = I(R + R_0) = IR + IR_0 \tag{1-15}$$

式中，$U = IR$ 是外电路的电压降，在数值上等于电源的端电压，IR_0 是电源内阻上的电压降，即

$$E = U + IR_0 \tag{1-16}$$

可以写成

$$U = E - IR_0 \tag{1-17}$$

式（1-17）具有明显的物理意义，它说明在电源有内阻时，电源的端电压等于电动势减去电源内阻上的电压降。通常，电动势 E 和电源内阻可以看成恒定不变，当负载电流 I 变化时，电源端电压 U 也将发生波动。电源的端电压 U 与负载电流 I 之间的关系 $U = f(I)$ 称为电源的外特性，用函数图表示，如图1-20所示。显然，电流越大，则电源端电压下降得越多。如果电源内阻 R_0 很小，即 $R_0 \ll R$，则 $U \approx E$，此时负载变动时，电源的端电压变动不大。电源内阻的大小决定着电源带负载的能力。

例题15　如图1-21所示，开关 S 闭合后，电压表的读数为219V，已知电源内阻为0.1Ω，负载电阻为21.9Ω，求开关 S 断开后电压表的读数。

解： 根据欧姆定律，电路中的电流为

$$I = \frac{U}{R} = \frac{219\text{V}}{21.9\Omega} = 10\text{A}$$

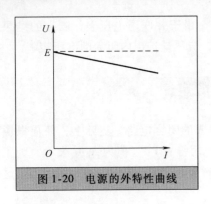

图 1-20　电源的外特性曲线

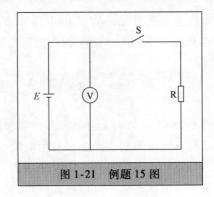

图 1-21　例题 15 图

电源内部电压降为

$$IR_0 = 10\text{A} \times 0.1\Omega = 1\text{V}$$

电源的开路电压在数值上等于电动势：

$$E = U + IR_0 = 219\text{V} + 1\text{V} = 220\text{V}$$

例题 16　已知干电池的开路电压为 1.5V，接上 9Ω 负载电阻时，其端电压为 1.35V，求电源内阻 R_0。

解：干电池的开路电压在数值上等于电动势，所以 $E = 1.5\text{V}$，接上 9Ω 负载时，电源的端电压 $U = 1.35\text{V}$，电路中的电流为

$$I = \frac{U}{R} = \frac{1.35\text{V}}{9\Omega} = 0.15\text{A}$$

所以有

$$R_0 = \frac{E}{I} - R = \frac{1.5\text{V}}{0.15\text{A}} - 9\Omega = 1\ \Omega$$

★★★　1.10　电功和电功率　★★★

各种各样的电气设备接通电源后都在做功，把电能转换成其他形式的能量，例如热能、光能、机械能等，电流在一段电路上所做的功，与这段电路两端的电压、流过电路的电流以及通电时间成正比，即

$$W = UIt \tag{1-18}$$

式中，W 为电功（J）；U 是电压（V）；I 为电流（A）；t 为时间（s）。

将 $U = IR$ 代入，可得

$$W = I^2 Rt \tag{1-19}$$

若将 $I = \frac{U}{R}$ 代入，则得

$$W = \frac{U^2}{R} t \tag{1-20}$$

式（1-18）、式（1-19）和式（1-20）是完全等值的，可根据不同的已知条件灵活使用。

电功的基本单位是 J，它是这样规定的：若负载的端电压为 1V，通过的电流为 1A 时，电流每秒钟所做的功就是 1J。

在实际工作中，我们不仅常常要计算电功，还需要知道各种电气设备做功的速率。电气设备在单位时间内所做的功叫电功率，用符号 P 表示，即

$$P = \frac{W}{t} \tag{1-21}$$

电功率的单位是瓦特，用符号 W 表示。1W 就是在 1s 内做了 1J 的功。根据式（1-18）可得

$$P = UI \tag{1-22}$$

也就是说，电流在电路中所产生的电功率，等于电压和电流的乘积。式（1-22）还可以写成

$$P = I^2 R, \ P = \frac{U^2}{R} \tag{1-23}$$

功率的较大单位为千瓦，用符号 kW 表示：

$$1kW = 1000W$$

知道了用电设备的电功率，乘上用电时间，就能算出它所消耗的电能，即

$$W = Pt \tag{1-24}$$

在实际工作中，功率的单位用 kW，时间的单位用 h，则计量用电量（消耗的电能）的实用单位为 kW·h，1kW·h 就是俗称的 1 度电。

例题 17　有一只 220V、60W 的电灯，接在 220V 的电源上，试求通过电灯的电流和电灯在 220V 电压下工作时的电阻。如果每晚用 3h，问一个月消耗多少电能。

解： 根据 $P = UI$，可得：

$$I = \frac{P}{U} = \frac{60W}{220V} \approx 0.273A$$

应用欧姆定律可得：

$$R = \frac{U}{I} = \frac{220V}{0.273A} \approx 806\ \Omega$$

一个月消耗电能为

$$W = Pt = 60 \times 10^{-3}kW \times 3 \times 30h = 0.06 \times 90kW·h = 5.4kW·h$$

例题 18　有一额定值为 5W、500 Ω 的线绕电阻，其额定电流为多少？在使用时电压不得超过多大的数值？

解： 额定电流可由下式求得：

$$I = \sqrt{\frac{P}{R}} = \sqrt{\frac{5W}{500\Omega}} = 0.1A$$

在使用时不得超过的电压值为

$$U = IR = 0.1A \times 500\Omega = 50V$$

例题 19　一条照明线路长 200m，用两根截面积为 6mm² 的铝心橡皮绝缘线作导线。已知照明负载的总功率为 2kW，电源电压为 220V，求通过导线的电流和在线路上的功率损失。

解： 先计算两根导线的电阻：

$$R = \rho \frac{2l}{S} = 0.0283 \times \frac{2 \times 200}{6}\Omega \approx 1.89\ \Omega$$

根据 $P = UI$ 可算出流过导线的电流：

$$I = \frac{P}{U} = \frac{2000\text{W}}{220\text{V}} \approx 9\text{A}$$

线路上的功率损失为

$$\Delta P = I^2 R = 9^2 \times 1.89\text{W} = 153.09\text{W}$$

★★★　1.11　电流的热效应　★★★

电流通过导体时，由于导体有电阻，在电阻上将会消耗能量，把电能转换成热能。电流通过导体时会使导体发热，称为电流的热效应。白炽灯、电烙铁、电炉等电热器具，都是利用电流的热效应进行工作的。那么，热和功之间有什么关系呢？18 世纪 40 年代，英国物理学家焦耳和物理学家楞次，各自独立地研究确定了一个有关电能与热能转换关系的重要定律——焦耳-楞次定律。焦耳-楞次定律说明，电流流过导体时产生的热量，与电流的二次方、导体本身的电阻以及电流通过的时间成正比。电流通过电阻时发出的热量可用式（1-25）来计算：

$$Q = 0.24 I^2 Rt \tag{1-25}$$

式中，Q 为热量（cal）；I 为电流（A）；R 为电阻（Ω）；t 为时间（s）；0.24 为换算系数。

　　例题 20　有一电热器具，热态电阻为 25 Ω，通过它的电流为 5A，问在 15min 内，产生的热量为多少千卡？

　　解： $Q = 0.24 I^2 Rt = 0.24 \times 5^2 \times 25 \times 15 \times 60\text{cal}$

$\qquad = 135000\text{cal}$

$\qquad = 135\text{kcal}$

★★★　1.12　电流的磁效应　★★★

1819 年，丹麦物理学家奥斯特做了一个著名的实验。他将一个小磁针移近一根通有电流的导体，意外地发现小磁针发生了偏转，说明导体中的电流产生了磁场，小磁针受到磁场力的作用而偏转。实验还进一步发现，通过导线的电流越大，或者磁针离通电导线越近，这种偏转作用就越强。如果改变导线中电流的方向，磁针方向也会随着改变。切断导线中的电流，磁场随之消失，小磁针回到原位。奥斯特的实验说明：磁场总是伴随着电流而存在，电流永远被磁场包围着。

在奥斯特发现通电导体周围存在磁场之后不久，法国物理学家安培确定了通电导线周围磁场的形状。他把一根粗铜线垂直地穿过一块硬纸板的中部，又在硬纸板上均匀地撒上一层细铁粉。当用蓄电池给粗铜线通上电流时，用手轻轻地敲击纸板，纸板上的铁粉就围绕导线排列成一个个同心圆，如图 1-22 所示。仔细观察就会发现，离导线穿过的点越近，铁粉排列得越密。这就表明，离导线越近的地方，磁场越强。如果取一个小磁针放在圆环上，小磁针的指向就停止在圆环的切线方向上。小磁针北极（N 极）所指的方向就是磁力线的方向。改变导线中电流的方向，小磁针的方向也跟着改变，说明磁场的方向完全取决于导线中电流的方向。电流的方向与磁力线的方向之间可用右手螺旋定则来判定，如图 1-23 所示。把右手的大拇指伸直，四指围绕导线，当大拇指指向电流方向时，其余四指所指的方向就是环状磁力线的方向。

图 1-22 通电直导线周围的磁场

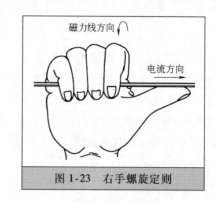

图 1-23 右手螺旋定则

许多电气设备（如变压器、电动机、交流接触器）都使用着用导线绕成的线圈。当线圈通入电流时，将会有磁力线穿过线圈，就如同条形磁铁一样。磁力线从线圈穿出的一端是北极（N 极），磁力线穿入的一端为南极（S 极），如图 1-24 所示。

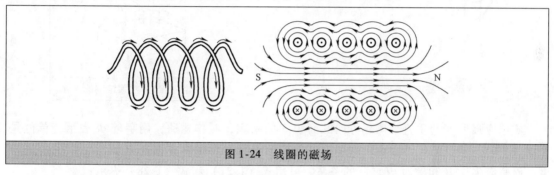

图 1-24 线圈的磁场

通电线圈的磁场方向可以用线圈的右手螺旋定则来确定：右手握住线圈，使弯曲的四指的指向与线圈中电流的方向一致，则与四指垂直的大拇指的方向就是穿过线圈的磁力线的方向。

实验证明，通电线圈的磁场强弱，与线圈的绕线匝数以及通入的电流大小成正比。电流 I 与匝数 N 的乘积称为磁动势。如果把线圈套在铁心上，电流通过线圈时产生的磁场会把铁心磁化，铁心被磁化后产生的磁化磁场将比电流的磁场增强几百倍、几千倍，甚至上万倍。电磁铁就是根据这个道理制成的。

★★★ 1.13 电磁力与磁感应强度 ★★★

磁场是物质的一种形式，在磁场中分布着能量，它具有一些十分重要的特性。

取长度为 1m 的直导体，放入磁场中，使导体的方向与磁场的方向垂直。当导体通过电流 I 时，就会受到磁场对它的作用力 F，这种磁场对通电导体产生的作用力叫电磁力，如图 1-25 所示。实验证明，电磁力 F 与磁场的强弱、电流的大小以及导体在磁场范围内的有效长度有关。

应用电磁力的概念，可以推导出一个用以衡量磁场强弱的物理量——磁感应强度。当我们取一根 1m 长的直导体，通过导体的电流为 1A，放到不同的磁场中或磁场的不同部位，会发现这根通电导体所受到的电磁力可能各不相同。因此，磁场内某一点磁场的强弱，可用 1m 长、通有 1A 电流的导体上所受的电磁力 F 来衡量（导体与磁场方向垂直），定义为磁感应强度，用符号 B 来表示，即

$$B = \frac{F}{Il} \qquad (1\text{-}26)$$

式中，F 为电磁力（N）；I 为电流（A）；l 是导体长度（m）。此时，磁感应强度 B 的单位为特斯拉，用 T 表示。磁感应强度 B 是矢量。

如果在磁场中每一点的磁感应强度大小都相同，方向也一致，这种磁场称为均匀磁场。

磁场对通电导体的作用力 F 的方向可用左手定则来确定，如图 1-26 所示，将左手平伸，大拇指和四指垂直，让手心迎接磁力线，四指指向电流的方向，则大拇指的指向就是电磁力的方向。

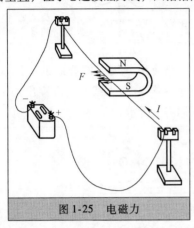

图 1-25　电磁力

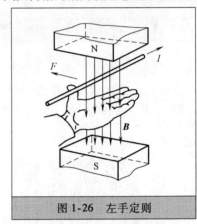

图 1-26　左手定则

磁感应强度 B 与垂直于磁场方向的面积 S 的乘积，叫作磁通，用字母 Φ 表示，单位是韦伯（Wb）。通俗的说，磁通可理解为磁力线的根数，而磁感应强度 B 则相当于磁力线密度。磁感应强度 B 和磁通 Φ 之间的关系，可用式（1-27）和式（1-28）表示：

$$\Phi = BS \qquad (1\text{-}27)$$

$$B = \frac{\Phi}{S} \qquad (1\text{-}28)$$

例题 21　在一个均匀磁场中，放入一根长为 0.8m 的直导体，并与磁场方向垂直，导体中通入电流 $I = 12A$，若导体受到的电磁力 $F = 2.4N$，求磁场的磁感应强度 B。

解： 根据磁感应强度 B 的定义公式可求得：

$$B = \frac{F}{Il} = \frac{2.4N}{12A \times 0.8m} = 0.25T$$

例题 22　在均匀磁场中，磁感应强度 B 为 1.6T，求在垂直于磁场的一块面积 $S = 8cm^2$ 上通过的磁通。

解： $\Phi = BS = 1.6T \times 8 \times 10^{-4} m^2 = 12.8 \times 10^{-4} Wb$

★★★　1.14　电磁感应　★★★

学习了前面的内容后，大家已经知道，电流能够产生磁场，磁场对电流有作用力，电和磁不是两个孤立的现象，电流和磁场之间有着不可分割的联系。本节将进一步说明，导体处在变化的磁场里，将会产生电动势，也就是人们常说的"磁生电"的现象。

1831 年英国物理学家法拉第发现，当处在磁场中的导体做切割磁力线的运动时，导体中就会产生电动势，这种现象就是电磁感应。这个电动势叫作感应电动势，导体回路中产生的电流叫作感应电流。

实验证明，感应电动势 E 与磁场的磁感应强度 B、导体的有效长度 l 以及导线的运动速度 v 成正比，即

$$E = Blv \tag{1-29}$$

式中，B 的单位为 T，l 的单位为 m，v 的单位为 m/s，E 的单位为 V。式（1-29）说明，导体切割磁力线的速度越快、磁场的磁力线越密以及导体在磁场范围内的有效长度越长，感应电动势也越大。换句话说，导体在单位时间内切割的磁力线越多，导体中产生的感应电动势就越大。

直导体中感应电动势的方向可用右手定则来判定，如图 1-27 所示：右手平伸，手心迎接磁力线，并使与四指垂直的大拇指指示导线运动的方向，那么伸直的四指就指向感应电动势和电流的方向。

上述直导体在磁场中做切割磁力线的运动产生感应电动势的现象，只是电磁感应的一个特例。法拉第总结了大量电磁感应实验的结果，得出了一个确定感应电动势大小和方向的普遍规律，称为法拉第电磁感应定律。

法拉第电磁感应定律说明：不论由于任何原因或通过什么方式，只要使穿过导体回路的磁通（磁力线）发生变化，导体回路中就必然会产生感应电动势。感应电动势的大小与磁通的变化率成正比，即

$$e = -\frac{\Delta \Phi}{\Delta t} \tag{1-30}$$

式中，$\Delta \Phi$ 为磁通的变化量（Wb）；Δt 为时间的变化量（s）；e 为感应电动势（V）。式中的 "$-$" 号是用来确定感应电动势方向的，后面再作解释。

若回路是一个匝数为 N 的线圈，则线圈中的感应电动势为

$$e = -N\frac{\Delta \Phi}{\Delta t}$$

例题 23　图 1-28 中，线圈 A 突然切断电源，引起穿过线圈 B 的磁通在 0.001s 内均匀地减小了 0.005Wb，若线圈 B 的匝数为 100，求感应电动势。

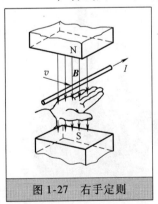

图 1-27　右手定则

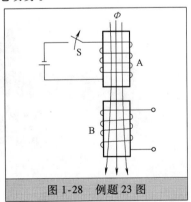

图 1-28　例题 23 图

解： 在 $\Delta t = 0.001\text{s}$ 内，磁通变化量 $\Delta \Phi = -0.005\text{Wb}$，则线圈 B 中的感应电动势为

$$e = -N\frac{\Delta \Phi}{\Delta t} = -100 \times \frac{-0.005\text{Wb}}{0.001\text{s}} = 500\text{V}$$

第**2**章
电子技术基础

★★★　2.1　电阻器及其命名方法　★★★

　　电阻器是一种最基本、最常用的电子元件。按其制造材料和结构的不同，电阻器可分为碳膜电阻器、金属膜电阻器、有机实心电阻器、线绕电阻器、固定抽头电阻器、可变电阻器、滑线式变阻器和片状电阻器等；按其阻值是否可以调整，又分为固定电阻器和可变电阻器两种。图 2-1 所示为几种常用电阻器的外形。在电子制作中一般常用碳膜电阻器和金属膜电阻器。碳膜电阻器具有稳定性较高、高频特性好、负温度系数小、脉冲负荷稳定及成本低廉等特点，金属膜电阻器具有稳定性高、温度系数小、耐热性能好、噪声小、工作频率范围宽及体积小等特点。

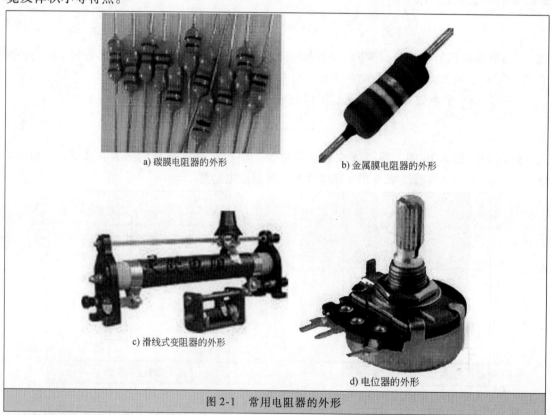

a) 碳膜电阻器的外形　　　　　　　b) 金属膜电阻器的外形

c) 滑线式变阻器的外形　　　　　　d) 电位器的外形

图 2-1　常用电阻器的外形

　　电阻器一般用"R"表示，图形符号如图 2-2a 所示。电阻器的型号命名由四部分组成，如图 2-2b 所示。第一部分用字母"R"表示电阻器的主称，第二部分用字母表示构成电阻器的材料，第三部分用数字或字母表示电阻器的分类，第四部分用数字表示序号。

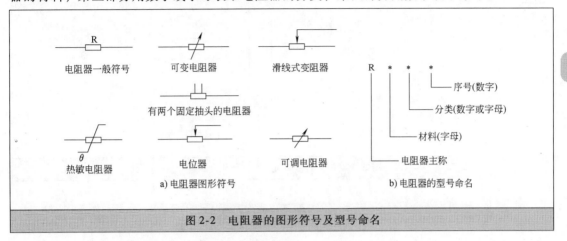

a) 电阻器图形符号　　　　b) 电阻器的型号命名

图 2-2　电阻器的图形符号及型号命名

★★★　2.2　电容器及其命名方法　★★★

电容器也是一种最基本、最常用的电子元件。电容器的种类很多，按电容量是否可调，电容器可分为固定电容器和可变电容器两大类。固定电容器按介质材料不同，又可分为许多种类，其中无极性固定电容器有纸介电容器、涤纶电容器、云母电容器、聚苯乙烯电容器、聚酯电容器、玻璃釉电容器及瓷介电容器等；有极性固定电容器有铝电解电容器、钽电解电容器、铌电解电容器等。图 2-3 所示为几种常用电容器的外形。使用有极性电容器时应注意其引线有正、负极之分，在电路中，其正极引线应接在电位高的一端，负极引线应接在电位低的一端。如果极性接反了，会使漏电流增大并且容易损坏电容器。

a) 云母电容器的外形　　b) 纸介电容器的外形　　c) 电解电容器的外形

图 2-3　常用电容器的外形

电容器的应用范围很广泛，如在滤波、调谐、耦合、振荡、匹配、延迟、补偿等电路中，是必不可少的电子元件，它具有隔直流、通交流的特性。

电容器一般用"C"来表示，图形符号如图 2-4a 所示。电容器的型号命名由四部分组成，如图 2-4b 所示。第一部分用字母"C"表示电容器的主称，第二部分用字母表示电容器的介质材料，第三部分用数字或字母表示电容器的类别，第四部分用数字表示序号。

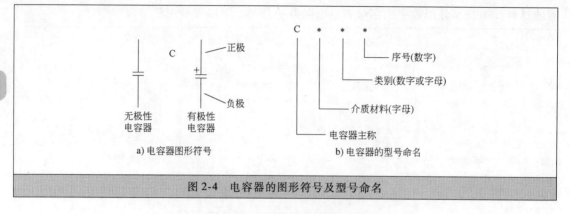

图 2-4　电容器的图形符号及型号命名

★★★　2.3　无极性电容器及其好坏的判别方法　★★★

在电子电路里经常用一些无极性电容器，它们的容量都较小，通常在 $1pF \sim 2\mu F$；耐压值最大的为 2kV，最小的为 63V。用万用表 R×1k 挡测量其两个引脚，如果指针不会偏转（容量在 $0.1 \sim 2\mu F$ 的电容器指针会有较小偏转，然后回到无穷大），说明电容器是好的，如果测出有一定电阻值或指针处于接近零的位置不动，则说明电容器已经损坏或已经击穿。

★★★　2.4　电解电容器及其好坏的判别方法　★★★

电解电容器是有"＋"、"－"极性的，用万用表可以粗略地判别电解电容器的好坏，具体方法如下：将万用表置于 R×1k 挡，用两个表笔瞬间接通两个引脚，如果指针偏转一个很大的角度（电容量越大，偏转的角度越大，对于容量小的电容器，若偏转角度太小，可以将欧姆挡往大调，以使指针偏转能看得清楚），然后慢慢回到无穷大，则说明电容器是好的，如图 2-5a 所示；如果指针没有回到无穷大就停止了，说明电容器漏电，如图 2-5b 所示；如果指针一直指在刚接通时的位置或指示到接近零的位置不动，则说明电容器被击穿或电容漏电短路已

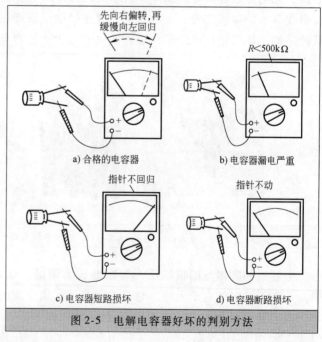

图 2-5　电解电容器好坏的判别方法

失去充放电作用，如图 2-5c 所示；如果用万用表测的正反向均使万用表指针不动，则说明电容器断路，如图 2-5d 所示。

★★★ 2.5 半导体 ★★★

半导体器件是近半个世纪发展迅速的新型电子器件,其中使用最多、最广泛的是晶体二极管与三极管,它们和电阻、电容、电感一样,是构成各种电子线路的基本元器件。

自然界中的物质,如金属中的金、银、铜、铁、铝及非金属中的石墨、碳等,它们对电流的阻力很小,因而具有良好的导电本领,这类物质称为导体。另一些物质,如塑料、陶瓷、石蜡等,它们对电流的阻力很大,因而导电本领极弱,这类物质称为绝缘体。除此之外还有一类物质,如硅、锗以及许多金属的氧化物或硫化物,它们的导电能力介于导体和绝缘体之间,这类物质就是我们要研究的半导体。

半导体绝大多数是晶体,因而把用半导体材料做成的二极管、三极管通称为晶体管。图2-6a 所示为半导体二极管(简称二极管)的外形,图 2-6b 所示为半导体三极管(简称三极管)的外形。下面介绍半导体的几种主要特性。

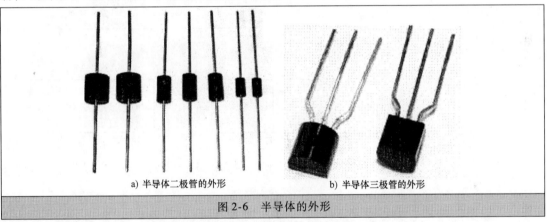

a) 半导体二极管的外形　　　　　　　　b) 半导体三极管的外形

图 2-6　半导体的外形

1)热敏性。外界环境温度的变化对半导体材料的电阻有显著的影响,这就是半导体的热敏性。利用这一特性,可制成热敏电阻。热敏电阻具有对温度灵敏度高、热惰性小、体积小的优点,在生产生活中应用非常广泛。例如,将热敏电阻放进恒温箱或恒温电炉,可以监测进而控制内部温度的变化。

2)光敏性。半导体材料受光照后,材料的电阻值随之升降,称为半导体的光敏性。光敏电阻应用也十分广泛,如机床的光电制动保护装置及各种光电自动控制系统等。

3)力敏性。有些半导体材料承受压力时电阻会随之发生变化,利用这种力敏性可以制成各种力敏电阻来测定机械振动位移及各种力—电信号转换装置。

4)其他敏感特性。半导体材料还有湿敏、嗅敏、味敏等许多半导体敏感特性,利用这些特性可以制成各种不同的敏感元器件来监测和控制各种不同的参数。

★★★ 2.6 PN 结及其单向导电特性 ★★★

纯净的半导体导电能力很差,实际用途较少。如果有选择地加入某些其他元素(称为杂质),就可能改变它的导电能力。在掺杂质时,如果控制杂质的数量,就能控制它的导电能力，这样就大大拓宽了半导体的应用范围。

掺杂半导体可分为 N 型半导体和 P 型半导体两种类型。P 型半导体也称为空穴型半导体，这类半导体的导电作用主要靠空穴；N 型半导体也称为电子型半导体，它的导电作用主要靠电子。

P 型半导体和 N 型半导体结合在一起，它们的交界面就形成一个特殊导电性能的薄层，称为 PN 结，如图 2-7a 所示。PN 结是晶体管中最基本的结构，是一切半导体器件的共同基础。晶体管具有许多重要的特性，关键正是由于存在 PN 结。

PN 结的特性可以从以下实验来证明。把 PN 结的 P 区接电源正极，N 区接电源负极，如图 2-7b 所示，叫作正向偏置。这时，从电流表上看到电流从正极流到负极，同时可以观察到正向偏置越大，从正极到负极的电流也越大。因为这个电流是由外加正向电压产生的，所以叫作正向电流。正向电流越大，意味着 PN 结正向导通时的电阻越小。

如果把电源极性调换一下，即 P 区接电源负极，N 区接电源正极，叫作反向偏置。电流表指示极小，如图 2-7c 所示，电流基本上不能流通。反向电流很小，意味着 PN 结在反向偏置时，电阻变得很大。

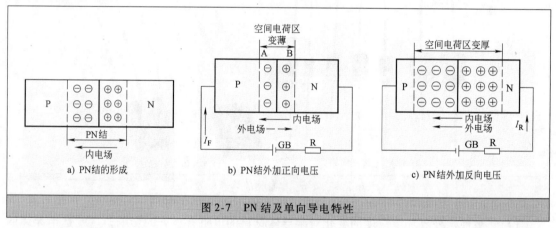

a) PN结的形成   b) PN结外加正向电压   c) PN结外加反向电压

图 2-7　PN 结及单向导电特性

从上述现象可以看出，PN 结正、反向导电特性相差很大。正向容易导电，类似电阻很小的导体；反向导电很困难，类似电阻很大的绝缘体。也就是说，PN 结使电流只能从 P 区流向 N 区，不能反过来流，这就是 PN 结最重要的特性——单向导电性。二极管、三极管及其他各种半导体器件的工作特性，都是以 PN 结的单向导电特性为基础的。

★★★　2.7　二极管的结构及其命名方法　★★★

把 PN 结的 P 区和 N 区各接出一条引线，再封装在管壳里，就构成一只二极管。P 区引出端为正极，N 区引出端为负极，如图 2-8a 所示。二极管的符号如图 2-8b 所示，它表示二极管具有单向导电性，箭头表示正向电流的方向。二极管外壳上一般都印有符号表示极性，图 2-8c 中从左到右是从小功率到大功率的各种二极管封装形式。

二极管的型号命名方法举例如图 2-9 所示。如 2CP12 是 P 型硅普通二极管，2CZ14 是 P 型硅整流二极管。

依据用途分类，电工设备中常用的二极管有四类：

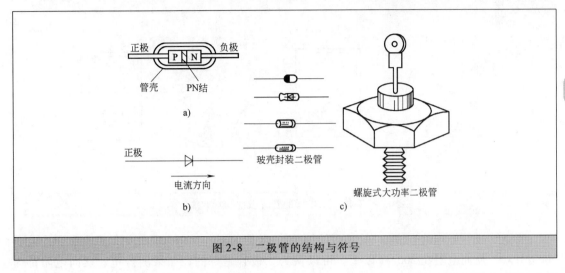

图 2-8　二极管的结构与符号

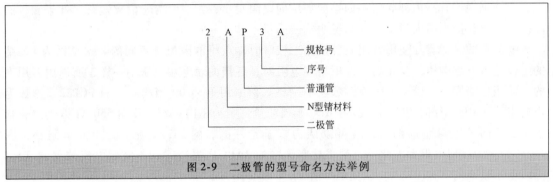

图 2-9　二极管的型号命名方法举例

1）普通二极管，如 2AP1 ~ 2AP10、2CP1 ~ 2CP20 等，用于信号检测、取样、小电流整流等。

2）整流二极管，如 ZP、2CZ 等系列，广泛使用在各种电源设备中做不同功率的整流。

3）开关二极管，如 2AK1 ~ 2AK4 等，用于控制、开关电路中。

4）稳压二极管，如 2CW、2DW 等系列，用在各种稳压电源和晶闸管电路中。

★★★　2.8　二极管的检测及其好坏的判别方法　★★★

在使用二极管时，必须注意其极性不能接错，否则电路不仅不能正常工作，还可能烧毁二极管和其他元器件。有的二极管没有任何极性标志，这时可以根据二极管的单向导电性，用万用表来简单判断管子的好坏和管脚的极性。

判断二极管管脚极性的方法如下：

用万用表 R × 100 挡或 R × 1k 挡，测量二极管的正、反向电阻。如果二极管是好的，总会测得一大一小两个阻值，由于万用表的红表笔接表内电池负极，黑表笔接表内电池正极，而二极管正向偏置时阻值较小，所以当测得阻值较小时，黑表笔所接的是二极管的正极，红表笔所接的是二极管的负极，如图 2-10a 所示。反过来，当测得电阻值很大时，红表笔所接是二极管的正极，而黑表笔所接是二极管的负极，如图 2-10b 所示。

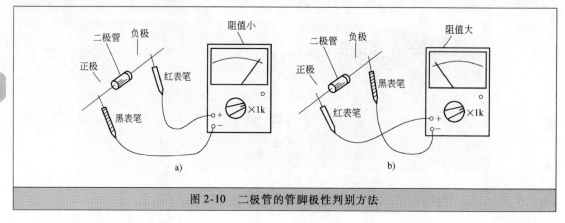

图 2-10　二极管的管脚极性判别方法

判断二极管好坏的方法如下：用万用表测二极管的正、反向电阻，如果正向电阻为几十到几百欧，反向电阻在 200kΩ 以上，可以认为二极管是好的；如果测得正、反向电阻都为无穷大，则说明管子内部断路；如果测得反向电阻很小，则说明管子内部短路；如果测得的反向电阻比正向电阻大得不多，则说明管子质量不佳。

要注意的是，实际使用万用表各挡测二极管时，获得的阻值是不同的。这是因为 PN 结的阻值是随外加电压而变化的。万用表测电阻时，各挡的表笔端电压不一样，所以用万用表的不同挡位测同一只管子的阻值读数就不一样。例如用 R × 100 挡测某一只 2CP22，读数为正向电阻 500Ω，反向 300kΩ。改用 R × 1k 挡测量，则为正向 4kΩ，反向 550kΩ 以上。若管子正、反向的电阻差别都大，就可以认为管子是好的。图 2-11a 所示为正向电阻小，图 2-11b 所示为反向电阻大。此外，测小功率管（如 2AP1 之类）时，不宜用电流较大的 R × 1 挡或电压较高的 R × 10k 挡，以免烧坏管子。

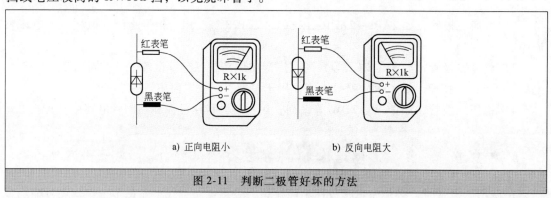

图 2-11　判断二极管好坏的方法

★★★　2.9　三极管的结构及其命名方法　★★★

三极管（标准术语称为晶体管）有三个极，分别称为发射极（用 e 表示）、基极（用 b 表示）和集电极（用 c 表示）。几种三极管的外形如图 2-12a 所示。从内部结构看，三极管由三层半导体材料构成，它具有三个区（发射区、基区和集电区）和两个 PN 结（发射结和集电结）。根据 PN 结组合方式的不同，三极管又有 NPN 和 PNP 两种不同类型，其结构示意与符号如图 2-12b 所示，三极管的命名方法如图 2-12c 所示。

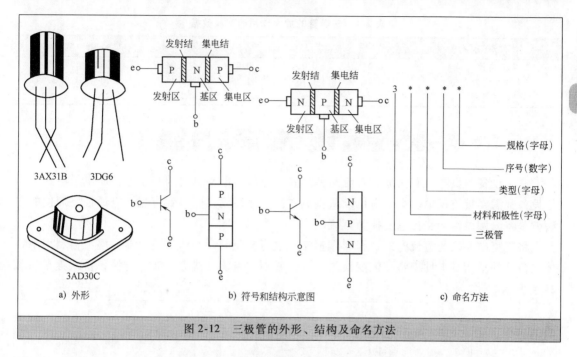

图 2-12　三极管的外形、结构及命名方法

★★★　2.10　三极管的放大作用　★★★

三极管最基本的作用是放大。所谓放大，是指给三极管输入一个变化的微弱电信号，便能在其输出端得到一个较强的电信号。例如，对着话筒（标准术语为传声器）讲话，话筒将声音变成微弱的电信号，如果将这微弱的电信号直接加在喇叭（标准术语为扬声器）上，那么喇叭放音会很微弱。如果将这微弱的电信号送入三极管组成的放大电路，通过三极管的放大作用输出较强的电信号来推动喇叭，就能发出比讲话时更大的声音，图 2-13 所示为三极管最基本的放大电路示意。

为了了解三极管的电流放大作用，用图 2-13 所示的电路做一个实验。在三极管基极与发射极之间的 PN 结（发射结）加正向电压，基极与集电极之间的 PN 结（集电结）加反向电压，调节电位器的阻值改变基极电流 I_b 的大小，便可相应地得到一组集电极电流 I_c 和发射极电流 I_e 的数值，现将测得的各组数据列于表 2-1。

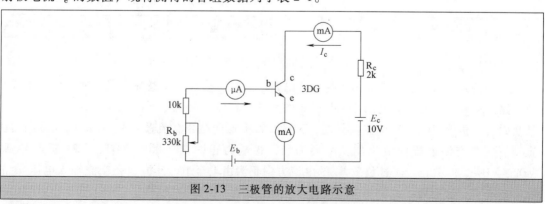

图 2-13　三极管的放大电路示意

表 2-1　三极管的放大作用的实验数据

实 验 次 数	1	2	3	4	5	6
基极电流 I_b/mA	0.01	0.02	0.03	0.04	0.05	0.06
集电极电流 I_c/mA	0.44	1.10	1.77	2.45	3.20	3.90
发射极电流 I_e/mA	0.45	1.12	1.80	2.49	3.25	3.96

★★★　2.11　整流电路　★★★

　　常用设备的供电，有交流和直流两种方式，电灯、电动机要用交流电，而电子电路和通信设备都需要直流供电。交流电可以从供电电网直接得到，而得到直流供电最经济简便的方法就是将电网供给的交流电变换为直流电。

　　将交流电变换为直流电的过程叫作整流，进行整流的设备叫作整流器。整流器利用半导体二极管的单向导电性来将交流变换为直流，常用的整流形式有半波、全波、桥式等，如图2-14 所示。

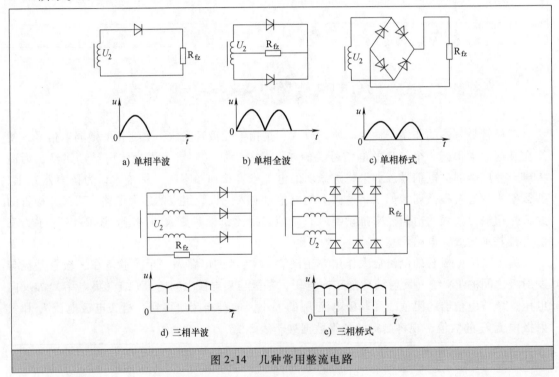

a) 单相半波　　　　　b) 单相全波　　　　　c) 单相桥式

d) 三相半波　　　　　e) 三相桥式

图 2-14　几种常用整流电路

　　下面具体介绍单相桥式整流电路的工作原理。

　　单相桥式整流电路如图 2-15a 所示。电路中四只二极管接成电桥形式，所以称为桥式整流电路。这种电路有时画成图 2-15b 所示的形式。在输入交流电压的正半周，即 A 端正、B 端负时，二极管 VD2、VD4 正向导通，VD3、VD1 反向截止，流过负载 R_{fz} 的电流方向为由上至下。在交流电压的负半周，A 端为负、B 端为正时，二极管 VD3、VD1 正向导通，VD2、VD4 反向截止，流过负载 R_{fz} 的电流方向仍为由上至下。这样，在交流输入电压 u_2 的正、负半周，都有同一方向的电流流过 R_{fz}，在负载上得到全波脉动直流电压，波形图如图

2-15c 所示。

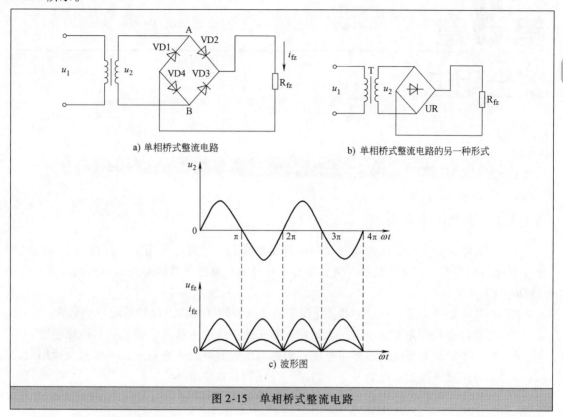

a) 单相桥式整流电路

b) 单相桥式整流电路的另一种形式

c) 波形图

图 2-15 单相桥式整流电路

第3章
安全用电

★★★ **3.1 安全用电的基本知识** ★★★

★3.1.1 安全用电常识

1）所有电源开关要装在相线上，不能装在零线上。照明灯采用螺口灯座时，相线必须接在灯座的顶芯上；灯泡拧紧后，金属部分不可外露。悬挂吊灯的灯头离地面的高度不应小于2m。

2）安装电灯严禁用"一线一地"（即用铁丝或铁棒插入地下代替零线）的做法。

3）更换灯泡时要先关闭电源，人站在木凳子或干燥的木板上，使人体与地面绝缘。

4）在一个插座上不应接过多用电器；根据电能表和导线用电量限，不可超负荷用电。

5）不可用湿手接触带电的开关、灯座、导线和其他带电体。

6）使用家用电器，特别是新购买的电器，要事先了解其性能、特点、使用方法以及注意事项，防止乱动。

7）有金属外壳的家用电器，如电冰箱、电扇、电熨斗、电烙铁、电热炊具等，要用有接地极的三极插头和三孔插座，而且要求接地装置良好，或者加装触电保安器。当不能满足这些要求时，至少应采取电气隔离措施。

8）不可将照明灯、电熨斗、电烙铁等器具的导线绕在手臂上进行工作。

9）用电器具出现异常，如电灯不亮，电视机无影像或无声音，电冰箱、洗衣机不起动等情况时，要先断开电源，再作修理。

10）电器设备工作时，不允许以拖拉电源线方式来搬移电器。用电设备不用时应及时切断电源。尽量避免雨天修理户外电器设备或移动带电的电器设备。

11）临时使用的电线要用绝缘电线、花线、电缆等，禁止使用裸导线，并且不得随地乱拖，要尽可能吊挂起来。临时线用毕后应及时拆除，不要长久带电。临时线的绝缘性能也要符合要求，不可用老化破旧的电线。临时线拆除时需先切断电源，并从电源端拆向负载；而安装时，顺序与此相反，即线路全部安装完毕后才能接通电源。

12）禁止在电线上晾衣服、挂东西。不要接近已断了的电线，更不可直接接触。雷雨时不要接近避雷装置的接地极。

13）尽可能不要带电修理电器和电线。在检修前，应先用验电笔检测是否带电，经确认无电后方可工作。另外，为防止线路突然来电，应拉开刀开关、拔下熔断器盖并带在身上。

14）导线、接头、插座、接线盒要分布放置，连接应符合规范，不得乱拉乱接电线，导线连接处要有良好的绝缘。

15）室内布线及电器设备，不可有裸露的带电体，对于裸露部分应包上绝缘带或装设罩盖。当刀开关罩盖、熔断器、按钮盒、插头、插座等有破损而使带电部分外露时，应及时更换，不可将就使用。

16）在高温、潮湿和有腐蚀性气体的场所，如厨房、浴室、卫生间等，不允许安装一般的插头、插座，应选用有罩盖的防溅型插座。检修这类场所的灯具时，特别要注意防止触电，最好停电后进行。

★3.1.2　电气消防常识

在电的生产、传输、变换和使用过程中，由于线路短路、接点发热、电动机电刷打火、电动机长时间过载运行、油开关或电缆头爆炸、低压电器触头分合、熔断器熔断、电热设备使用不当等原因，可能引起电气火灾。作为电气操作人员应该掌握必要的电气消防知识，以便在发生电气火灾时，能运用正确的灭火知识，指导和组织人员迅速灭火。

1）电气火灾的危害性很大，一旦发生，损失惨重。因此，对电气火灾一定要贯彻"预防为主"的原则，防患于未然。

2）发生火灾时，不要惊慌，要迅速报警；尽快切断电源，防止火势蔓延。

3）不可用水和泡沫灭火器灭火（尤其是油类火灾），应采用黄沙、二氧化碳、1211、四氯化碳、干粉灭火器灭火。

4）灭火人员不可使身体及手中的灭火器碰触到有电的导线或电气设备，防止灭火时发生触电事故，如果电线断落在地上，灭火人员最好穿绝缘鞋。

5）在危急情况下，为了争取灭火的主动权，争取时间控制火势，在保证人身安全的情况下可以带电灭火，在适当时机再切断电源，但千万要注意安全。

6）对于旋转电机火灾，为防止矿物性物质落入设备内部，击穿电机的绝缘，一般不宜用干粉、砂子、泥土灭火。

★3.1.3　灭火器的使用常识

1. 泡沫灭火器的使用

泡沫灭火器适用于扑救油脂类、石油类产品及一般固体物质的初起火灾。泡沫灭火器只能立着放置。其使用方法如图3-1所示。

泡沫灭火器筒身内悬挂装有硫酸铝水溶液的玻璃瓶或聚乙烯塑料制成的瓶胆。筒身内装有碳酸氢钠与发泡剂的混合溶液。使用时将筒身颠倒过来，碳酸氢钠与硫酸两溶液混合后发生化学作用，产生二氧化碳气体泡沫由喷嘴喷出。对准被灭火物持续喷射，大量的二氧化碳气体覆盖在物体表面，使其与氧气隔绝，即可将火势控制。使用时，必须注意不要将筒盖、筒底对着人体，以防万一爆炸伤人。

a) 普通式结构　　　b) 使用方法

图3-1　泡沫灭火器的使用方法

2. 二氧化碳灭火器的使用

二氧化碳灭火器主要适用于扑救贵重设备、档案资料、仪器仪表、额定电压 600V 以下的电器及油脂等的火灾。但不适用于扑灭金属钾、钠的燃烧。二氧化碳灭火器分为手轮式和鸭嘴式两种手提式灭火器，鸭嘴式二氧化碳灭火器的使用方法如图 3-2 所示。

二氧化碳灭火器的钢瓶内装有液态的二氧化碳，使用时液态二氧化碳从灭火器喷出后迅速蒸发，变成固体雪花状的二氧化碳。固体二氧化碳在燃烧物体上迅速挥发而变成气体。当二氧化碳气体在空气中含量达到 30% ~35%

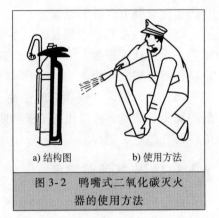

a) 结构图   b) 使用方法

图 3-2   鸭嘴式二氧化碳灭火器的使用方法

时，物体燃烧就会停止。鸭嘴式二氧化碳灭火器使用时，一手拿喷筒对准火源，一手握紧鸭舌，气体即可喷出。二氧化碳导电性差，电压超过 600V 必须先停电后灭火，二氧化碳怕高温，存放点温度不应超过 42℃。使用时不要用手摸金属导管，也不要把喷筒对着人，以防冻伤。喷射方向应顺风，切勿逆风使用。

3. 干粉灭火器的使用

干粉灭火器主要适用于扑救石油及其产品、可燃气体和电器设备的初起火灾。其使用方法如图 3-3 所示。

使用干粉灭火器时先打开保险销，把喷管口对准火源，另一手紧握导杆提环，将顶针压下，干粉即喷出。

4. 1211 灭火器的使用

1211 灭火器适用于扑救油类、精密机械设备、仪表、电子仪器、设备及文物、图书、档案等贵重物品的初起火灾。其使用方法如图 3-4 所示。

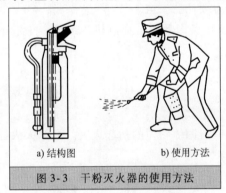

a) 结构图   b) 使用方法

图 3-3   干粉灭火器的使用方法

a) 结构图

b) 使用方法

图 3-4   1211 灭火器的使用方法

1211 灭火器钢瓶内装满二氟一氯一溴甲烷的卤化物，是一种使用较广的灭火器。使用时，拔掉保险销，然后用力握紧压把开关，由压杆使密封阀开启，在氮气压力作用下，灭火剂喷出。灭火时，应垂直操作，不可平放和颠倒使用，喷嘴要对准火焰根部，沿顺风左右扫射，并快速向前推进，当火扑灭后，松开压把开关，喷射即停止。

★3.1.4 触电急救常识

人体触电后，除特别严重当场死亡外，常常会暂时失去知觉，形成假死。如果能使触电者迅速脱离电源并采取正确的救护方法，可以挽救触电者的生命。实验研究和统计结果表明，如果从触电后1min开始救治，90%可以救活；从触电后6min开始救治，则仅有10%的救活可能性；如果触电后12min开始救治，救活的可能性极小。因此，使触电者迅速脱离电源是触电急救的重要环节。当发生触电事故时，抢救者应保持冷静，争取时间，一面通知医务人员，一面根据伤害程度立即组织现场抢救。切断电源要根据具体情况和条件采取不同的方法，如急救者离开关或插座较近，应迅速拉下开关或拔出插头，以切断电源，如图3-5a所示；如距离较远，应使用干燥的木棒、竹竿等绝缘物将电源移掉，如图3-5b所示；如附近没有开关、插座等，则可用带绝缘手柄的钢丝钳从有支撑物的一端剪断电线，如图3-5c所示；如果身边什么工具都没有，可以用干衣服或者干围巾等将自己一只手厚厚地包裹起来，拉触电者的衣服，附近有干燥木板时，最好站在木板上拉，使触电人脱离电源，如图3-5d所示。总之，要迅速用现场可以利用的绝缘物，使触电者脱离电源，并要防止救护者触电。

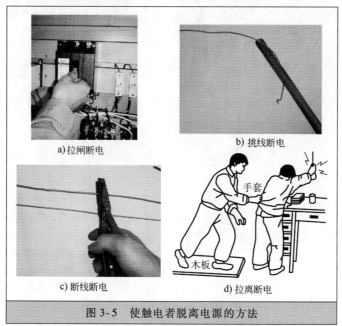

a) 拉闸断电　　　　　　　b) 挑线断电

c) 断线断电　　　　　　　d) 拉离断电

图3-5　使触电者脱离电源的方法

当触电者脱离电源后，应立即将其移至附近通风干燥的地方，松开其衣裤，使其仰卧，并检查其瞳孔、呼吸、心跳与知觉情况，初步了解其受伤害程度。

轻微受伤者一般不会有生命危险，应给予关心、安慰；对触电后精神失常者，应使其保持安静，防止其狂奔或伤人；对失去知觉，呼吸不齐、微弱或完全停止，但还有心跳者，应采用"口对口人工呼吸法"进行抢救；对有呼吸，但心跳不规则、微弱或完全停止者，应采用"胸外心脏按压法"进行抢救；对呼吸与心跳均完全停止者，应同时采用"口对口人工呼吸法"和"胸外心脏按压法"进行抢救。抢救者不要紧张、害羞，方法要正确，力度要适中，争分夺秒，耐心细致。

★3.1.5　触电急救方法

触电急救方法见表3-1。

表 3-1 触电急救方法

急救方法	适用情况	图示	实施方法
口对口人工呼吸法	触电者有心跳而呼吸停止	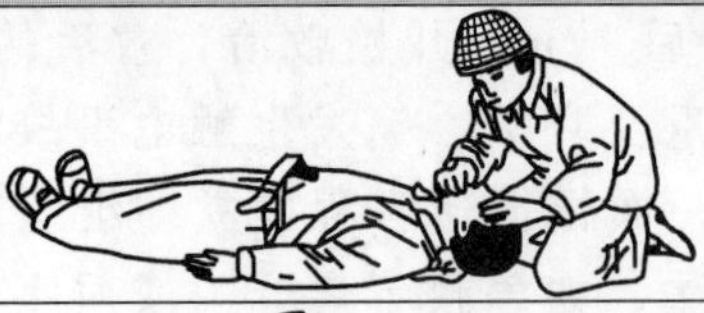	将触电者仰卧,解开衣领和裤带,然后将触电者头偏向一侧,张开其嘴,用手指清除口腔中的假牙、血等异物,使呼吸道畅通
		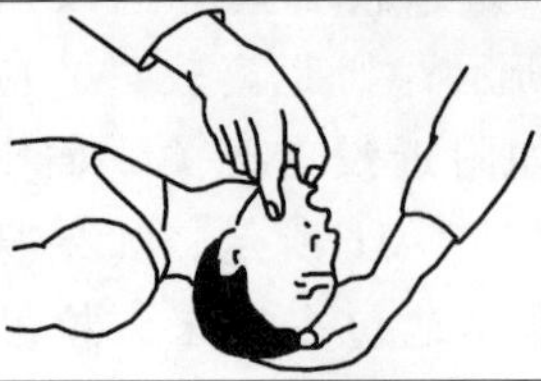	抢救者在病人的一边,使触电者的鼻孔朝上、头后仰
		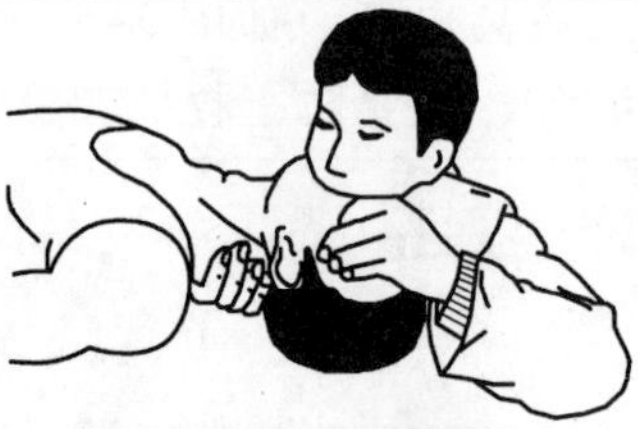	救护人一手捏紧触电者的鼻孔,另一手托在触电者颈后,将颈部上抬深深吸一口气,用嘴紧贴触电者的嘴,大口吹气。同时观察触电者胸部的膨胀情况,以略有起伏为宜。胸部起伏过大,表示吹气太多,容易把肺泡吹破。胸部无起伏,表示吹气用力过小,起不到应有作用
			救护人吹气完毕准备换气时,应立即离开触电人的嘴,并放开鼻孔,让触电人自动向外呼气,每5s吹气一次,坚持连续进行,不可间断,直到触电者苏醒为止
胸外心脏按压法	触电者有呼吸而心脏停跳	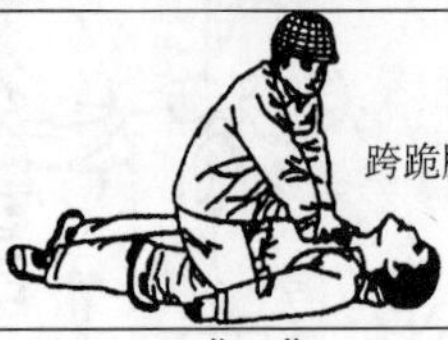 跨跪腰间	将触电者仰卧在硬板或地上,颈部枕垫软物使头部稍后仰,松开衣服和裤带,急救者跪在触电者腰部
		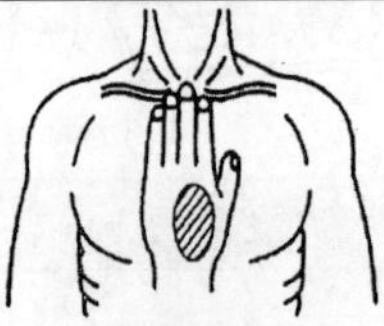 中指抵颈凹腔	急救者将右手掌根部置于触电者胸骨下1/2处,中指指尖对准其颈部凹陷的下缘,当胸一手掌,左手掌复压在右手背上
		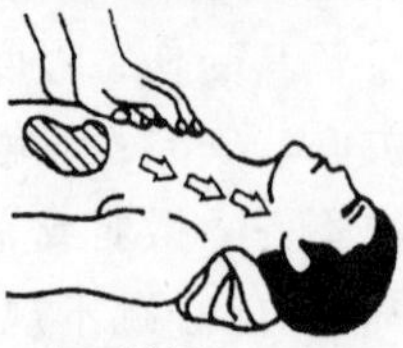 向下挤压3~4cm	选好正确的压点以后,救护人肘关节伸直,适当用力带有冲击性地压触电者的胸骨(压胸骨时,要对准脊椎骨,从上向下用力)。对成年人可压下3~4cm(1~1.2寸),对儿童只用一只手,用力要小,压下深度要适当浅些
		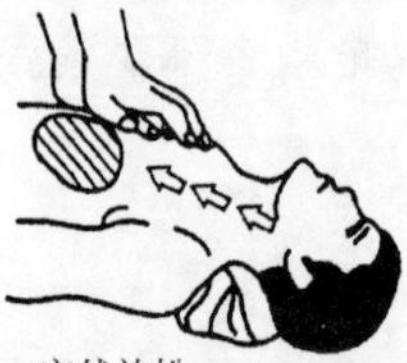 突然放松	按压到一定程度,掌根迅速放松(但不要离开胸腔),使触电人的胸骨复位,按压与放松的动作要有节奏,每秒钟进行一次,必须坚持连续进行,不可中断,直到触电者苏醒为止

32

（续）

急救方法	适用情况	图示	实施方法
口对口人工呼吸法和胸外心脏按压法并用	触电者呼吸和心跳都已停止	单人操作	一人急救:两种方法应交替进行,即吹气2~3次,再按压心脏10~15次,且速度都应快些
		双人操作	两人急救:每5s吹气一次,每秒钟按压一次,两人同时进行

33

★★★　3.2　接地装置的安装　★★★

★3.2.1　接地和接零

1. 接地的意义

用接地线把电气设备的某些部分与接地体进行可靠而又符合技术要求的电气连接称为接地。如电动机、变压器和开关设备的外壳接地。

当电气设备漏电时,其外壳、支架及与之相连的其他金属部分将出现电压。若有人触及这些意外的带电部分,就可能发生触电事故。接地的目的就是为了保证电气设备的正常工作和人身安全。为了达到这个目的,接地装置必须十分可靠,其接地电阻也必须保证在一定范围之内。例如,容量为100kV·A以上的变压器中性点接地装置的接地电阻不应大于4Ω,零线重复接地电阻不大于10Ω等。在电力系统中,应用较多的有工作接地、保护接地、保护接零、重复接地等,此外还有防雷接地、共同接地、过电压保护接地、防静电接地、屏蔽接地等。

2. 工作接地

为了保证电气设备的安全运行,将电力系统中的某些点接地,称为工作接地。如电力变压器和互感器的中性点接地等,都属于工作接地。如图3-6所示,电力变压器的三相绕组星形联结的公共点是中性点,从中性点引出的零线(中性线)有作单相电线和电气设备安全保护的双重作用。在三相四线制低压电力系统中,采用工作接地的优点很多。例如,将变压器低压侧中性点接地,可避免当电力变压器高压侧绕组绝缘损坏而使低压侧对地电压升

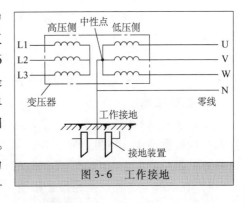

图3-6　工作接地

高，从而保证人身和设备的安全。同时，在三相负荷不平衡时能防止中性点位移，从而避免三相电压不平衡。此外，还可采用接零保护，在三相负荷不平衡时切断电源，避免其他两相对地电压升高。

3. 保护接地

将电动机、变压器等电气设备的金属外壳及与外壳相连的金属构架，通过接地装置与大地连接起来，称为保护接地，如图3-7所示。保护接地适用于中性点不接地的低压电网。保护接地可有效防止发生触电事故，保障人身安全。当电气设备绝缘损坏，相线碰壳时，设备外壳带电，人体触及就有触电的危险。如果电气设备外壳有了保护接地，电流同时流经接地体和人体。在并联电路中，电流与电阻大小成反比，接地电阻越小，通过的电流越大，流经人体的电流就越小。通常接地电阻都小于4Ω，而人体电阻一般在$1k\Omega$以上，比接地电阻大得多，所以流经人体的电流很小，不致有触电危险。

4. 保护接零

将电动机等电气设备的金属外壳及金属支架与零线用导线连接起来，称为保护接零。在$220/380V$三相四线制中性点直接接地的电网中广泛采用保护接零。当电气设备绝缘损坏造成单相碰壳时，设备外壳对地电压为相电压，人体触及将发生严重的触电事故。采用保护接零后，碰壳相电流经零线形成单相闭合回路，如图3-8所示。由于零线电阻较小，短路电流较大，使熔丝熔断或断路器等短路保护装置在短时间内动作，切断故障设备的电源，从而避免了触电。

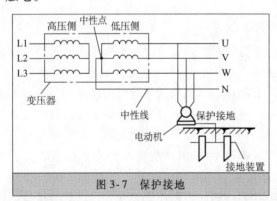

图 3-7　保护接地

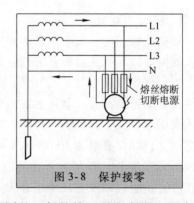

图 3-8　保护接零

必须注意的是，保护接零和保护接地的保护原理是不同的。保护接地是限制漏电设备外壳对地电压，使其不超过允许的安全范围；而保护接零是通过零线使漏电电流形成单相短路，引起保护装置动作，从而切断故障设备的电源。注意，在同一台变压器供电的系统中，保护接零和保护接地不能混用，不允许一部分设备采用保护接零，而另一部分设备采用保护接地。因为当采取保护接地的设备中一相与外壳接触时，会使电源中性线出现对地电压，使接零的设备产生对地电压，造成更多的触电机会。

5. 重复接地

在三相四线制保护接零电网中，除了变压器中性点的工作接地之外，在零线上一点或多点与接地装置连接，称为重复接地，如图3-9所示。对于$1kV$以下的接零系统，重复接地的接地电阻应不大于10Ω。重复接地的作用主要有：

1）在电气设备相线碰壳短路接地时，能降低零线的对地电压，缩短保护装置的动作时间。在没有重复接地的保护接零系统中,当电气设备单相碰壳时,在短路到保护装置动作切断电源的这段时间里,零线和设备外壳是带电的,如果保护装置因某种原因未动作不能切断电源时,零线和设备外壳将长期带电。有了重复接地,重复接地电阻与工作接地电阻变成并联电路,线路阻值减小,可降低零线的对地电压,加大短路电流,使保护装置更快动作,而且重复接地点越多,对降低零线对地电压越有效,对人体也越安全。

2)当零线断线时,能降低触电危险和避免烧毁单相用电设备。如图3-10所示,在没有重复接地时,如果零线断线,且断线点后面的电气设备单相碰壳,那么断线点后零线及所有接零设备的外壳都存在接近相电压的对地电压,可能烧毁用电设备。而且此时接地电流较小,不足以使保护装置动作而切断电源,很容易危及人身安全。在有重复接地的保护接零系统(见图3-11)中,当发生零线断线时,断线点后的零线及所有接零设备外壳对地电压要低得多,所以断线点后的重复接地越多,总的接地电阻越小,短路电流就越大,这样就能使保护装置动作而切断电源。

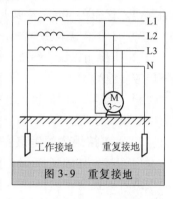

图3-9 重复接地

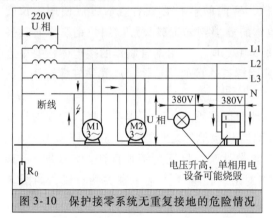

图3-10 保护接零系统无重复接地的危险情况

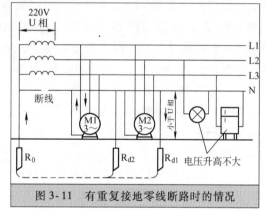

图3-11 有重复接地零线断路时的情况

★3.2.2 接地体的安装

接地体可分为自然接地体和人工接地体两种。埋置在地下的金属水管、具有金属外皮的电缆、建筑物钢筋混凝土基础、金属构架等都可作为自然接地体。人工接地体一般用镀锌钢管或角钢、圆钢等制成。电气设备的接地应尽量利用自然接地体,以节省接地安装费用。人工接地体的安装有垂直埋设和水平埋设两种。

1. 自然接地体的利用

下列装置和设备可以用作交流电气设备接地装置的接地体:

1)敷设在地下的各种金属管道(自来水管、下水管、热力管等)。但是,严禁利用煤气管、各种油管、各种可燃可爆性气、液体管道和地下储油金属箱体等作自然接地体。由于这些管道内均存在易燃物质,万一因散流效果不好而产生放电火花,就会引起爆炸事故,所以严禁利用。

2)与大地有可靠连接的建筑物及构筑物的金属结构。

3）有金属外皮的电缆（包有黄麻、沥青绝缘层的电缆除外）。

4）自流井金属插管。

5）钢筋混凝土建筑物与构筑物的基础等。

利用自然接地体应注意以下事项：

1）利用管道或配管作接地体时，应在管接头处采用跨接线焊接，跨接线采用直径 6mm 的圆钢。管径在 50mm 及以上时，跨接线应采用 25mm × 4mm 的扁钢。

2）自然接地体最少要有两根引出线与接地干线相连。

3）不得用铝线、铅皮、蛇皮管以及保温管的金属网作接地体或接地线（但电缆的金属护层应接地）。

4）直流电力网的接地装置不得借用自然接地体或自然接地线，因为直流电对金属物体有电解腐蚀作用。

2. 人工接地体的垂直安装

（1）接地体的制作

进行垂直安装的接地体通常用角钢或钢管制成。其规格如下：角钢的厚度应不小于 4mm；钢管管壁厚度应不小于 3.5mm；圆钢直径应不小于 8mm；扁钢厚度应不小于 4mm，其截面积应不小于 $48mm^2$。材料不应有严重锈蚀，弯曲的材料必须矫直后方可使用。长度一般在 2 ~ 3m 之间，但不能小于 2m。垂直接地体的下端要加工成尖形。用角钢制作时，尖点应在角钢的钢脊上，且两个斜边要对称，如图 3-12a 所示。用钢管制作的接地体，要单边斜向切削以保持一个尖点，如图 3-12b 所示。凡用螺钉连接的接地体，应先钻好螺钉孔。

（2）接地体的安装

采用打桩法将接地体打入地下，接地体应与地面保持垂直，不可倾斜，打入地面的有效深度应不小于 2m。多极接地或接地网络中的接地体与接地体之间在地下应保持 2.5m 以上的直线距离。锤子敲击角钢的落点应在其端面的角脊处，以保证角钢垂直打入，如图 3-13a 所示。锤子敲击钢管的落点应与钢管尖端位置相对应，使锤击力集中在尖端位置，如图 3-13b 所示，否则钢管容易倾斜，使接地体与土壤之间产生缝隙，增大接触电阻。

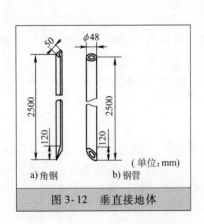

图 3-12　垂直接地体

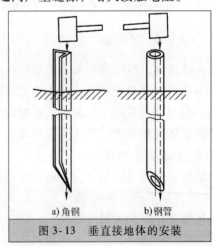

图 3-13　垂直接地体的安装

接地体打入地面后，应将其周围填土夯实，以减小接触电阻。若接地体与接地体连接干线在地下连接，应先将其电焊焊接后，再填土夯实。

3. 人工接地体的水平安装

与地面水平安装的接地体应用得较少，一般只用于土层浅薄的地方。接地体通常用扁钢或圆钢制成，一端应弯成直角向上，便于供接地线连接。如果采用螺钉压接的，应预先钻好螺钉通孔。接地体的长度，随安装条件和接地装置的构成形式而定。安装时，采用挖沟填埋，接地体应埋入离地面0.6m以下的土壤中，如图3-14所示。如果是多极接地或接地网，每两根接地体之间，应相隔2.5m以上的直线距离。

安装时，应尽量选择土层较厚的地方埋设接地体，沟要挖得平直，深浅和宽度应一致。填土时，接地体周围与土壤之间应随时夯实，使之密切结合，沟内不可堆填沙砾砖瓦等杂物。

4. 减小接地电阻的措施

接地电阻主要取决于接地体与土壤接触面的电阻及土壤电阻。在土壤电阻率较高的地层中安装接地体，为了减小接地电阻，达到规定要求，在安装接地体时可采取以下措施：

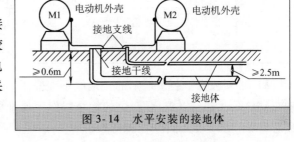

图3-14 水平安装的接地体

1）在土壤电阻率不太高的地层，可增加接地体的个数。

2）在土壤电阻率较高的地层，可在接地体周围填入化学降阻剂（配制方法：用8kg食盐溶解于适量水中，然后将盐水倒入30kg木炭粉中，同时不断搅拌，拌匀即可），为了防止因化学降阻剂质地蓬松而使接地体晃动，应将化学降阻剂放置在离地面0.5m以下和1.2m以上的中间部位，并把底层和面层的泥土夯实。

3）对于土壤电阻率很高的地层，可采用挖坑换土的方法。

4）有些区域往往需要接地处的土壤电阻率极高，而离之不远的地方的土壤电阻率却比较低，这时可采用接地体外引的方法，用较长的接地线，把设备接地点引出土壤电阻率较高的范围，让接地体安装在电阻率较低的土壤上。

★3.2.3 接地线的安装

接地线是接地干线和接地支线的总称，若只有一套接地装置，即不存在接地支线时，则接地线是指接地体与设备接地点间的连接线。

接地干线是接地体之间的连接导线，或是指一端连接接地体，另一端连接各接地支线的连接线。

接地支线是接地干线与设备接地点间的连接线。

1. 接地线的选用

1）用于输配电系统中的工作接地线的选用。10kV避雷器的接地支线应采用多股导线，一般可选用铜芯或铝芯绝缘导线。此外，也可选用扁钢、圆钢或多股镀锌绞线，截面积应不小于$16mm^2$。接地干线通常用扁钢或圆钢，扁钢的截面积不应小于$4mm \times 12mm$；圆钢直径不应小于6mm。

用作配电变压器低压侧中性点的接地支线，要采用截面积不小于$35mm^2$的裸铜绞线；容量在$100kV \cdot A$以下的变压器，其中性点接地支线可采用截面积为$25mm^2$的裸铜绞线。

2）用于金属外壳保护接地线的选用。接地线所用材料的最小和最大截面积见表 3-2。

表 3-2　保护接地线的截面积规定

材料	接地线类别		最小截面积/mm²		最大截面积/mm²
铜	移动电器引线的接地芯线	生活用	0.2		25
		生产用	0.5		
	绝缘铜线		1.5		
	裸铜线		4		
铝	绝缘铝线		2.5		35
	裸铝线		6		
扁钢	室内:厚度不小于 3mm		24		100
	室外:厚度不小于 4 mm		48		
圆钢	室内:直径不小于 5 mm		19		100
	室外:直径不小于 6 mm		28		

3）必须注意：装于地下的接地线不准采用铝导线；移动电具的接地支线必须采用绝缘铜芯软导线，并应以黄/绿双色的绝缘线作为接地线，不准采用单股铜芯导线，也不许采用铝芯绝缘导线，更不许采用裸导线。

2. 接地干线的安装

1）接地干线与接地体的连接处应采用焊接并加镶块，以增大焊接面积。焊接处应刷沥青防腐。如果无条件焊接，也可采用螺栓压接，但应先在接地体上端装设接地干线连接板，如图 3-15 所示。连接板应经镀锌或镀锡处理，并采用直径为 12mm 或 16mm 的镀锌螺栓。安装时，接触面应保持平整、严密，不得有缝隙，螺栓应拧紧。在有振动的场所，螺栓上应加弹簧垫圈。连接处如埋入地下，应在地面上做好标记，以便于检查维修。

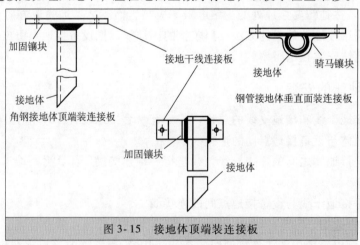

图 3-15　接地体顶端装连接板

2）多极接地和接地网络的接地干线与接地支线的连接处通常设置在地沟中，并用沟盖覆盖。连接处采用电焊或螺栓压接。用螺栓连接时，接地干线应使用扁钢，扁钢预先钻好通孔，并经防腐处理。如果接地干线不需要提供接地支线，连接处做好防腐处理，可埋入地面以下 300mm 左右，并在地面标明干线的走向和接点位置，便于检修。

3）接地干线明设时，除连接处外，均应用黑色标明。在穿越墙壁或楼板时，应穿管加以保护。在可能遭受机械损伤的地方，应加防护罩进行保护。

4）由扁钢或圆钢作接地干线需要接长时，必须采用电焊焊接，在焊接处要两端搭头，扁钢的搭头长度为其宽的 2 倍；圆钢的搭头长度为其直径的 6 倍。

3. 接地支线的安装

1）每台设备的接地，必须用单独的接地支线与接地干线或接地体连接。不允许用一根接地支线把几台设备的接地点串联起来；也不允许将几根接地支线并接到接地干线的同一个连接点上，如图 3-16 所示。否则，万一这个连接点接地不良，而又有一台设备的外壳带电，则连在一起的其他设备的外壳也同时带电。

2）在室内容易被人体触及的地方，接地支线要采用多股绝缘线，连接处必须恢复绝缘层，其他不易被人体触及的地方，接地支线要采用多股裸绞线。用于移动电具从插头至外壳处的接地支线，应采用铜芯绝缘软导线，中间不允许有接头，并和绝缘线一起套入绝缘护层内。常用的三芯或四芯橡胶或塑料护套电缆中的黑色绝缘层导线作为接地支线。

3）接地支线与接地干线或与设备接地点的连接，一般都采用螺钉压接。但接地支线的线头要使用接线耳，而不宜采用弯羊眼圈的方法直接连接。在易产生振动的场所，螺钉上应加弹簧垫圈，连接处应镀锡防腐。

4）固定敷设的接地支线较长时，连接处必须按正规接线要求处理，铜芯导线连接处要通过锡钎焊进行加固。

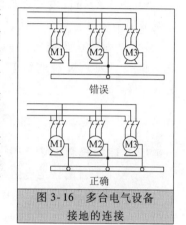

图 3-16 多台电气设备接地的连接

5）接地支线的每个连接处，都应置于明显部位，以便于检修。

★3.2.4 接地电阻的检测

接地电阻是判断接地装置安装质量好坏的重要指标之一，必须按照技术要求规定的数值标准进行检验，切不可任意降低标准。

接地电阻的测量方法较多，通常都采用 ZC 型接地电阻测试仪进行测量。这种方法比较方便，测量数值也比较可靠。ZC—8 型接地电阻测试仪的测试方法如图 3-17 所示。接地电阻的测量步骤如下：

1）拆开接地干线与接地体的连接点，或拆开接地干线上所有接地支线的连接点。

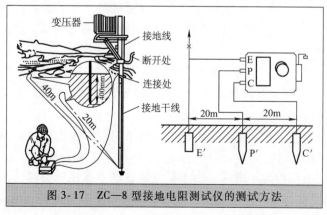

图 3-17 ZC—8 型接地电阻测试仪的测试方法

2）将一支测量接地棒插入离接地体 40m 远的地下，另一支测量接地棒插入到距离接地体 20m 处，且两个接地棒插入地面的垂直深度均为 400mm。

3）将接地电阻测试仪安置在接地体附近平整的位置后，方可进行接线。用一根最短的导线连接到接地电阻测试仪的接线桩 E 和接地体之间；用一根最长的导线连接到接地电阻测试仪的接线桩 C 和一支 40m 远的接地棒上；用一根较短的导线连接到接地电阻测试仪的两个原已并接好的接线桩（P-P）和一支 20m 远的接地棒上。

4）根据对被测接地体接地电阻的要求，调节好粗调旋钮（表上有三档可调范围）。

5）以 120r/min 的转速均匀摇动接地电阻测量仪的手柄，当表头指针偏斜时，随即边摇边调节细调拨盘，直至指针居中为止。

6）以细调拨盘调定后的读数乘以粗调定位的倍数，即是被测接地体接地电阻的阻值。例如，细调拨盘的读数是 0.35，粗调定位倍数是 10，则被测接地体的接地电阻是 3.5Ω。

★3.2.5 接地装置的维修

1. 定期检查和维护保养

1）接地装置的接地电阻必须定期进行复测，其规定是，工作接地每隔半年或一年复测一次，保护接地每隔一年或两年复测一次。接地电阻增大时，应及时修复，切不可勉强使用。

2）接地装置的每一个连接点，尤其是采用螺钉压接的连接点，应每隔半年或一年检查一次，若连接点出现松动，必须及时拧紧。对于采用电焊焊接的连接点，也应定期检查焊接是否完好。

3）接地线的每个支点，应进行定期检查，发现有松动脱落的，应及时固定。

4）定期检查接地体和接地连接干线是否出现严重锈蚀，若有严重锈蚀，应及时修复或更换，不可勉强使用。

2. 常见故障的排除方法

1）连接点松散或脱落。最容易出现松脱的有移动电具的接地支线与外壳（或插头）之间的连接处，铝芯接地线的连接处，具有振动设备的接地连接处。发现松散或脱落时，应及时重新接妥。

2）遗漏接地或接错位置。在设备进行维修或更换时，一般都要拆卸电源接线端和接地端，待重新安装设备时，往往会因疏忽而把接地端漏接或接错位置。发现有漏接或接错位置时，应及时纠正。

3）接地线局部电阻增大。常见的情况有，连接点存在轻度松散，连接点的接触面存在氧化层或其他污垢，跨接过渡线松散等。一旦发现应及时重新拧紧压接螺钉或清除氧化层及污垢后接妥。

4）接地线的截面积过小。通常由于设备容量增加后而接地线没有相应更换所引起，接地线应按规定做相应的更换。

5）接地体散流电阻增大。通常是由于接地体被严重腐蚀所引起的，也可能是由于接地体与接地干线之间的接触不良所引起的。发现后应重新更换接地体，或重新把连接处接妥。

★★★ 3.3 防雷保护 ★★★

★3.3.1 防止直接雷击的措施

防止直接雷击的主要措施是设法引导雷击时的雷电流按预先安排好的通道泄入大地,从而避免雷云向被保护的建筑物放电。避雷,实际上是引雷,一般采用避雷针、避雷带和避雷网作为避雷接闪器。再由接闪器、引下线和接地装置组成防止直击雷的防雷装置。

接闪器是直接用来接受雷击部分,包括避雷针、避雷带、避雷网以及用作接闪器金属屋面和金属构件等。引下线又称引流器,把雷电流引向接地装置,是连接接闪器与接地装置的金属导体。接地装置是引导雷电流安全地泄入大地的导体,是接地体和接地线的总称。接地体是埋入土壤中或混凝土基础中作为散流用的导体;接地线是从引下线至接地体的连接导体。

在低压电气设备中经常用到避雷器,避雷器种类很多,主要由火花间隙与阀片串联组成,在没有雷电侵入低压电路时,它可阻止线路电流流入大地,一旦发生过电压,火花间隙即可放电,将过电压限制在一定幅值之下,达到防雷避雷的目的,使用避雷器应注意几个问题:

1)避雷器应安装在低压进线处,每只避雷器的上桩头分别与其进线端连接,下桩头互相连接并接地。

2)在雷雨季节,需经常检查避雷器外部有无火花闪络及烧伤痕迹,外壳有无裂纹等现象,如发现有此现象,应更换新的避雷器。

3)避雷接地线在雷雨季节到来之前要进行测试,接地电阻应小于4Ω。

4)雷雨季节过后,应将避雷器退出运行。

★3.3.2 防止雷电感应的措施

为防止感应雷产生火花,建筑物内的设备、管道、构架、电缆外皮、钢屋架、钢窗等较大的金属构件,以及突出屋面的放散管、风管等均应通过接地装置与大地做可靠的连接。钢筋混凝土屋及其钢筋宜绑扎或焊成电气闭合回路,并予以接地。

★3.3.3 避雷针

避雷针是常用的防雷装置,一般是金属棒形状,主要是用来保护较高大的建筑物,它能够安全地把雷电流引入大地,使建筑物和设备受直接雷击。避雷针的实质不是避雷,而是引雷。避雷针一般采用直径为10~25mm的镀锌圆钢或直径为25~38mm的镀锌钢管制成。

引下线是避雷针装置的中间部分,将雷电流从受电尖端安全引导到接地极,引下线可用截面积不小于25mm^{2}的镀锌钢绞线做成。接地极是避雷针装置的最低部分,用角钢或钢管埋入地下。

钢管长度为2~3m,外径为35~60mm,管壁厚度应大于3.5mm;角钢取截面积50mm×60mm×5mm,长度为3m。埋设时,应使角钢或钢管的上端埋入地下0.6~0.8m以上的深度,以免因受外界温度变化的影响而引起接地电阻值变化。埋入地下的接地极

（角钢或钢管）最好与水平敷设于地下的扁钢相焊接，构成所谓网络接地装置，以等化电位分布，降低跨步电压。

避雷装置的各部分应牢固焊接，并尽可能保持直线。

避雷针的保护范围是指可避免直接雷击的保护空间，单支避雷针的保护范围如图 3-18 所示。

避雷针的保护范围与避雷针的高度、数目、相互位置等有密切关系。对一根高 h 的避雷针，当被保护物的高度 $h_x \geq \dfrac{h}{2}$ 时，保护范围是 45°正圆锥体，即在 h_x 高度上的平面保护半径 r_x 是 $r_x = h - h_x$；当 $h_x < \dfrac{h}{2}$ 时，保护范围扩大了一些，在 h_x 高度上的平面保护半径 $r_x = 1.5h - 2h_x$。

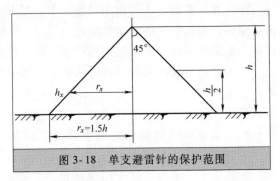

图 3-18　单支避雷针的保护范围

例如：某孤立房屋高 6m，长 5m，需在距房基 3m 处的 1 棵 10m 高的树上安装一避雷针，如何确定它的高度呢？

已知 $h_x = 6$m，$r_x = (5+3)$m $= 8$m，按 $h_x \leq \dfrac{h}{2}$ 计算，则 $h = (r_x + 2h_x)/1.5 = (8 + 2 \times 6)$m/$1.5 \approx 13.3$m。

即要在树顶上加 3.4m 高的避雷针就能保护这所房屋。

避雷针都是独立接地网，不能与其他接地网连接。

防雷装置必须在每年雷雨季节到来之前，仔细加以检查。接地电阻至少每两年应测量 1 次，如接地电阻超过规定值的 20%，那么就必须将原有接地极加以改进，或装设辅助接地极。每年至少要对防雷装置的所有连接处进行一次检查，焊接地方可用小锤轻敲来检验它的质量。对于防雷装置的金属部分，要确定腐蚀程度和油漆脱离情况。如避雷针、引下线的截面积因腐蚀而减少了 30%，就应加以调换。防雷装置的木结构部分，如果它的截面积因腐蚀而损坏达 30% ~ 40% 时，应立即加以调换。

★3.3.4　间隙避雷装置

羊角间隙避雷装置，又称羊角形避雷装置，是装在户内低压进线处，用于保护电能表及电流互感器等的保护装置。主要由主间隙和辅助间隙组成，主间隙是羊角形，应水平安装。当有过电压侵入时，羊角间隙放电（能自动消弧），将雷电流引入大地，保护了电能表等。

羊角间隙，一般采用直径为 0.71mm 的铜线（或镀锌圆钢，直径为 6 ~ 8mm）弯成羊角形状，留有一定间隙，如图 3-19a 所示，其间隙为 2 ~ 3mm，铜线长度一般不限。在电

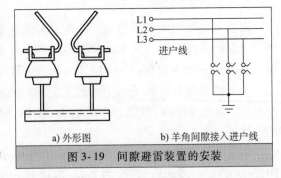

a) 外形图　　　b) 羊角间隙接入进户线

图 3-19　间隙避雷装置的安装

路中的连接如图 3-19b 所示，羊角间隙用瓷夹板固定，这种避雷器极其简单、经济，安装容易，效果良好。

★3.3.5 避雷器

避雷器主要是用来保护配电变压器的，它的外形如图 3-20 所示，其主要元件是火花间隙和阀片电阻。避雷器大多安装在配电变压器的上方，如图 3-21 所示。当有雷电过电压发生时，火花间隙被击穿而放电，阀片电阻下降，将雷电流引入大地，这样就保护了电气设备。在正常情况下，火花间隙不会被交流电压所击穿，阀片电阻上升。因为它和阀门相似，能够自动限制电流，所以这种避雷器称为阀形避雷器。

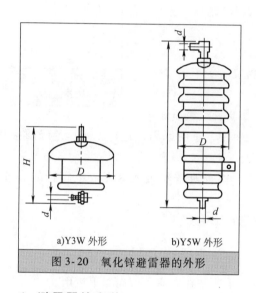

图 3-20 氧化锌避雷器的外形

a)Y3W 外形   b)Y5W 外形

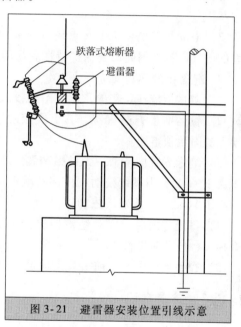

图 3-21 避雷器安装位置引线示意

跌落式熔断器
避雷器

1. 避雷器的安装

1）避雷器应装于跌落式熔断器之后，安装点应尽量靠近配电变压器，其电气距离不得大于 5m。

2）避雷器的电源引下线应短而直，与导线连接头要牢靠、紧密，对地和对带电导线的距离，6kV 时不小于 20cm，10kV 时不小于 25cm。其截面积要求，铜线不小于 25mm²，铝线不小于 35mm²。

3）避雷器接地引下线不允许串联，不得穿入金属管内，不得使用绝缘线和铝线。其截面积要求，铜绞线不小于 25mm²。引下线对地距离不小于 3m，与接地网连接处应牢固可靠。

4）从运输到安装，避雷器都必须垂直放置，并且上、下方向不得颠倒。

5）在条件许可的情况下，应尽可能装置放电记录器，与避雷器配合使用，以记录避雷器运行中的动作次数。放电记录器应串联在避雷器的接地引下线中，其接线如图 3-22 所示。

6）避雷器的接地应连接在电气设备的接地装置上，其接地电阻应小于 10Ω。

2. 避雷器的技术数据

1）0.22～10kV 系统用电站型和配电型氧化锌避雷器。0.22～10kV 电力系统一般是中性点非有效接地系统。避雷器内部由圆饼电阻片串联组成，上有弹簧压紧，瓷套两端用橡胶密封圈密封，外部有安装和接线用的金属夹和接线螺栓。

2）并联电容器组保护用氧化锌避雷器。随着电力系统中电网的输送容量的增大，为提高电网的功率因数，进行无功补偿，因此电网中安装并联电容器组成为经济收效较快的措施，无间隙氧化锌避雷器是保护电容器比较理想的保护装置。当投切电容器组的重燃过电压超过避雷器的参考电压，通过避雷器的电流增大，吸收过电压能量，对重燃过电压有明显的抑制效果。

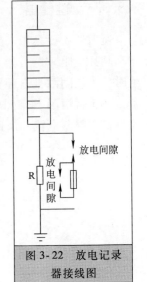

图 3-22　放电记录器接线图

由于并联电容器组的容量不同，需选用不同通流容量的氧化锌避雷器。

3）电动机及电动机中性点用氧化锌避雷器。电动机是弱绝缘类型的电气设备，因此需要保护特性更好的避雷器来保护。

3. 避雷器的运行维护

1）避雷器应在每年的雷雨季节前投入运行。

2）投运前检查避雷器，其引线接触应紧密良好，它在横担、支架上的固定须牢固。

3）绝缘套管应清洁、无破损和裂纹现象，如套管绝缘质破坏面积大于 $1cm^2$，引下线松动或内部有响声应停止使用，查明原因，进行处理。绝缘质损坏面积小于 $1cm^2$，可涂双层漆加以保护。

4）每逢雷雨后，应对避雷器进行 1 次检查，检查避雷器表面有无放电爬行的痕迹，如有损坏，应及时更换。

5）在每年雷雨季节前按规定项目对避雷器进行试验。

★3.3.6　防雷常识

1）雷雨时，不要在空旷的地方行走或逗留，不要站在大树下或高墙下避雨。

2）雷雨时，不要走近电杆、铁塔、架空线和避雷装置的接地线周围 10m 以内。

3）雷雨时，不要在有烟囱的灶前，尤其是正在冒烟的烟囱，容易遭受雷击。

4）雷雨时得使用收音机或电视机的屋外天线，这时屋外天线应该直接接地。

第4章

电工识图

电工人员在安装、维修较复杂的电气设备及配电装置时，要看电路图。电工也和车工、钳工一样需要经常接触到一些图纸，学会看电路图对电工人员来说具有十分重要的意义。

★★★ 4.1 最简单的电路图 ★★★

最简单的电路是将电源与负载用导线连接起来，使之形成完整的闭合回路，电流可以从中流过。一般一个完整的电路图由三大部分组成，即电源部分、负载部分和中间环节部分。以最常见的手电筒电路为例，这就是一个最简单且完整的电路。把手电筒每个元器件用符号形式画在图纸上，就形成了一个完整的电路图，这个电路由两节干电池作为电源（GB），由1盏2.7V的小电珠灯泡（EL）作为负载，由导线和手电筒开关（S）所组成中间环节，如图4-1所示。

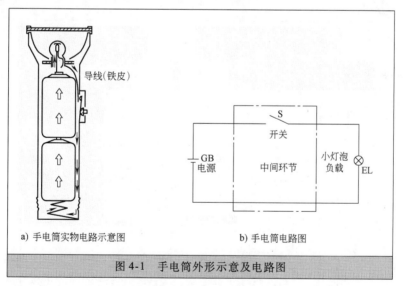

a) 手电筒实物电路示意图   b) 手电筒电路图

图 4-1 手电筒外形示意及电路图

★★★ 4.2 电路原理图及其绘制原则 ★★★

一般电路原理图是根据电气设备和控制元器件动作原理，用展开法绘制的图形，它用来表示电气设备和控制元器件的动作原理，一般不考虑实际电气设备和控制元器件的真实结构和安装位置等情况。电路原理图可供电路连接、电路原理分析、检查维修电路故障时使用，它非常清楚地画出电流流经的所有路径、用电器具与控制元器件之间的相互关系，以及电气设备和控制元器件的动作原理。例如，三相刀开关控制一台小容量三相异步电动机起动、停止的电路原理图如图 4-2 所示。

电路原理图的绘制原则如下：

1）绘制电路原理图时，应按照国家标准规定的电气图形符号和文字符号来绘制。

2）绘制电路原理图时，应按顺序排列，电路原理图中的各电气设备和控制元器件，一般按照先后工作顺序纵向排列，或者水平排列。例如图 4-2 中的三相刀开关 QS、熔断器 FU、电动机 M 就是按纵向排列绘制的。

3）电路原理图中的各电气设备和控制元器件也可用展开法绘制。如电路中的主电路画在图纸的左边，而辅助电路，如控制元器件组成的电路，可画在图纸的右边。这样主电路和辅助电路、回路与回路之间就非常清楚地区别开了，既容易看懂，又便于安装、维修及操作。图 4-3 为交流接触器控制一台三相异步电动机起动、停止的电路原理图。从图中看出，主电路包括有总电源三相刀开关 QS、

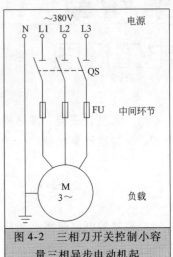

图 4-2　三相刀开关控制小容量三相异步电动机起动、停止的电路原理图

交流接触器 KM 主触头以及三相异步电动机 M，辅助电路包括有起动按钮 SB1、停止按钮 SB2、交流接触器 KM 线圈、交流接触器 KM 的辅助常开触头。图 4-3 中的交流接触器采用了展开绘制的方法。

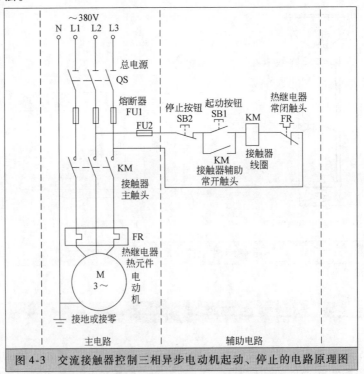

图 4-3　交流接触器控制三相异步电动机起动、停止的电路原理图

4）电路原理图中应表明动作原理与控制关系。电路原理图必须表达清楚电气设备和控制元器件的动作原理，必须表达清楚设备之间的控制与被控制关系。例如图 4-3 中的总电源

三相刀开关 QS，是控制主电路和辅助电路的总开关。辅助电路中的 SB1 是交流接触器线圈得电的按钮，而 SB2 是交流接触器线圈失电的按钮，即 SB1 和 SB2 控制交流接触器线圈的得电与失电，交流接触器主触头是控制电动机 M 通电与断电的开关。

5）在电路原理图中控制元器件应有同一性。电路原理图中采用展开法绘制的控制元器件，同一个元器件必须用同一个文字符号加以标出。

★★★　4.3　控制元器件板面位置图及其绘制原则　★★★

控制元器件板面位置图，应该清楚地画出各控制元器件在配电板（盘）上的位置，各控制元器件之间的距离以及固定各控制元器件所需的钻孔位置和钻孔尺寸，如图4-4所示。

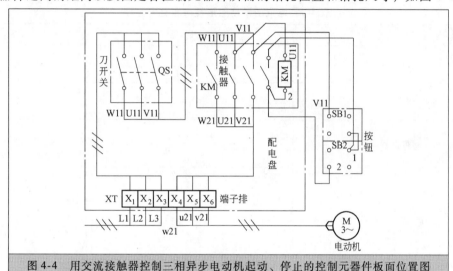

图 4-4　用交流接触器控制三相异步电动机起动、停止的控制元器件板面位置图

控制元器件板面位置图的绘制原则如下：

1）绘制时应准确标明各控制元器件之间的尺寸。

2）绘制控制元器件板面位置图时，图中的位置应为控制元器件在配电板（盘）上的实际位置。

3）绘制大型电气设备的安装位置图时，只画出机座固定螺栓的位置、尺寸即可。

★★★　4.4　控制元器件接线图及其绘制原则　★★★

控制元器件接线图是实际电气设备的接线路径，它是电工在维修安装时经常使用的一种电路图。

绘制控制元器件接线图的原则如下：

1）绘制控制元器件接线图时，可只绘制出接线元器件的电气图形符号即可。

2）绘制控制元器件接线图时，必须保证电路原理图中各电气设备和控制元器件动作原理的正常实现。

3）绘制控制元器件接线图时，一般只标明电气设备和控制元器件之间的连接线路，而不标明电气设备和控制元器件的动作原理。

4）控制元器件接线图中的各电气设备和控制元器件，要按照国家标准（GB/T 4728.1～.13—2005～2008、GB 7159—1987）规定的电气图形及文字符号来绘制。

5）绘制控制元器件接线图中的各电气设备和控制元器件时，一般应将其具体型号标在每个控制元器件图形符号的旁边。

★★★　4.5　电路图中常用图形符号和文字符号　★★★

一般电气符号包括电气图形符号和文字符号两种。为了给初学者提供识图、绘图的便利，现将电气图常用图形符号和文字符号列于表4-1。

表4-1　电气图常用图形符号和文字符号

名称		图形符号	文字符号
三极隔离开关		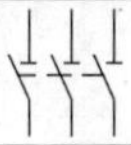	QS
组合开关		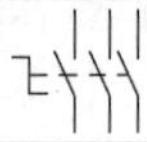	SA
断路器		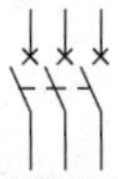	QF
限位开关	常开触头		SQ
	常闭触头		
	复合触头	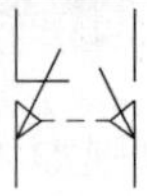	
熔断器		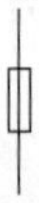	FU
按钮	起动		SB
	停止	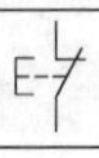	
	急停	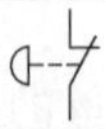	
	旋钮开关		SA
	复合	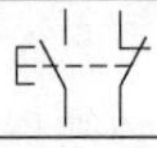	SB
接触器	线圈	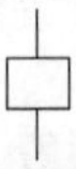	KM

（续）

名称		图形符号	文字符号
接触器	主触头		KM
	常开触头		
	常闭触头		
速度继电器	常开触头	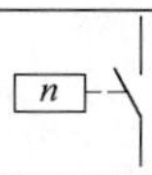 n	KS
	常闭触头	n	
压力继电器		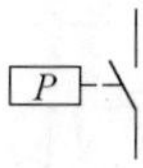 P	KA
时间继电器	线圈	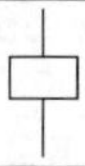	KT
	断电延时线圈	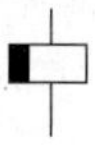	
	通电延时线圈	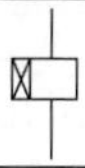	
	常开延时闭合触头	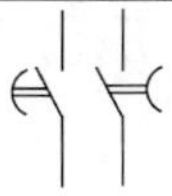	
	常闭延时断开触头	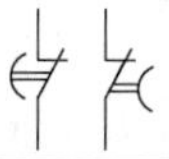	
	常闭延时闭合触头	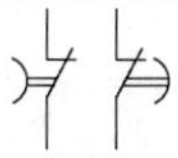	
	常开延时断开触头	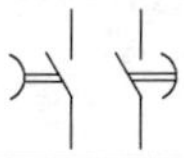	
热继电器	热元件	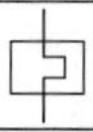	FR
	常闭触头	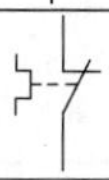	
继电器	中间继电器线圈	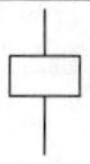	KA
	欠电压继电器线圈	 $U<$	

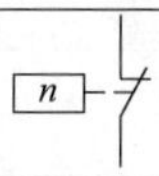

（续）

名称		图形符号	文字符号
继电器	过电流继电器线圈	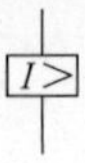 $I >$	KA
	欠电流继电器线圈	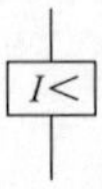 $I <$	
	常开触头		相应继电器符号
	常闭触头		
制动电磁铁		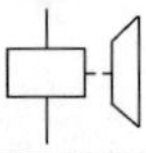	YB
电磁离合器		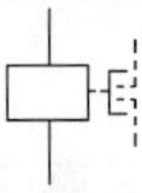	YC
电位器		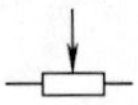	RP
桥式整流装置		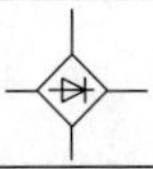	VC
照明灯			EL
信号灯			HL
电阻器		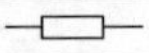	R
电抗器		 或	L
电铃			HA
蜂鸣器			HA
接插器		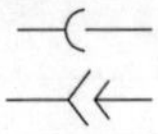	X
电磁铁		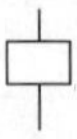	YA
电磁吸盘		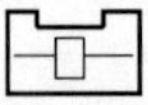	YH
换向绕组		 B1 B2	
补偿绕组		 C1 C2	
串励绕组		 D1 D2	
并励绕组		 E1 E2	
他励绕组		 F1 F2	

50

（续）

名称	图形符号	文字符号
串励直流电动机		
并励直流电动机		M
他励直流电动机		
复励直流电动机		
直流发电机		G
三相笼型异步电动机		M
三相绕线转子异步电动机		M
单相变压器		
整流变压器		T
照明变压器		
控制电路电源变压器		TC
三相自耦变压器		T
半导体二极管		VD
稳压管		VS
PNP 型晶体管		VT
NPN 型晶体管		

第 **5** 章

工具与仪表

★★★　5.1　常用工具　★★★

★5.1.1　低压验电笔

　　低压验电笔是用来检测低压导体和电气设备外壳是否带电的常用工具，检测电压的范围通常为 60 ~ 500V。低压验电笔的外形通常有钢笔式和螺钉旋具式两种，如图 5-1 所示。

　　使用低压验电笔时，必须按图 5-2 所示的方法握笔，以手指触及笔尾的金属体，使氖管小窗背光朝自己。当用验电笔测带电体时，电流经带电体、验电笔、人体、大地形成回路，只要带电体与大地之间的电位差超过 60V，验电笔中的氖泡就发光。电压高发光强，电压低发光弱。使用低压验电笔应注意以下事项：

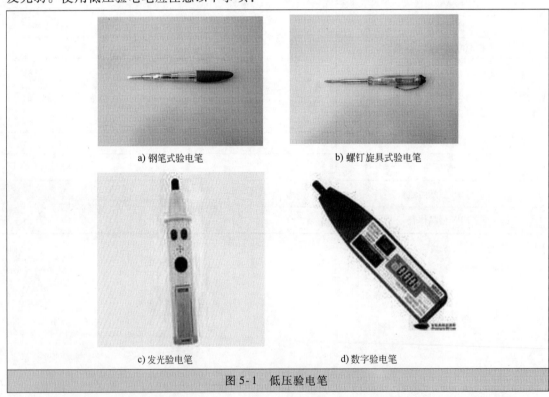

a) 钢笔式验电笔　　　　　　　　　　b) 螺钉旋具式验电笔

c) 发光验电笔　　　　　　　　　　d) 数字验电笔

图 5-1　低压验电笔

　　1）低压验电笔使用前，应先在确定有电处测试，证明验电笔确实良好后方可使用。

　　2）验电时，一般用右手握住验电笔，此时人体的任何部位切勿触及周围的金属带电物体。

3）验电笔顶端金属部分不能同时搭在两根导线上，以免造成相间短路。

4）对于螺钉旋具式低压验电笔，其前端应加护套，只能露出 10mm 左右的一截作测试用。若不加护套，易引起被测试相线之间或相线对地短路。

5）普通低压验电笔的电压测量范围在 60～500V 之间，切勿用普通验电笔测试超过 500V 的电压。

6）如果验电笔需在明亮的光线下或阳光下测试带电体时，应当避光检测，以防光

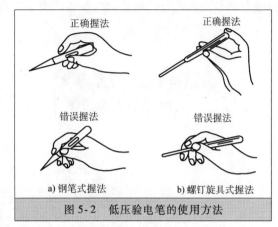

图 5-2　低压验电笔的使用方法

53

线太强不易观察到氖泡是否发亮，造成误判。

低压验电笔除能测量物体是否带电外，还能帮助人们做一些其他的测量：

1）判断感应电。用一般验电笔测量较长的三相线路时，即使三相交流电源断一相，也很难判断出是哪一根电源断相（原因是线路较长，并行的线与线之间有线间电容存在，使得断相的某根导线产生感应电，致使验电笔氖管发亮）。此时，可在验电笔的氖管上并接一只 1500pF 的小电容（耐压应取大于 250V），这样在测带电线路时，验电笔可照常发光；如果测得的是感应电，验电笔就不亮或微亮，据此可判断出所测的电源是否为感应电。

2）判别交流电源同相或异相。两只手各持一支验电笔，站在绝缘物体上，把两支笔同时触及待测的两条导线，如果两支验电笔的氖管均不太亮，则表明两条导线是同相，若两只验电笔的氖管发出很亮的光，说明两条导线是异相。

3）区别交流电与直流电。交流电通过验电笔时，氖管中两极会同时发亮；而直流电通过时，氖管只有一个极发亮。

4）判别直流电的正负极。把验电笔跨接在直流电的正、负极之间，氖管发亮的一头是负极，不亮的一头是正极。

5）判断物体是否产生静电。手持验电笔在某物体周围寻测，如氖管发亮，证明该物体上已带有静电。

6）判断相线碰壳。用验电笔触及电动机、变压器等电气设备外壳，若氖管发亮，说明该设备相线有碰壳现象。

7）判断电气接触是否良好。若氖管光源闪烁，表明为某线头松动、接触不良或电压不稳定。

★5.1.2　高压验电笔

高压验电笔又称高压测电器、高压测电棒，是用来检查高压电气设备、架空线路和电力电缆等是否带电的工具。10kV 高压验电笔由金属钩、氖管、氖管窗、固定螺钉、护环和握柄等部分组成，如图 5-3 所示。

高压验电笔在使用时，应特别注意手握部位不得超过护环，如图 5-4 所示。

使用高压验电笔验电应注意以下事项：

1）使用之前，应先在确定有电处试测，只有证明验电笔确实良好，才可使用，并注意验电笔的额定电压与被检验电气设备的电压等级要相适应。

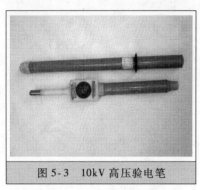

图 5-3　10kV 高压验电笔

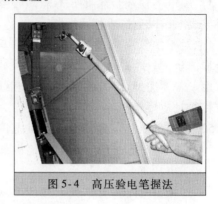

图 5-4　高压验电笔握法

2）使用时，应使验电笔逐渐靠近被测带电体，直至氖管发光。只有在氖管不亮时，它才可与被测物体直接接触。

3）室外使用高压验电笔时，必须在气候条件良好的情况下才能使用；在雨、雪、雾天和湿度较高时，禁止使用。

4）测试时，必须戴上符合耐压要求的绝缘手套，不可一个人单独测试，身旁应有人监护。测试时要防止发生相间或对地短路事故。人体与带电体应保持足够距离，10kV 高压的安全距离应在 0.7m 以上。

5）对验电笔每半年进行一次发光和耐压试验，凡试验不合格者不能继续使用，试验合格者应贴合格标记。

★5.1.3　螺钉旋具

螺钉旋具又称旋凿、改锥、起子等，是一种手用工具，主要用来旋动（紧固或拆卸）头部带一字槽或十字槽的螺钉、木螺钉，其头部形状分一字形和十字形，柄部由木材或塑料制成。常用的螺钉旋具如图 5-5 所示。

使用螺钉旋具时应注意以下事项：

1）电工必须使用带绝缘手柄的螺钉旋具。

2）使用螺钉旋具紧固或拆卸带电的螺钉时，手不得触及螺钉旋具的金属杆，以免发生触电事故。

3）为了防止螺钉旋具的金属杆触及皮肤或触及邻近带电体，应在金属杆上套装绝缘管。

4）使用时应注意选择与螺钉顶槽相同且大小规格相应的螺钉旋具。

5）切勿将螺钉旋具当作錾子使用，以免损坏螺钉旋具手柄或刀刃。

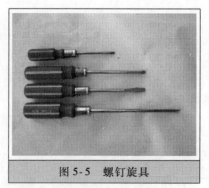

图 5-5　螺钉旋具

★5.1.4　钢丝钳

钢丝钳又称电工钳、克丝钳，由钳头和钳柄两部分组成，钳头由钳口、齿口、刀口和铡口等四部分组成。图5-6所示是钢丝钳的外形。钢丝钳有裸柄和绝缘柄两种，电工应选用带绝缘的，且耐压应为500V以上。

使用钢丝钳时应注意以下事项：

1）使用前，必须检查绝缘柄的绝缘是否良好，以免在带电作业时发生触电事故。

2）剪切带电导线时，不得用刀口同时剪切相线和零线，或同时剪切两根相线，以免发生短路事故。

3）用钢丝钳剪切绷紧的导线时，要做好防止断线弹伤人或设备的安全措施。

4）要保持钢丝钳清洁，带电操作时，手与钢丝钳的金属部分要保持2cm以上的距离。

5）带电作业时钳子只适用于低压线路。

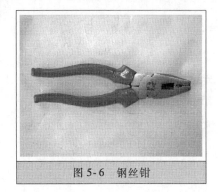

图5-6 钢丝钳

55

★5.1.5 尖嘴钳

尖嘴钳的头部尖细，适用于在狭小的工作空间操作。尖嘴钳有裸柄和绝缘柄两种，绝缘柄的耐压为500V，电工应选用带绝缘柄的。尖嘴钳外形如图5-7所示。

尖嘴钳能夹持较小螺钉、垫圈、导线等元件，带有刀口的尖嘴钳能剪断细小金属丝。在装接控制线路时，尖嘴钳能将单股导线弯成需要的各种形状。

使用尖嘴钳时应注意以下事项：

1）不允许用尖嘴钳装卸螺母、夹持较粗的硬金属导线及其他硬物。

2）塑料手柄破损后严禁带电操作。

3）尖嘴钳头部是经过淬火处理的，不要在锡锅或高温条件下使用。

★5.1.6 管子割刀

管子割刀是切割管子用的一种工具，如图5-8所示。

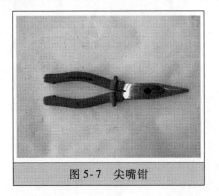

图5-7 尖嘴钳

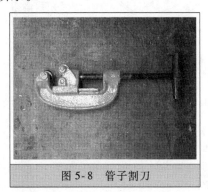

图5-8 管子割刀

用管子割刀割断的管子切口比较整齐，割断速度也比较快。在使用时应注意：

1）切割管子时，管子应夹持牢固，割刀片和滚轮与管子成垂直，以防割刀片刀刃崩裂。

2）刀片沿圆周运动进行切割，每次进刀不要用力过猛，初割时进刀量可稍大些，以便割出较深的刀槽，以后每次进刀量应逐渐减少。边切割边调整刀片，使割痕逐渐加深，直至切断为止。

3）使用时，管子割刀各活动部分和被割管子表面均需加少量润滑油，以减少摩擦。

★5.1.7 管子钳

管子钳又称管子扳手，是供安装和修理时夹持和旋动各种管子和管路附件用的一种手用工具。常用规格有250mm、300mm和350mm等多种。使用方法类同活扳手，其外形如图5-9所示。

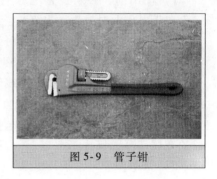

图5-9 管子钳

使用管子钳时应注意以下事项：

1）根据安装或修理的管子，选用不同规格的管子钳。

2）用管子钳夹持并旋动管子时，施力方向应正确，以免损坏活扳唇。

3）不能用管子钳敲击物体，以免损坏。

★5.1.8 千分尺

千分尺可用来测量漆包线的外径。它的精确度很高，一般可精确到0.01mm。千分尺由砧座、测微螺杆、棘轮爪、刻度盘、微分筒、固定套筒等组成，如图5-10所示。

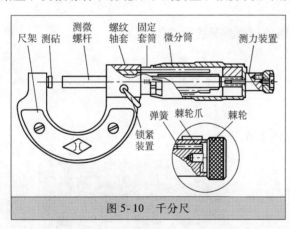

图5-10 千分尺

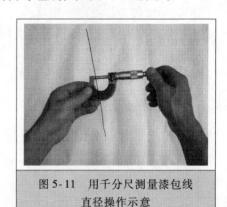

图5-11 用千分尺测量漆包线直径操作示意

千分尺的使用方法：将被测的漆包线拉直后放在千分尺砧座和测微螺杆之间，然后调整微螺杆，使之刚好夹住漆包线（见图5-11），此时，就可以进行读数了。读数时，应先看千分尺上的整数读数，再看千分尺上的小数读数，两者相加即为铜漆包线的直径尺寸。千分尺整数刻度一般每小格为1mm，旋转小数刻度一般每格为0.01mm。

★5.1.9 游标卡尺

游标卡尺是一种中等精度的量具，可以直接测量出工件的内外尺寸，其外形结构如图5-12所示。

使用时，应先校准零位。测量工件外径时的操作示意如图5-13a所示，测量工件内径时的操作示意如图5-13b所示。

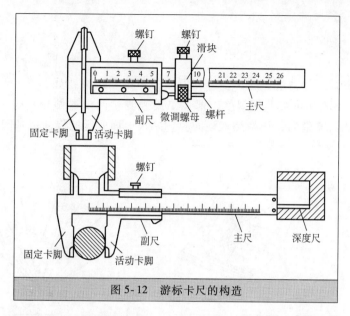

图 5-12　游标卡尺的构造

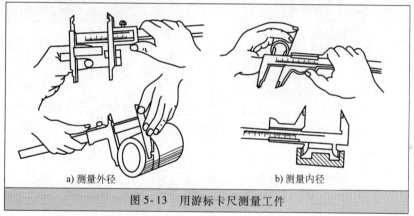

a) 测量外径　　　　b) 测量内径

图 5-13　用游标卡尺测量工件

读数分三步进行：

1）读整数：在主尺上，与副尺零线相对的主尺上左边的第一条刻线是整数的毫米值。

2）读小数：在副尺上找出哪一条刻线与主尺刻度对齐，从副尺上读出毫米的小数值。

3）将上述两数值相加，即为游标卡尺测量的尺寸。

图 5-14 为读数方法示例。

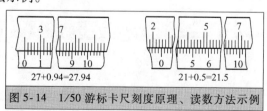

27+0.94=27.94　　　21+0.5=21.5

图 5-14　1/50 游标卡尺刻度原理、读数方法示例

★5.1.10　量角器

常用的量角器是角度规，用它来划角度线或测量角度。量角器的外形及操作示意如

图 5-15 所示。

★5.1.11 塞尺

塞尺又称测微片或厚薄规，由许多不同厚度的薄钢片组成，如图 5-16 所示。塞尺长度有 50mm、100mm、200mm 等几种规格。塞尺是用来测量两个零件相配合表面间的间隙的，使用时把塞尺插入两零件间，正好插入该间隙的塞尺上面所标的尺寸就是间隙。

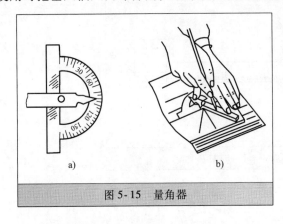
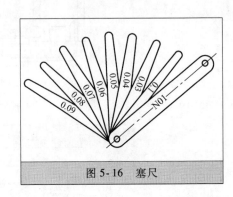

图 5-15　量角器

图 5-16　塞尺

★5.1.12 水平仪

水平仪分为条形水平仪和框式水平仪两种，如图 5-17 所示。水平仪的精度，用气泡每偏移一格，被测物体表面在 1m 内的倾斜高度差表示。如精度值为 0.02mm/1m 的水平仪，表示气泡每移动一格，被测长度为 1m 的工件两端的高度差为 0.02mm。

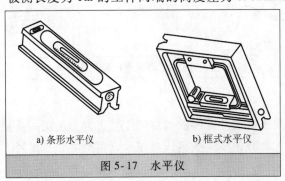

a) 条形水平仪　　　b) 框式水平仪

图 5-17　水平仪

★★★　5.2　常用仪表　★★★

★5.2.1 万用表

万用表又称万能表，是一种能测量多种电量的多功能仪表，其主要功能是测量电阻、直流电压、交流电压、直流电流以及晶体管的有关参数等。万用表具有用途广泛、操作简单、携带方便、价格低廉等优点，特别适用于检查线路和修理电气设备。

（1）指针式万用表的使用方法

图 5-18 所示是 500 型万用表的外形，以 500 型万用表为例来说明指针式万用表的使用方法。

1）使用前的检查和调整。检查红色和黑色表笔是否分别插入红色插孔（或标有"＋"号）和黑色插孔（或标有"－"号）并接触紧密，引线、笔杆、插头等处有无破损露铜现象。如有问题应立即解决，否则不能保证使用中的人身安全。观察万用表指针是否停在左边零位线上，如不指在零位线时，应调整中间的机械零位调节器，使指针指在零位线上。

图 5-18　500 型万用表

2）用转换开关正确选择测量种类和量程。根据被测对象，首先选择测量种类。严禁当转换开关置于电流挡或欧姆挡时去测量电压，否则，将损坏万用表。测量种类选择妥当后，再选择该种类的量程。测量电压、电流时，应使指针偏转在标度尺的中间附近，读数较为准确。若预先不知被测量的大小范围，为避免量程选得过小而损坏万用表，应选择该种类最大量程预测，然后再选择合适的量程。

3）正确读数。万用表的标度盘上有多条标度尺，它们代表不同的测量种类。测量时应根据转换开关所选择的种类及量程，在对应的标度尺上读数，并应注意所选择的量程与标度尺上读数的倍率关系。另外，读数时，眼睛应垂直于表面观察表盘。如果视线不垂直，将会产生视差，使得读数出现误差。为了消除视差，MF47 等型号万用表在表面的标度盘上都装有反光镜，读数时，应移动视线使指针与反光镜中的指针镜像重合，这时的读数无视差。

4）电阻的测量：

① 被测电阻应处于不带电的情况下进行测量，防止损坏万用表。被测电路不能有并联支路，以免影响精度。

② 按估计的被测电阻值选择电阻量程开关的倍率，应使被测电阻接近该挡的欧姆中心值，即使指针偏转在标度尺的中间附近为好，并将交、直流电压量程开关置于欧姆挡。

③ 测量以前，先进行"调零"。如图 5-19 所示，将两表笔短接，此时指针会很快指向电阻的零位附近，若指针未停在电阻零位上，则旋动下面的"Ω"钮，使其刚好停在零位上。若调到底也不能使指针停在电阻零位上，则说明表内的电池电压不足，应更换新电池后再重新调节。测量中每次更换挡位后，均应重新校零。

④ 测量非在路的电阻时，将两表笔（不分正、负）分别接被测电阻的两端，万用表即指示出被测电阻的阻值。测量电路板上的在路电阻时，应将被测

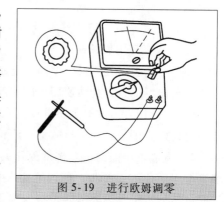

图 5-19　进行欧姆调零

电阻的一端从电路板上焊开，然后再进行测量，否则，由于电路中其他元器件的影响测得的电阻误差将很大。测量高值电阻时，手不要接触表笔和被测物的引线。

⑤ 将读数乘以电阻量程开关所指倍率，即为被测电阻的阻值。

⑥ 测量完毕后，应将交、直流电压量程开关旋到交流电压最高量程上，可防止转换开关放在欧姆挡时表笔短路，长期消耗电量。

5）测量交流电压：

① 将选择开关转到"$\underline{V}$"挡的最高量程，或根据被测电压的概略数值选择适当量程。

② 测量 1000～2500V 的高压时，应采用专测高压的高级绝缘表笔和引线，将测量选择开关置于"1000$\underline{V}$"挡，并将红表笔改插入"2500$\underline{V}$"专用插孔。测量时，不要两只手同时拿两支表笔，必要时使用绝缘手套和绝缘垫；表笔插头与插孔应紧密配合，以防止测量中突然脱出后触及人体，使人触电。

③ 测量交流电压时，把表笔并联于被测的电路上。转换量程时不要带电。

④ 测量交流电压时，一般不需分清被测电压的相线和零线端的顺序，但已知相线和零线时，最好用红表笔接相线，黑表笔接零线，如图 5-20 所示。

6）测量直流电压：

① 将红表笔插在"＋"插孔，去测电路正极；将黑表笔插在"＊"插孔，去测电路负极。

② 将万用表的选择量程开关置于"$\underline{V}$"的最大量程，或根据被测电压的大约数值，选择合适的量程。

③ 如果指针反指，则说明表笔所接极性反了，应尽快更正过来重测。

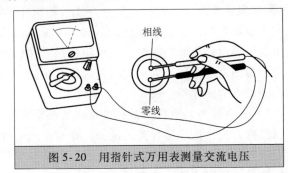

图 5-20　用指针式万用表测量交流电压

7）测量直流电流：

① 将选择量程开关转到"mA"部分的最高量程，或根据被测电流的大约数值，选择适当的量程。

② 将被测电路断开，留出两个测量接触点。将红表笔与电路正极相接，黑表笔与电路负极相接。改变量程，直到指针指向刻度盘的中间位置。不要带电转换量程，如图 5-21 所示。

③ 测量完毕后，应将选择量程开关转到电压最大挡上去。

（2）数字万用表的使用方法

数字万用表以其测量精度高、显示直观、速度快、功能全、可靠性好、小巧轻便、省电及便于操作等优点，受到使用者的普遍欢迎。图 5-22 是 DT9205 型数字万用表的外形图。

1）当万用表出现显示不准或显示值跳变异常情况时，可先检查表内 9V 电池是否失效，若电池良好，则表内电路有故障，应检修。

2）直流电压的测量。将量程开关有黑线的一端拨至"DC V"范围内的适当量程挡，黑表笔接入"COM"插口，红表笔插入"V·Ω"插口。将电源开关拨至"ON"，红表笔接触被测电压的正极，黑表笔接负极，显示屏上便显示测量值。如果显示是"1"，则说明量程选得太小，应将量程开关向较大一级电压挡拨；如果显示的是一个负数，则说明表笔插反了，应更正过来。量程开关置于 200m 挡，显示值以"mV"为单位，其余四挡以"V"为单位。

3）交流电压的测量。将量程开关拨至"AC V"范围内适当的量程挡，表笔接法同上，其测量方法与测量直流电压相同。

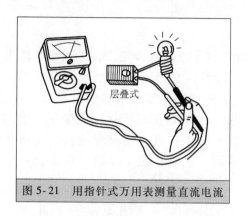

图 5-21 用指针式万用表测量直流电流

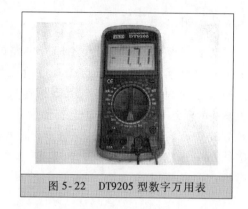

图 5-22 DT9205 型数字万用表

4）直流电流的测量。将量程开关拨至 "DC A" 范围内适当的量程挡，黑表笔插入 "COM" 插孔，红表笔根据估计的被测电流的大小插入相应的 "mA" 或 "10A" 插口，使仪表与被测电路串联，注意表笔的极性，接通表内电源，显示器便显示直流电流值。显示器显示的数值，其单位与量程开关拨至的相应挡的单位有关。若量程开关置于 200m、20m、2m 三挡时，则显示值以 "mA" 为单位；若置于 200μ 挡，则显示值以 "μA" 为单位；若置于 10A 挡，显示值以 "A" 为单位。

5）交流电流的测量。将量程开关拨到 "AC A" 范围内适当的量程挡，黑表笔插入 "COM" 插孔，红表笔也按量程不同插入 "mA" 或 "10A" 插口，表与被测电路串联，表笔不分正负，显示器便显示交流电流值，如图 5-23 所示。

6）电阻的测量。将量程开关拨到 "Ω" 范围内适当的量程挡，红表笔插入 "V·Ω" 插口，黑表笔插入 "COM" 插孔，两表笔分别接触电阻两端，显示器便显示电阻值。量程开关置于 20M 或 2M 挡，显示值以 "MΩ" 为单位，200 挡显示值以 "Ω" 为单位。2k 挡显示值以 "kΩ" 为单位。需要指出的是，不可带电测量电阻。

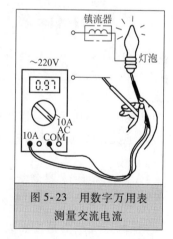

图 5-23 用数字万用表测量交流电流

7）线路通断的检查。将量程开关拨至蜂鸣器挡，红黑表笔分别插入 "V·Ω" 和 "COM" 插口。若被测线路电阻低于 "20Ω"，蜂鸣器发出叫声，则说明线路接通。反之，表示线路不通或接触不良。注意，被测线路在测量之前应关断电源。

8）二极管的测量。将量程开关拨至二极管符号挡，红表笔插入 "V·Ω" 插孔，黑表笔插入 "COM" 插口，将表笔尖接至二极管两端。数字万用表显示的是二极管的压降。正常情况下，正向测量时，锗管应显示 0.150～0.300V，硅管应显示 0.550～0.700V，反向测量时为溢出 "1"。若正反测量均显示 "000"，说明二极管短路；正向测量显示溢出 "1"，说明二极管开路。

9）晶体管 h_{FE} 的测量。根据晶体管的类型，把量程开关拨到 "PNP" 或 "NPN" 挡，将被测管子的 e、b、c 极分别插入 h_{FE} 插口对应的孔内，显示器便显示管子的 h_{FE} 值，如图 5-24 所示。

★5.2.2 钳形电流表

钳形电流表是一种可以在不断开电路的情况下测量电流的专用工具。钳形电流表主要由一只电流互感器和一只电磁式电流表组成，如图5-25所示。电流互感器的一次线圈为被测导线，二次线圈与电流表相连接，电流互感器的电流比可以通过旋钮来调节，量程从1A至几千安。测量时，按动扳手，打开钳口，将被测载流导线置于钳口中。当被测导线中有交变电流通过时，在电流互感器的铁心中便有交变磁通通过，互感器的二次线圈中感应出电流。该电流通过电流表的线圈，使指针发生偏转，在表盘标度尺上指出被测电流值。

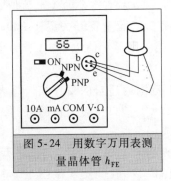

图5-24 用数字万用表测
量晶体管 h_{FE}

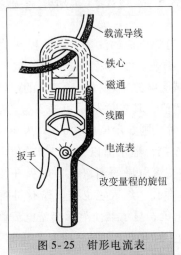

图5-25 钳形电流表

钳形电流表使用注意事项：

1）测量前，应检查仪表指针是否在零位。若不在零位，则应调到零位。同时应对被测电流进行粗略估计，选择适当的量程。如果被测电流无法估计，则应先把钳形电流表置于最高挡，逐渐下调切换，至指针在刻度的中间段为止。

2）应注意钳形电流表的电压等级，不得将低压表用于测量高压电路的电流，以免发生事故。

3）进行测量时，被测导线应置于钳口中央，如图5-26所示。钳口两个面应接合良好，若发现有振动或碰撞声，应将仪表扳手转动几下，或重新开合一次。钳口有污垢，可用汽油擦净。

4）测量大电流后，如果立即测量小电流，应开合钳口数次，以消除铁心中的剩磁。

5）在测量过程中不得切换量程，以免造成二次回路瞬间开路，感应出高电压而击穿绝缘。必须变换量程时，应先将钳口打开。

6）在读取电流读数困难的场所测量时，可先用制动器锁住指针，然后到读数方便的地点读值。

7）若被测导线为裸导线，则必须事先将邻近各相用绝缘板隔离，以免钳口张开时出现相间短路。

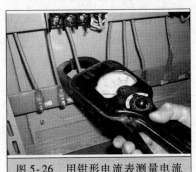

图5-26 用钳形电流表测量电流

8）测量小于 5A 以下电流时，为获得准确的读数，可将导线多绕几圈放进钳口进行测量，但实际的电流数值为读数除以放进钳口内的导线根数。

9）测量时，如果附近有其他载流导线，所测值会受载流导体的影响产生误差。此时，应将钳口置于远离其他导体的一侧。

10）每次测量后，应把调节电流量程的切换开关置于最高挡位，以免下次使用时因未选择量程就进行测量而损坏仪表。

11）有电压测量挡的钳形电流表，电流和电压要分开测量，不得同时测量。

12）测量时，应戴绝缘手套，站在绝缘垫上。读数时要注意安全，切勿触及其他带电部分。

★5.2.3　绝缘电阻表

绝缘电阻表是一种专门用来测量电气设备及电路绝缘电阻的便携式仪表。它主要由手摇直流发电机、磁电式比率表和测量线路组成，其外形如图 5-27 所示。

值得一提的是绝缘电阻表测得的是在额定电压作用下的绝缘电阻阻值。万用表虽然也能测得数千欧的绝缘阻值，但它所测得的绝缘阻值，只能作为参考，因为万用表所使用的电池电压较低，绝缘物质在电压较低时不易击穿，而一般被测量的电气设备，均要接在较高的工作电压上，为此，只能采用绝缘电阻表来测量。一般还规定，在测量额定电压在 500V 以上的电气设备的绝缘电阻时，必须选用 1000 ~ 2500V 绝缘电阻表。测量 500V 以下电压的电气设备，则以选用 500V 绝缘电阻表为宜。

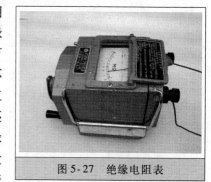

图 5-27　绝缘电阻表

（1）指针式绝缘电阻表的使用方法及注意事项

① 测量前，应切断被测设备的电源，并进行充分放电（约需 2 ~ 3min），以确保人身和设备安全。

② 将绝缘电阻表放置平稳，并远离带电导体和磁场，以免影响测量的准确度。

③ 正确选择其电压和测量范围。应根据被测电气设备的额定电压选用绝缘电阻表的电压等级：一般测量 50V 以下的用电设备绝缘，可选用 250V 绝缘电阻表；测量 50 ~ 380V 的用电设备绝缘情况，可选用 500V 绝缘电阻表。测量 500V 以下的电气设备，绝缘电阻表应选用读数从零开始的，否则不易测量。

④ 对有可能感应出高电压的设备，应采取必要的措施。

⑤ 测量前，对绝缘电阻表进行一次开路和短路试验，以检查绝缘电阻表是否良好。试验时，先将绝缘电阻表"线路（L）"、"接地（E）"两端钮开路，摇动手柄，指针应指在"∞"位置；再将两端钮短接，缓慢摇动手柄，指针应指在"0"处。否则，表明绝缘电阻表有故障，应进行检修。

⑥ 绝缘电阻表接线柱与被测设备之间的连接导线，不可使用双股绝缘线、平行线或绞线，而应选用绝缘良好的单股铜线，并且两条测量导线要分开连接，以免因绞线绝缘不良而引起测量误差。

⑦ 绝缘电阻表上有分别标有"接地（E）"、"线路（L）"和"保护环（G）"的三个

端钮。测量线路对地的绝缘电阻时，将被测线路接于 L 端钮上，E 端钮与地线相接，如图 5-28a 所示。测量电动机定子绕组与机壳间的绝缘电阻时，将定子绕组接在 L 端钮上，机壳与 E 端连接，如图 5-28b 所示。测量电动机或电气设备的相间绝缘电阻时，L 端钮和 E 端钮分别与两部分接线端子相接，如图 5-28c 所示。测量电缆芯线对电缆绝缘保护层的绝缘电阻时，将 L 端钮与电缆芯线连接，E 端钮与电缆绝缘保护层外表面连接，将电缆内层绝缘层表面接于保护环 G 端钮上，如图 5-28d 所示。

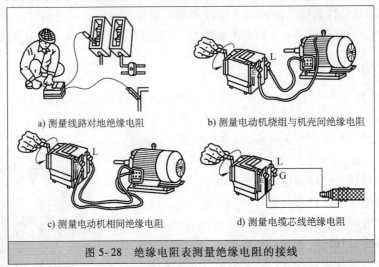

a) 测量线路对地绝缘电阻　　　　　b) 测量电动机绕组与机壳间绝缘电阻

c) 测量电动机相间绝缘电阻　　　　d) 测量电缆芯线绝缘电阻

图 5-28　绝缘电阻表测量绝缘电阻的接线

⑧ 测量时，摇动手柄的速度由慢逐渐加快，并保持在 120r/min 左右的转速 1min 左右，这时读数才是准确的结果。如果被测设备短路，指针指零，应立即停止摇动手柄，以防表内线圈发热损坏。

⑨ 测量电容器、较长的电缆等设备绝缘电阻时，应将"线路"L 的连接线断开，以免被测设备向绝缘电阻表倒充电而损坏仪表。

⑩ 测量完毕后，在手柄未完全停止转动和被测对象没有放电之前，切不可用手触及被测对象的测量部分和进行拆线，以免触电。被测设备放电的方法是，用导线将被测点与地（或设备外壳）短接 2~3min。

⑪ 同杆架设的双回路架空线和双母线，当一路带电时，不得测试另一路的绝缘电阻，以防感应高压危害人身安全和损坏仪表。

⑫ 禁止在有雷电时或在高压设备附近使用绝缘电阻表。

（2）数字绝缘电阻表

数字绝缘电阻表采用三位半 LCD 显示器显示，测试电压由直流电压变换器将 9V 直流电压变成 250V/500V/1000V 直流，并采用数字电桥进行高阻测量。具有量程宽、读数直观、携带使用方便、整机性能稳定等优点，适用于各种电气绝缘电阻的测量。图 5-29 所示是数字绝缘电阻表的面板图。

1）数字绝缘电阻表的使用方法：

① 将电源开关打开，显示器高位显示"1"。

② 根据测量需要选择相应的量程，并按下（0.01MΩ~20.00MΩ/0.1MΩ~200.0MΩ/0MΩ~2000MΩ）。

③ 根据测量需要选择相应的测试电压，并按下（250V/500V/1000V）。

图 5-29 数字绝缘电阻表

④ 将被测对象的电极接入绝缘电阻表相应的插孔，测试电缆时，插孔 G 接保护环。

⑤ 将输入线 "L" 接至被测对象线路端，要求 "L" 引线尽量悬空，"E1" 或 "E2" 接至被测对象地端。

⑥ 压下测试按键 "PUSH"（此时高压指示 LED 点亮），测试进行，当显示值稳定后即可读数，读值完毕后松开 "PUSH" 按键。

⑦ 如显示器最高位仅显示 "1"，表示超量程，需要换至高量程挡，当量程按键已处在 0～2000MΩ 挡时，则表示绝缘电阻已超过 2000MΩ。

2）数字绝缘电阻表使用注意事项：

① 测试前应检查被测对象是否完全脱离电网供电，并应短路放电，以证明被测对象不存在电力危险才进行操作，以保障测试操作安全。

② 测试时，不允许手持测试端，以保证读数准确和人身安全。

③ 测试时如显示读数不稳，有可能是环境干扰或绝缘材料不稳定的影响，此时将 "G" 端接到被测对象屏蔽端，可使读数稳定。

④ 电池不足时，LCD 显示器上有欠电压符号 "LOBAT" 显示，请及时更换电池，长期存放时应取出电池，以免电池漏液损坏仪表。

⑤ 由于仪表具有自动关机功能，如在测试过程中遇到仪表自动关机时，则需关闭电源开关，重新打开开关，即可恢复测试。

⑥ 空载时，如有数字显示，属正常现象，不会影响测试。

⑦ 为保证测试安全和减少干扰，测试线采用硅橡胶材料，请勿随意更换。

⑧ 仪表请勿置于高温，潮湿处存放，以延长使用寿命。

第6章

基本操作技能

★★★　6.1　导线绝缘层的剖削　★★★

★6.1.1　塑料硬线绝缘层的剖削

芯线截面积为4mm²及以下的塑料硬线，其绝缘层用钢丝钳剖削，具体操作方法：根据所需线头长度，用钳头刀口轻切绝缘层（不可切伤芯线），然后用右手握住钳头用力向外勒去绝缘层，同时左手握紧导线反向用力配合动作，如图6-1所示。

芯线截面积大于4mm²的塑料硬线，可用电工刀来剖削其绝缘层。方法如下：

1）根据所需的长度用电工刀以45°角斜切入塑料绝缘层，如图6-2a所示。

2）接着刀面与芯线保持15°角左右，用力向线端推削，不可切入芯线，削去上面一层塑料绝缘层，如图6-2b所示。

3）将下面的塑料绝缘层向后扳翻，最后用电工刀齐根切去，如图6-2c所示。

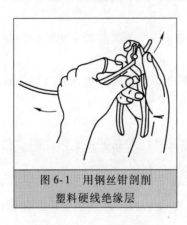

图6-1　用钢丝钳剖削
塑料硬线绝缘层

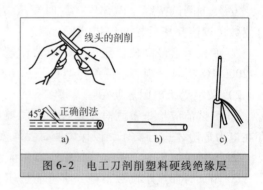

图6-2　电工刀剖削塑料硬线绝缘层

★6.1.2　皮线线头绝缘层的剖削

1）在皮线线头的最外层用电工刀割破一圈，如图6-3a所示。

2）削去一条保护层，如图6-3b所示。

3）将剩下的保护层剥割去，如图6-3c所示。

4）露出橡胶绝缘层，如图6-3d所示。

5）在距离保护层约10mm处，用电工刀以45°角斜切入橡胶绝缘层，并按塑料硬线的剖削方法剥去橡胶绝缘层，如图6-3e所示。

★6.1.3　花线线头绝缘层的剖削

1）花线最外层棉纱织物保护层的剖削方法和里面橡胶绝缘层的剖削方法类似皮线线端的剖削。由于花线最外层的棉纱织物较软，可用电工刀将四周切割一圈后用力将棉纱织物拉去，如图6-4a、b所示。

2）在距棉纱织物保护层末端10mm处，用钢丝钳刀口切割橡胶绝缘层，不能损伤芯线，然后右手握住钳头，左手把花线用力抽拉，通过钳口勒出橡胶绝缘层。花线的橡胶层剥去后就露出了里面的棉纱层。

3）用手将包裹芯线的棉纱松散开，如图6-4c所示。

4）用电工刀割断棉纱，即露出芯线，如图6-4d所示。

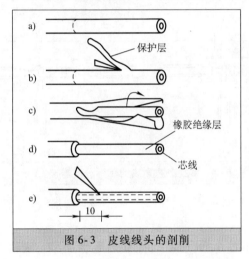

图6-3　皮线线头的剖削

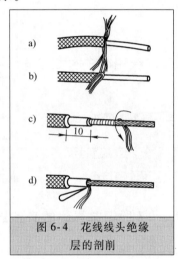

图6-4　花线线头绝缘
层的剖削

★6.1.4　塑料护套线线头绝缘层的剖削

1）按所需长度用电工刀刀尖对准芯线缝隙划开护套层，如图6-5a所示。

2）向后扳翻护套层，用电工刀齐根切去，如图6-5b所示。

3）在距离护套层5～10mm处，用电工刀按照剖削塑料硬线绝缘层的方法，分别将每根芯线的绝缘层剥除。

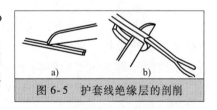

图6-5　护套线绝缘层的剖削

★★★　6.2　导线的连接　★★★

★6.2.1　单股铜芯导线的直线连接

连接时，先将两导线芯线线头按图6-6a所示成×形相交，然后按图6-6b所示互相绞合2～3圈后扳直两线头，接着按图6-6c所示将每个线头在另一芯线上紧贴并绕6圈，最后用钢丝钳切去余下的芯线，并钳平芯线末端。

★6.2.2　单股铜芯导线的 T 形分支连接

将支路芯线的线头与干线芯线十字相交，在支路芯线根部留出 5mm，然后顺时针方向缠绕支路芯线，缠绕 6~8 圈后，用钢丝钳切去余下的芯线，并钳平芯线末端。如果连接导线截面积较大，两芯线十字交叉后直接在干线上紧密缠 5~6 圈即可，如图 6-7a 所示。较小截面积的芯线可按图 6-7b 所示方法，环绕成结状，然后再将支路芯线线头抽紧扳直，向左紧密地缠绕 6~8 圈，剪去多余芯线，钳平切口毛刺。

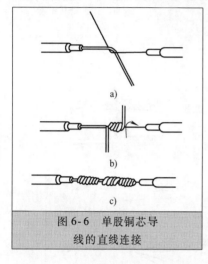

图 6-6　单股铜芯导线的直线连接

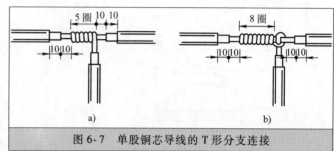

图 6-7　单股铜芯导线的 T 形分支连接

★6.2.3　7 股铜芯导线的直线连接

先将剖去绝缘层的芯线头散开并拉直，如图 6-8a 所示；把靠近绝缘层 1/3 线段的芯线绞紧，并将余下的 2/3 芯线头分散成伞状，将每根芯线拉直，如图 6-8b 所示；把两股伞骨形芯线一根隔一根地交叉直至伞形根部相接，如图 6-8c 所示；然后捏平交叉插入的芯线，如图 6-8d 所示；把左边的 7 股芯线按 2、2、3 根分成三组，把第一组 2 根芯线扳起，垂直于芯线，并按顺时针方向缠绕 2 圈，缠绕 2 圈后将余下的芯线向右扳直紧贴芯线，如图 6-8e 所示；把下边第二组的 2 根芯线向上扳直，也按顺时针方向紧紧压着前 2 根扳直的芯线缠绕，缠绕 2 圈后，也将余下的芯线向右扳直，紧贴芯线，如图 6-8f 所示；再把下边第三组的 3 根芯线向上扳直，按顺时针方向紧紧压着前 4 根扳直的芯线向右缠绕。缠绕 3 圈后，切去多余的芯线，钳平线端，如图 6-8g 所示；用同样方法再缠绕另一边芯线，如图 6-8h 所示。

★6.2.4　7 股铜芯导线的 T 形分支连接

将分支芯线散开并拉直，如图 6-9a 所示；把紧靠绝缘层 1/8 线段的芯线绞紧，把剩余 7/8 的芯线分成两组，一组 4 根，另一组 3 根，排齐，如图 6-9b 所示；用螺钉旋具把干线的芯线撬开分为两组，如图 6-9c 所示；把支线中 4 根芯线的一组插入干线芯线中间，而把 3 根芯线的一组放在干线芯线的前面，如图 6-9d 所示；把 3 根芯线的一组在干线右边按顺时针方向紧紧缠绕 3~4 圈，并钳平线端；把 4 根芯线的一组在干线芯线的左边按逆时针方向缠绕 4~5 圈，如图 6-9e 所示；最后钳平线端，连接好的导线如图 6-9f 所示。

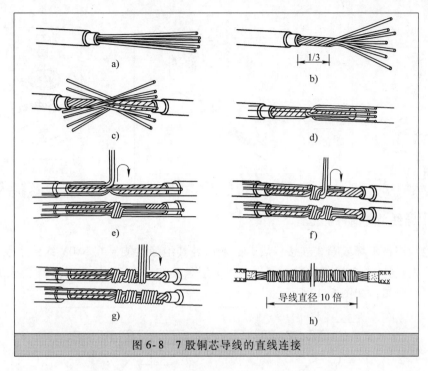

图6-8 7股铜芯导线的直线连接

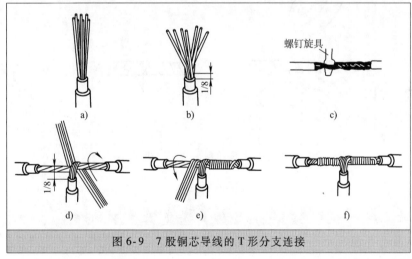

图6-9 7股铜芯导线的T形分支连接

★6.2.5 线头与接线桩的连接

1）导线与瓦板形接线桩的连接。导线与瓦板形接线桩的连接如图6-10所示，连接前应清除线头及接线桩接线处的氧化层及灰尘等杂质。

2）导线与瓷接头的连接。导线与瓷接头的连接如图6-11所示，连接时应将导线头插到瓷接头接线孔底部，螺钉应拧紧，以防脱落。

3）导线的压圈式连接。导线的压圈式连接如图6-12所示，连接时线头弯曲度大小要适宜，应大于螺杆直径，小于垫圈外径，压接时要顺时针旋转，不能将导线绝缘层压入垫圈内。

图 6-10　导线与瓦板
形接线桩的连接

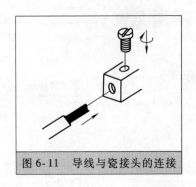

图 6-11　导线与瓷接头的连接

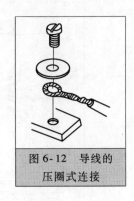

图 6-12　导线的
压圈式连接

★6.2.6　导线绝缘层的恢复

导线绝缘层被破坏或导线连接以后，必须恢复其绝缘性能。在 380V 线路上恢复导线绝缘时，必须先包扎 1~2 层黄蜡带，然后再包 1 层黑胶布。在 220V 线路上恢复导线绝缘时，可以包 2 层黑胶布，如图 6-13 所示。

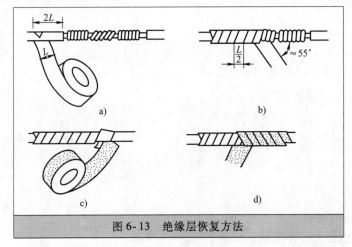

图 6-13　绝缘层恢复方法

★★★　6.3　手工攻螺纹　★★★

★6.3.1　攻螺纹的工具

（1）丝锥

丝锥是加工内螺纹的工具，用高碳钢或合金钢制成，并经淬火处理。常用的丝锥有普通螺纹丝锥和圆柱管螺纹丝锥两种，如图 6-14 所示。丝锥的螺纹牙形代号分别用 M 和 G 表示，见表 6-1。M6~M14 的普通螺纹丝锥两只一套，小于 M6、大于 M14 的普通螺纹丝锥三只一套，圆柱管螺纹丝锥两只一套。

丝锥在选用时可参考以下事项：

1）选用的内容通常有外径、牙形、精度和旋转方向等。应根据所配用的螺栓大小选用丝锥的公称规格。

2）选用圆柱管螺纹丝锥时应注意，镀锌钢管的标称直径是指管的内径，而电线管的标称直径则是指管的外径。

3）丝锥精度分为 3 和 3b 两级，一般选用 3 级的一种，3b 级适用于攻螺纹后还需镀锌或镀铜的工件。

4）旋向分左旋和右旋，即俗称倒牙和顺牙，通常只用右旋的一种。

表 6-1　丝锥螺纹牙形代号的含义

螺纹牙形代号	含　义
M10	粗牙普通螺纹，公称外径为 10mm
M14×1	细牙普通螺纹，公称外径为 14mm，牙距为 1mm
G3/4″	圆柱管螺纹，配用的管子内径为 3/4in[①]

[①] 1in = 0.0254m。

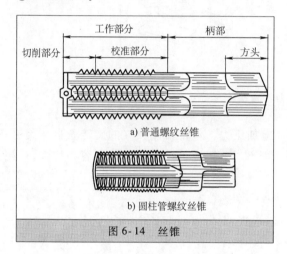

图 6-14　丝锥

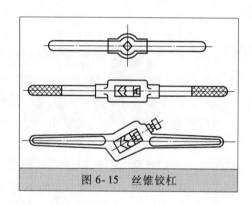

图 6-15　丝锥铰杠

（2）铰杠

铰杠是传递扭矩和夹持丝锥的工具，常用的铰杠如图 6-15 所示。为了较好地控制攻螺纹的扭矩，应根据丝锥尺寸来选择铰杠长度。小于和等于 M6 的丝锥，可选用长度为 150 ~ 200mm 的铰杠；M8 ~ M10 的丝锥，可选用 200 ~ 250mm 的铰杠；M12 ~ M14 的丝锥，可选用 250 ~ 300mm 的铰杠；大于和等于 M16 的丝锥，可选用 400 ~ 450mm 的铰杠。

★6.3.2　攻螺纹的操作方法

1）划线，钻底孔。攻螺纹前，先在工件上划线确定攻螺纹位置并钻出适宜的底孔，底孔直径应比螺纹大径略小，可根据工件材料用下列公式计算确定底孔直径，选用钻头。

钢和塑性较大的材料：

$$D = d - t$$

铸铁等脆性材料：

$$D = d - 1.05t$$

式中　D——底孔直径（mm）；

　　　d——螺纹大径（mm）；

　　　t——螺纹距（mm）。

底孔的两面孔口用 90°钻倒角，使倒角的最大直径和螺纹的公称直径相等，使丝锥既容易起削，又可防止孔口螺纹崩裂。

2）攻螺纹前工件夹持位置要正确，应尽可能把底孔中心线置于水平或垂直位置，以便于攻螺纹时掌握丝锥是否垂直工件平面。

3）先用头锥起攻，丝锥一定要和工件垂直，一手用掌按住铰杠中部用力加压，另一手配合作顺向旋转，如图 6-16a 所示，也可两手握住铰杠均匀施加压力，并将丝锥顺向旋转。当丝锥攻入 1～2 圈后，从间隔 90° 的两个方向用角尺检查校正丝锥位置至要求，如图 6-16b 所示。

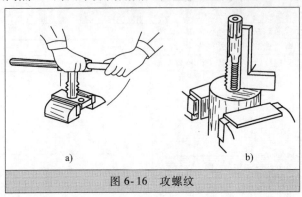

a)   b)

图 6-16　攻螺纹

4）当丝锥的起削刃切进后，两手不必再施加压力，丝锥可随铰杠的旋转做自然旋进切削。此时，两手旋转用力要均匀，要经常倒转 1/4～1/2 圈，使切屑碎断后容易排除，避免因切屑阻塞而使丝锥卡住，如图 6-17 所示。

5）攻螺纹时必须按头锥、二锥、三锥顺序攻削至标准尺寸。换用丝锥时，先用手将丝锥旋入已攻出的螺孔中，待手转不动时，再装上铰杠继续攻螺纹。

6）攻不通孔时，应在丝锥上做深度标记。攻螺纹时要经常退出丝锥，排除切屑。

7）攻螺纹时要根据材料性质的不同选用并加注冷却润滑液。通常，攻钢制工件时加机油，攻铸铁件时加煤油。

图 6-17　丝锥做自然旋转

★★★　6.4　手工套螺纹　★★★

★6.4.1　套螺纹的工具

（1）板牙

板牙是加工外螺纹的工具，常用的有圆板牙和圆柱管板牙两种。圆板牙如同一个螺母，在上面有几个均匀分布的排屑孔，并以此形成刀刃，如图 6-18 所示。

用圆板牙套螺纹时，工件的外径应略小于螺纹大径。工件外径可按下列经验公式计算：

$$D = d - 0.13t$$

式中　D——工件外径（mm）；

　　　d——螺纹大径（mm）；

　　　t——螺距（mm）。

（2）板牙铰杠

板牙铰杠用于安装板牙，与板牙配合使用，如图 6-19 所示。板牙铰杠外圆上有 5 只螺钉，均匀分布的 4 只螺钉起紧固板牙作用，其中上方的两只螺钉兼有调节小板牙螺纹尺寸的作用；顶端那只螺钉起调节大板牙螺纹尺寸的作用，这只螺钉必须插入板牙的 V 形槽内。

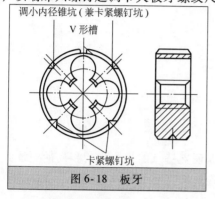

图 6-18　板牙

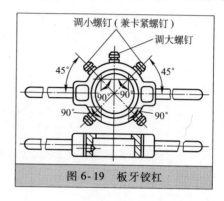

图 6-19　板牙铰杠

★6.4.2　套螺纹的操作方法

1）将工件的端部倒角。为了使板牙起套螺纹时容易切入工件，工件圆杆端部要倒成 15° ~ 20°的锥体，锥体的小端直径要略小于螺纹小径，以防套螺纹后螺纹端部产生锋口或卷边。

2）将工件用虎钳夹持牢靠，套螺纹部分尽可能接近钳口。由于工件多为圆杆，一般要用 V 形夹块或厚铜衬作衬垫，以保证夹持可靠。

3）起套时，一手掌握住铰杠中部，沿圆杆轴向施加压力，另一手配合做顺向切进。推进时转动要慢，压力要大，必须保证板牙端面与圆杆轴线的垂直，不能歪斜。在板牙切入圆杆 2 ~ 3 牙时，应及时检查其垂直度并做准确校正。

4）当板牙旋入 3 ~ 4 圈后，不用再施加压力，让板牙自然旋进，以免损坏螺纹和板牙。操作中要经常倒转板牙排屑。

5）在钢件上套螺纹时要加切削液，以提高加工螺纹表面的光洁度，延长板牙使用寿命。切削液一般为机油或较浓的乳化液。

★★★　6.5　安装木榫、胀管和膨胀螺栓　★★★

★6.5.1　木榫的安装

（1）木榫孔的錾打

凡在砖墙、水泥墙和水泥楼板上安装电路和电气装置，需用木榫支持，木榫必须牢固地嵌进木榫孔内，以保证安装质量。

在砖墙上可用小扁凿按图 6-20a 所示方法錾打木榫孔。在水泥墙上可用麻线凿按图 6-20b 所示方法錾打木榫孔。在錾打木榫孔时应注意以下事项：

1）砖墙上的木榫孔应錾打在砖与砖之间的夹缝中，且錾打成矩形，水泥墙或楼板上的木榫孔应錾打成圆形。

2）木榫孔径应略小于木榫 1 ~ 2mm，孔深应大于木榫长度约 5mm。

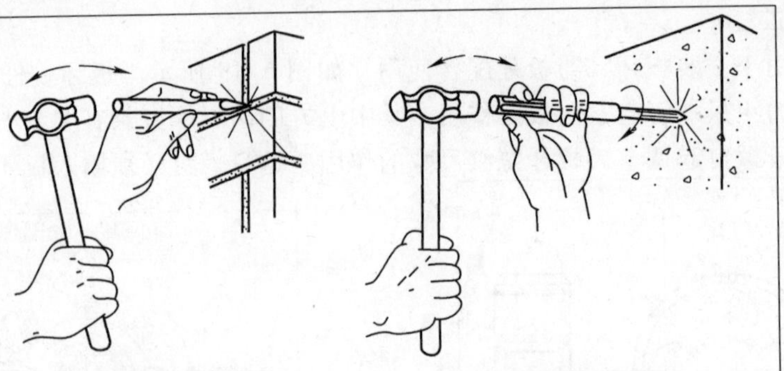

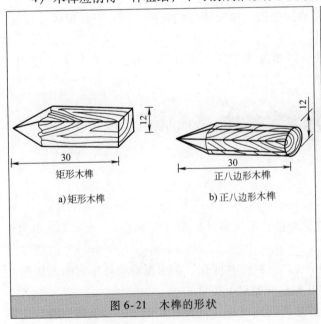

a) 砖墙木榫孔的錾打   b) 水泥墙木榫孔的錾打

图 6-20　木榫孔的錾打方法

3）木榫孔应严格地錾打在标划的位置上，以保证支持点的档距均匀和高低一致。

4）木榫孔应錾打得与墙面保持垂直，不可出现口大底小的喇叭状。

（2）木榫的削制

木榫通常采用干燥的细皮松木制成。木榫的形状应按照使用场所要求来削制。砖墙上的木榫用电工刀削成长 12mm、宽 10mm 的矩形，如图 6-21a 所示。水泥墙上的木榫用电工刀削成边长为 8～10mm 的正八边形，如图 6-21b 所示。在削制木榫时应注意以下事项：

1）削制木榫时，应顺着木材的纹路。

2）用电工刀削制木榫时要注意安全，不要伤手。

3）木榫的长度应比榫孔稍短些。木榫的长短还要与木螺钉配合，一般木螺钉旋进木榫的长度不宜超过木榫长度的一半。木榫的长度以 25～38mm 为宜。

4）木榫应削得一样粗细，不可削成锥形体。为便于把木榫塞入木榫孔，其头部应倒角。

12

30

矩形木榫

a) 矩形木榫

12

30

正八边形木榫

b) 正八边形木榫

图 6-21　木榫的形状

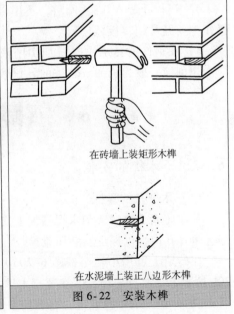

在砖墙上装矩形木榫

在水泥墙上装正八边形木榫

图 6-22　安装木榫

（3）木榫的安装

安装木榫时，先把木榫头部塞入木榫孔，用锤子轻击几下，待木榫进入孔内 1/3 后，检查它是否与墙面垂直，如不垂直，应校正垂直后再进行敲打，一直打到与墙面齐平为止。木榫在墙孔内的松紧度应合适，过紧，容易打烂榫尾；过松，达不到紧固目的，如图 6-22 所示。

★6.5.2　胀管的安装

（1）胀管的选配

胀管由塑料制成，又称塑料榫。通常用于承力较大而又难以安装木榫的建筑面上，如空心楼板和现浇混凝土板、壁、梁及柱等处，胀管的结构如图 6-23 所示。

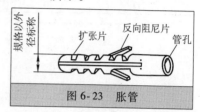

图 6-23　胀管

当胀管孔内拧入木螺钉后，两扩张片向孔壁张开，就紧紧地胀住孔内，以此来支撑装在上边的电气装置或设备。如果胀管规格与榫孔大小不匹配（孔大管小），或木螺钉规格与胀管孔直径不匹配（孔大木螺钉小），则胀管在孔内就难以胀牢。胀管的规格有 $\phi6mm$、$\phi8mm$、$\phi10mm$ 和 $\phi12$ mm 等多种。孔径应略大于胀管规格，凡小于 $\phi10mm$ 胀管的孔径应比胀管大 0.5mm，如 $\phi8mm$ 胀管的孔径为 $\phi8.5mm$。凡等于或大于 $\phi10mm$ 的胀管，孔径比胀管大 1mm，如 $\phi12mm$ 胀管的孔径为 $\phi13mm$。$\phi6mm$ 的胀管可选用 $\phi3.5mm$ 或 $\phi4mm$ 的木螺钉，$\phi8mm$ 的胀管可选用 $\phi4mm$ 或 $\phi4.5mm$ 的木螺钉，$\phi10mm$ 的胀管可选用 $\phi5mm$ 或 $\phi5.5mm$ 的木螺钉，$\phi12mm$ 的胀管可选用 $\phi5.5mm$ 或 $\phi6mm$ 的木螺钉。

（2）胀管的安装

安装时，根据施工要求，先定位划线，然后用冲击电钻根据榫体的直径在现场就地打孔。打孔不宜用凿子凿孔，以免榫孔过大或不规则，影响安装质量。清除孔内灰渣后，将胀管塞入，要求管尾与建筑面保持齐平，必须经过塞入、试敲纠直和敲入三个步骤。安装质量要求是，管体应与建筑面保持垂直，管尾不应凹入建筑面（见图 6-24a），不应凸出建筑面（见图 6-24b），不应出现孔大管小（见图 6-24c），不应出现孔小管大（见图 6-24d）。最后把要安装设备上的固定孔与胀管孔对准，放好垫圈，旋入木螺钉。

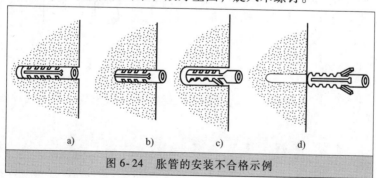

a)　　　　　b)　　　　　c)　　　　　d)

图 6-24　胀管的安装不合格示例

★6.5.3　膨胀螺栓的安装

（1）膨胀螺栓孔的凿打

采用膨胀螺栓施工，先用冲击电钻在现场就地打孔，孔径的大小和深度应与膨胀螺栓的规格相匹配。常用膨胀螺栓与孔的配合见表 6-2。

（2）膨胀螺栓的安装

在砖墙或水泥墙上安装线路或电气装置，通常用膨胀螺栓来固定。常用的膨胀螺栓有胀开外壳式和纤维填料式两种，外形如图 6-25 所示。采用膨胀螺栓，施工简单、方便，免去了土建施工中预埋件的工序。膨胀螺栓是靠螺栓旋入胀管，使胀管胀开，产生膨胀力，压紧建筑物孔壁，将其和安装设备固定在墙上。

表 6-2　常用膨胀螺栓与钻孔尺寸的配合　　　　　（单位：mm）

螺栓规格	M6	M8	M10	M12	M16
钻孔直径	10.5	12.5	14.5	19	23
钻孔深度	40	50	60	70	100

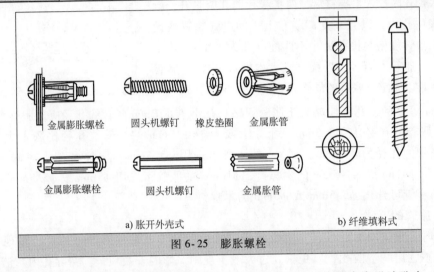

金属膨胀螺栓　圆头机螺钉　橡皮垫圈　金属胀管

金属膨胀螺栓　圆头机螺钉　金属胀管

a) 胀开外壳式　　　　　　　　b) 纤维填料式

图 6-25　膨胀螺栓

安装胀开外壳式膨胀螺栓时，先将压紧螺母放入外壳内，然后将外壳嵌进墙孔内，用锤子轻轻敲打，使它的外缘与墙面平齐，最后只要把电气设备通过螺栓或螺钉拧入压紧的螺母中，螺栓和螺母就会一面拧紧，一面胀开外壳的接触片，使它挤压在孔壁上，螺栓和电气设备就一起被固定，如图 6-26 所示。

安装纤维填料式膨胀螺栓时，只要将它的套筒嵌进钻好或打好的墙孔中，再把

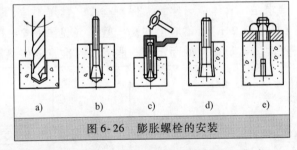

a)　　b)　　c)　　d)　　e)

图 6-26　膨胀螺栓的安装

电气设备通过螺钉拧到纤维填料中，就可把膨胀螺栓的套筒胀紧，使电气设备得以固定。

★★★　6.6　手工电弧焊　★★★

★6.6.1　电弧焊工具

电弧焊工具主要是指电焊机、电焊钳、面罩和电焊条。

（1）电焊机

电弧焊是通过电弧对焊接工件的局部加热，使连接处的金属熔化，再加入填充金属而结合的方法。电焊机是进行电弧焊的主要设备，它为电弧提供电源，分为交流电焊机和直流电焊机两类。应用比较普遍的是交流电焊机，如图 6-27 所示。

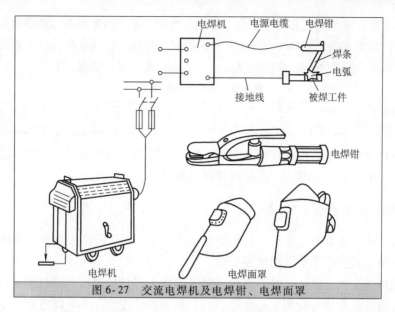

图 6-27 交流电焊机及电焊钳、电焊面罩

电焊机必须具有电弧的可靠引燃及稳定燃烧保弧的特点，一般要求交流电焊机的空载电压不低于55V，直流电焊机的空载电压不低于40V。在应用电焊机时，由于焊接不同厚度的金属材料，其焊接的电流大小应易调节，一般要求电焊机调节范围在电焊机额定电流的0.25～1.2倍。这是由于短路电流过大，会引起电焊机绕组过热，烧坏电焊机；而短路电流过小，则引弧困难，难以满足焊接的需要，因此要求电焊机应具有适当的短路电流。在使用交流电焊机时应注意以下事项：

1）移动电焊机时，一定要先切断电源，不允许带电移动电焊机，并且在移动时切勿使电焊机受到剧烈振动和其他物体的冲击，以免外壳与带电体接触。

2）在使用电焊机过程中，要经常对电焊机接线桩、连接处以及电缆进行检查，发现有烧坏处或者接触不良处，应及时修复好后再使用。

3）电焊机应根据不同型号、不同功率选用合适的电源线、熔丝、开关及电源线的容量，不可选得过小，特别是熔丝选择一定要适当。电焊机外壳必须可靠接地，若多台电焊机同时使用时，所有电焊机的接地线应为并联接地，不得串联，以确保人身安全。

4）电焊机电源线必须接线正确，首先应检查电焊机一、二次侧的接线，变压器一次侧称为一次侧线，较细，应接电源；变压器二次侧较粗，应接负载，即电焊机焊把线。在接线时，应特别注意电焊机铭牌上所要求的电压，如是220V时，应接电源220V，即一根接相线，另一根接零线。如是380V时，应把电焊机两根电源线分别接到两相相线上。切勿将220V的电焊机接入380V的电源线上，如果接错，会很快烧毁电焊机。

5）在焊接过程中需调节电流大小时，应在空载时进行，电焊机在工作时不宜长期处于短路状态，特别注意在非焊接时，绝对禁止焊把与焊件直接接触，以免造成短路烧毁电焊机。

6）电焊机在工作完毕时，应及时切断电源。

（2）焊钳和面罩

焊钳是用来夹持焊条以便正常焊接的工具。面罩是用来遮滤电弧光和保护眼睛视力，保证操作者能正常进行操作的防护工具，有手持式和头戴式两种。

（3）电焊条

电焊条是电弧焊接的焊剂和材料，电工常用的电焊条是结构钢焊条。选用电焊条主要是选择焊条的直径，焊条直径主要取决于焊接工件的厚度。焊接工件的厚度越厚，选用焊条的直径就越大，但焊条的直径应不超过焊件的厚度。焊条直径的选择可参见表6-3。

表6-3　焊条直径的选择

焊件厚度/mm	≤1.5	2	3	4~5	6~12	≥12
焊条直径/mm	1.6	2	3.2	3.2~4	4~5	4~6

使用不同直径的焊条，在焊接时应先调整电焊机选用不同的电流：ϕ3.2mm焊条的焊接电流在100~130A左右，ϕ4.0mm焊条的焊接电流在180A左右。

★6.6.2　焊接头的形式

焊接头的形式主要有对接接头、T形接头、角接接头和搭接接头4种，如图6-28所示，实用中选用何种形式要根据具体的需要而定。

焊接时工件接头的对缝尺寸是由焊件的接头形式、焊件的厚度和坡口形式决定。电工操作的焊接工件通常是角钢和扁钢，一般不开口。对缝尺寸在0~2mm以内。

★6.6.3　焊接方式

焊接方式分为平焊、立焊、横焊和仰焊等四种，如图6-29所示。

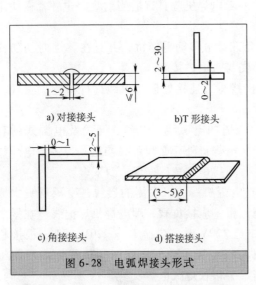

a) 对接接头　　b)T形接头

c) 角接接头　　d) 搭接接头

图6-28　电弧焊接头形式

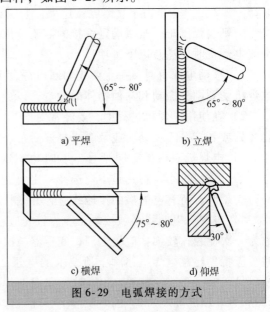

a) 平焊　　b) 立焊

c) 横焊　　d) 仰焊

图6-29　电弧焊接的方式

焊接中，需要选用何种方式应根据焊件工件的结构、形状、体积和所处的位置不同，选择不同的焊接方式。

（1）平焊

平焊时，焊缝处于水平位置，操作技术容易掌握，采用焊条直径可以大一些，生产效率高。焊接采用的运条方式为直线形，焊条角度如图6-29a所示。

焊件若要两面焊接时，焊接正面焊缝的运条速度应慢一些，以获得较大的深度和宽度。焊接反面焊缝时，则运条的速度要快一些，使焊缝宽度小一些。

（2）横焊和立焊

横焊和立焊有一定难度，由于熔化金属因自重下淌易产生未焊透和焊瘤等缺陷。所以要用较小直径的焊条和较短的电弧焊接，立焊时焊条的最大直径不超过 5mm，焊条角度如图6-29b、c 所示。焊接电流要比平焊时小 12% ~15% 左右。

（3）仰焊

仰焊操作的难度更大，由于熔化金属因自重下淌而易产生未焊透和焊瘤等缺陷的现象更突出，焊接时要采用较小直径的焊条（最大直径不超过 4mm），用最短的电弧进行焊接，如图6-29d 所示。

★6.6.4　操作步骤和方法

（1）第一步：定位

先将被焊工件用"马"板与铁楔等夹具暂时定位，如图6-30 所示。

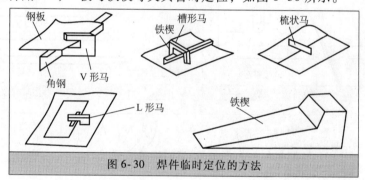

图6-30　焊件临时定位的方法

（2）第二步：引弧

电弧的引燃方法主要有划擦法和接触法两种：

1）划擦法。先将已接通电源的焊条前端对准焊缝，然后将手腕扭转一下，与划火柴动作相似，使焊条在焊缝表面上划擦一下（长度约 20mm），使焊条前端落入焊缝范围，并将焊条提起 3~4mm 左右，电弧即可引燃。接着应立即控制使弧长保持在与焊条直径相应的范围内，并运条焊接，如图6-31a 所示。

2）接触法。接触法的动作如图6-31b 所示，先将已接通电源的焊条前端对准焊缝，然后用腕力使焊条轻碰一下焊件表面，再迅速将焊条提起 3~4mm 左右，即可引弧。其电弧长度的控制与划擦法相同。

引弧时若发生焊条粘住焊件现象，应将焊条迅速左右摆动几次，就可以脱离焊件。如若不能，应立即使焊钳脱离焊条，待冷却后再将焊条扳下。

（3）第三步：运条焊接

电弧引燃后，将电弧稍微拉长，使焊件加热，然后缩短焊条与焊件之间的距离，电弧长度适当后，开始运条。运条时焊条前端按三个方向移动：第一，随着焊条的熔蚀，其长度渐短，应逐渐向焊缝方向送进，送进速度应与焊条熔化速度相适应；第二，焊条横向摆动，以扩宽焊接面；第三，使焊条沿着焊缝，朝着未焊方向前进。在焊接过程中，这三个动作应有机配合，以保证焊接质量，如图6-32 所示。

常用的运条方法有锯齿形、月牙形、三角形、圆圈形等运条方法，如图6-33 所示。

（4）第四步：收尾

当焊缝焊完时，焊条前端要在焊缝终点做小的画圈运动，直到铁水填满弧坑后，提起焊条，终止焊接。常用的收尾动作有以下几种，如图 6-34 所示。

1）画圈收尾法（见图 6-34a）。焊条移至焊缝终点时，做圆圈运动，直至填满弧坑再拉断电弧，主要适用于厚板焊接的收尾。

2）反复断弧收尾法（见图 6-34b）。焊条移至焊缝终点时，在弧坑上要反复熄弧—引弧数次，直到填满弧坑为止。一般用于薄板和大电流焊接，但碱性焊条不适用此法。

3）回焊收尾法（见图 6-34c）。焊条移至焊缝收尾处立即停止，但未熄弧，此时适当改变角度，焊条由位置 1 转到位置 2，待填满弧坑再转到位置 3，然后慢慢拉断电弧，适用于碱性焊条。

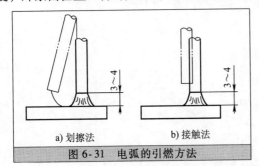

a) 划擦法　　　　b) 接触法

图 6-31　电弧的引燃方法

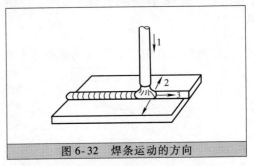

图 6-32　焊条运动的方向

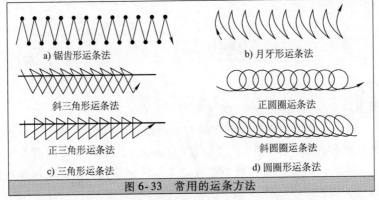

a) 锯齿形运条法　　　　　　b) 月牙形运条法

斜三角形运条法　　　　　　正圆圈运条法

正三角形运条法　　　　　　斜圆圈运条法

c) 三角形运条法　　　　　　d) 圆圈形运条法

图 6-33　常用的运条方法

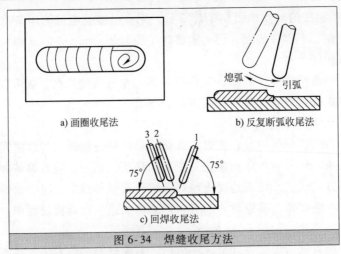

a) 画圈收尾法　　　　　　b) 反复断弧收尾法

c) 回焊收尾法

图 6-34　焊缝收尾方法

第7章
照明电气设备的安装与维修

★★★ 7.1 照明开关 ★★★

照明开关是照明电路中的一种必不可少的电气元件，在应用中开关起到了控制照明灯亮灭的重要作用，照明开关种类很多，常用的有拉线开关、防水开关、台灯开关、吊盒开关与墙壁开关等。它们都是用来接通和断开照明电路的电源。开关的一般规格应根据控制电灯的特点来选用。它的结构和性能要适应不同环境的需要，开关安装位置要让人使用方便。

照明开关一般按应用结构分单联和双联两种，单联开关应用最为广泛，而双联开关主要用于两地控制一盏灯电路中，以及其他特殊控制电气设备电路中应用此开关。常用照明开关外形如图7-1所示。

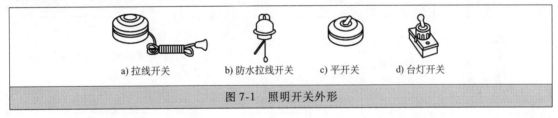

a) 拉线开关   b) 防水拉线开关   c) 平开关   d) 台灯开关

图 7-1 照明开关外形

目前，照明开关的分类品种很多，常用的品种和应用范围也非常广泛，如图7-2所示是常用电灯开关品种、规格和适用范围。

1. 照明开关控制一盏灯应用

照明灯具一般都由电源、导线、开关以及灯泡所组成。照明灯具和开关的接线方法如图7-3所示。安装时要做到安全、经济、美观、合理，并且便于维修。用一只单联开关控制一盏灯，是一种最简单最常用的方法。开关S应安装在相线（符号L）上，开关以及灯头的功率不能小于所安装灯泡的额定功率。螺口灯头接零线（中性线，符号N），灯头中心应接相线。照明灯安装在露天场所时，要用防水灯座和灯罩，并且还应考虑灯泡的额定电压符合电源电压的要求，零线不允许串接熔断器。

2. 电工在使用照明开关时的注意事项

1）开关必须安装牢靠。

2）开关的额定电流必须大于所控制电路中照明灯具的最大电流。

3）拉线开关如长期受潮而造成动作机构生锈时，可加少许绝缘油（如变压器油或自耦减压补偿器里面的绝缘油）。

3. 单联开关的安装要求

1）开关内的两个接线柱，一个与电源线路中的一根相线连接，另一个接至灯座的接线柱上。

外形结构	名称	品种	额定电压 /V	额定电流 /A	适用范围
	拉线开关（普通型）	胶木瓷质	250	3	户内一般场所普遍应用
	顶装式拉线开关（挂线盒带开关）	胶木瓷质	250	3	户内吊装式灯座（挂线盒与开关合一）
	防水拉线开关	瓷质	250	5	户外一般场所或户内有水汽、有漏水等严重潮湿场所
	平开关	胶木瓷质	250	3 5 10	户内一般场所
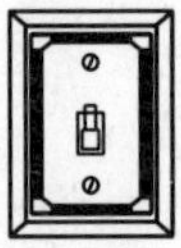	暗装开关	胶木金属外壳	250	5 10	采用暗设管线线路的建筑物或户内一般场所
	台灯开关	胶木金属外壳	250	1 2 3	台灯和移动电具

图 7-2　常用电灯开关品种、规格和适用范围

2）安装拉线式开关时，拉线口必须与拉的方向保持一致，否则容易磨断拉线。

3）安装平开关时，应使操作柄扳向下时接通电路，扳向上时分断电路。

4. 双联开关的安装连接方法

双联开关用在两地控制一盏电灯的方法如图7-4所示。它主要为了方便控制照明灯，需要在两地控制一盏灯。例如，楼梯上使用的照明灯，要求在楼上、楼下都能控制其亮灭。它需要用两根连线，把两只开关连接起来，这样可方便地控制其灯的亮灭。这种连接方法也广泛应用于家庭装修控制照明灯中，接线方法如图7-4a所示。另一种线路可在两开关之间节省一根导线，可同样能达到两只开关控制一盏灯的效果，这很适用于两开关较远的场所中，但缺点是电路由于串接了整流管，灯泡的亮度会降低些，一般可应用于亮度要求不高的场所（见图7-4b）。

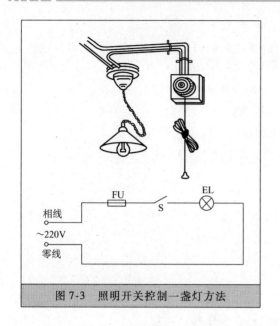

图 7-3　照明开关控制一盏灯方法

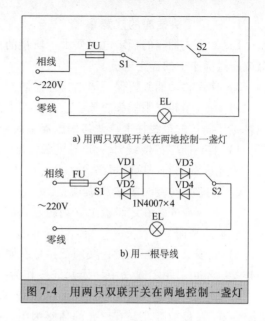

a) 用两只双联开关在两地控制一盏灯

b) 用一根导线

图 7-4　用两只双联开关在两地控制一盏灯

★★★　**7.2　常用插座**　★★★

　　常用插头、插座是家用电器的电源接取口，应用极为广泛，所有可移动的用电器具都须经插座、插头接通电源。电气插头、插座种类很多，有单相两眼、单相三眼，也有三相四眼安全插头插座等。两眼、三眼及四眼插座的外形如图 7-5 所示。

　　双孔插座可用在外壳无需接地的用电器上，如活动台灯、手电钻、电视机等；三孔插座用于外壳需要接地（接地符号 E）的电器，如洗衣机、电冰箱等上。单相双孔插座的最大额定电流，通常都只有 5A，三孔的分有 5A、10A、15A、20A 等多种。应根据插入该插座的功率最大的电器的额定电流选取，插座的额定电流应大于电器的额定电流。插座的安装和接线方法可按图 7-6 所示。

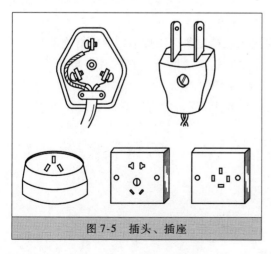

图 7-5　插头、插座

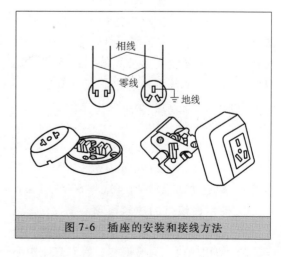

图 7-6　插座的安装和接线方法

1. 使用插头插座的注意事项

1）插头或插座的额定电流要大于所接的用电器负载的额定电流，不允许用电器的额定电流超过插座上的额定电流。

2）使用移动插头要保持清洁，注意防潮，以免绝缘损坏发生漏电或短路。

3）有些单相三眼插头、插座或三相四眼插座、插头在接线时，一定要把地线接在有接地符号"⏚"的接线柱上，并与用电器金属外壳相连接，以确保用电安全。

4）插头插座在接线时一定要接触牢靠，相邻接线柱上的电线金属头要保持一定的距离，不允许有毛刺，以防短路。

2. 插座在安装时的注意事项

1）插座应安装在绝缘板上、绝缘盒内或电工用板或圆木上，通常把插座两孔平行安装在建筑物的平面上。

2）在安装三孔插座时，必须把接地孔眼（大孔）装在上方，且接地接线柱必须与接地线连接，不可借用零线（中性线）线头作为接地线。

3）相线要接在规定的接线柱上（标有"L"字母），220V电源进入插座一般为"左零线右相线"。既有双孔又有三孔的插座为组合插座，它多作移动插座使用。其结构和安装与双孔、三孔插座近似。

★★★　7.3　白炽灯　★★★

白炽灯是目前最常用的一种电光源，它是用钨丝做成灯丝，具有造价低、电路简单、安装方便的特点，因此得到广泛应用。

白炽灯分真空泡和充气泡两种。真空泡就是把玻璃泡内空气抽去，使灯丝不致迅速烧坏。钨丝在真空电灯泡中温度可以达到2200℃，寿命可达到1000h。若玻璃泡中充了惰性气体（如氮或氩），则更可减少灯丝的烧损，这种灯泡叫做充气泡。充气泡中的灯丝温度高达2800℃。目前充气灯泡应用得很普遍。常用白炽灯灯泡如图7-7所示。

挂口　　螺口

图 7-7　白炽灯灯泡

白炽灯灯泡可分为普通照明灯灯泡、低压照明灯灯泡和经济灯灯泡等几种，普通照明灯灯泡作为一般照明用，制有玻璃透明灯泡和磨砂灯泡两种，灯头有卡口式和螺旋式两种。低压灯泡主要用于易发生危险的场所，它的额定电压有12V、24V、32V、36V等多种，功率有10W、15W、30W、40W、60W、100W等。经济灯的电压一般为6~8V，它与一小型变压器配套使用，功率一般为3W，可用于晚间在灯光不需太亮的场所，以利节约用电。

1. 白炽灯的主要规格

1）额定电压：24V、110V、220V。

2）额定功率：25W、40W、60W、100W、500W、1000W等。

2. 使用白炽灯的注意事项

1）白炽灯的额定电压要与电源电压相符。

2）使用螺口灯泡要把相线接到灯座中心触点上。

3）白炽灯安装在露天场所时要用防水灯座和灯罩。

4）普通白炽灯泡要防潮防振（特制的耐振灯泡除外）。

★★★ 7.4 自镇流荧光高压汞灯的应用 ★★★

自镇流荧光高压汞灯是一种气体放电灯，灯泡内的限流钨丝和石英弧管相串联。限流钨丝不仅能起到镇流作用，而且有一定的光输出，因此，它具有可省去外接镇流器、光色好、起动快、使用方便等优点，适用于工厂的车间、城乡的街道、农村的场院等场所的照明。灯泡的外形如图7-8所示。使用荧光高压汞灯的注意事项如下：

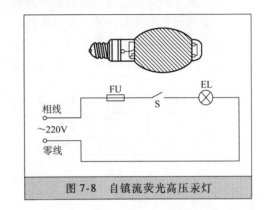

图 7-8 自镇流荧光高压汞灯

1）自镇流荧光高压汞灯的起燃电流较大，这就要求电源线的额定电流和熔丝要与灯泡功率配套。电线接点要接触牢靠，以免松动而造成灯泡起动困难或自动熄灭。

2）灯泡采用的是螺旋式灯头，安装灯泡时不要用力过猛，以防损坏灯泡。维修灯泡时，应断开电源，并在灯泡冷却后方可进行。

3）灯泡的相线应通入螺口灯头的舌头触点上，以防触电。

4）电源电压不应波动太大，超过±5%额定电压时，可能引起灯泡自动熄灭。

5）灯泡在点燃中突然断电，如再通电点燃，灯泡需待10～15mim后自行点燃，这是正常现象。如果电源电压正常，又无线路接触不良，灯泡仍有熄灭和自行点燃现象反复出现，说明灯泡需要更换。

6）灯泡启动后4～8mim才能正常发光。

★★★ 7.5 荧光灯 ★★★

荧光灯具有发光效率高、寿命长、光色柔和等优点，广泛应用于办公室和家庭。它的外形及接线方法如图7-9所示。

1. 荧光灯的工作原理

当开关接通电源后，灯管尚未放电，电源电压通过灯丝全部加在启动器内两个触片之间，使氖气管中产生辉光放电，双金属片受热弯曲，使两触片接通，于是电流通过镇流器和灯管两端的灯丝，使灯丝加热并发射电子。此时由于氖管被双金属触片短路停止辉光放电，双金属触片也因温度下降而分开。在断开瞬间，镇流器产生相当高的自感电动势，它和电源电压串联后加在灯管两端，引起弧光放电，使荧光灯点亮发光。

2. 使用、安装、维修时的注意事项

1）荧光灯要按接线图正确安装连接，才能使它正常工作。

2）使用各种不同规格的荧光灯灯管时，要与镇流器的功率配套使用，还要与启动器的功率配套使用，不能在不同的功率下互相混用。

85

3）环形荧光灯头不能扭转，否则会引起灯丝短路。

3. 元件及其作用

（1）启动器

启动器又叫荧光灯继电器，它是与荧光灯配套使用的电气元件，它的结构如图7-10所示。在充有氖气的玻璃泡内，装有由双金属片和静触片组成的两个触点，外边并联着一只小电容，与氖泡一起组装在铝壳或塑料壳内。它的用途是在荧光灯启动过程中，起着自动接通某段线路或自动断开某段线路的作用，实际上是一个自动开关。荧光灯进入正常工作状态后，启动器即停止工作。使用启动器时的注意事项如下：

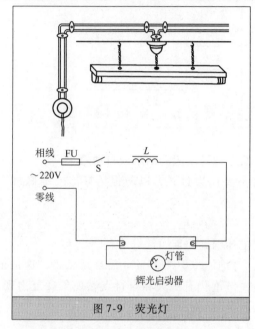

图 7-9　荧光灯

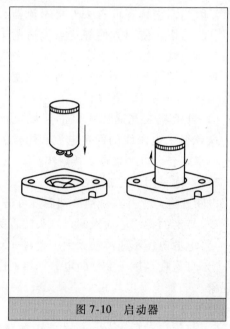

图 7-10　启动器

1）启动器要与荧光灯管功率配套使用。

2）安装启动器时，注意使启动器与启动器座的接触良好。

3）启动器如果出现短路，会使荧光灯产生两头发光中间不亮的异常状态，这时需更换启动器。

4）启动器损坏断路会使荧光灯不能启动，这时也需更换启动器。

（2）镇流器

镇流器又称限流器，主要由铁心和电感线圈组成，外引两根引线，外形、内部结构及电路符号如图7-11所示。镇流器的作用是当启动器的动、静触片由接通到分离时，使镇流器两端产生瞬时高压，从而促使荧光灯点亮。当荧光灯点亮后，灯管内的气体被电离，电阻减少，灯管电流要增大，这时镇流器起限流的作用。镇流器要与灯管功率配套使用。

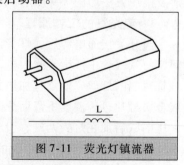

图 7-11　荧光灯镇流器

使用荧光灯镇流器时，应注意以下几点：

1）镇流器的安装应考虑它的散热问题，以防运行中温度上升过高，缩短寿命。

2）镇流器发生严重短路时，会使荧光灯在点燃的瞬间突然烧坏灯管，这时必须更换荧光灯镇流器。

3）镇流器发生断路时，荧光灯不能点燃，也需及时更换。

（3）荧光灯电容器

荧光灯电容器是用来补偿荧光灯镇流器所需要的无功功率的。由于荧光灯镇流器是电感元件，需要供给无功功率，引起功率因数降低。为了改善功率因数，需加电容器进行补偿。电容器的外形与接线如图7-12所示。

电容器两端接线柱内部，实际上是两个金属极板，它能在交流电通过时，周期性地

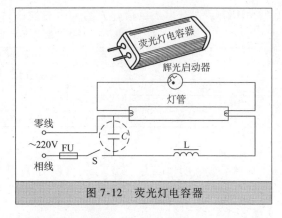

图 7-12　荧光灯电容器

充电和放电，在放电时所输出的无功功率正好用来补偿镇流器所需的无功功率。一般荧光灯功率在 15～20W 时，选配电容器容量为 2.5μF；用 30W 荧光灯时，可选用 3.7μF；用 40W 荧光灯时，可选用 4.7μF。荧光灯电容器的耐压均为 400V。

使用荧光灯电容器时应注意以下几点：

1）使用荧光灯电容器之前，首先要检查它的容量是否与灯管配套，耐压是否符合要求，有无漏电现象，如发现电容器漏电，则需更换。

2）荧光灯电容器应正确接入线路，并使电容器外壳与荧光灯架绝缘，以防电容器损坏时灯架外壳带电。

（4）灯座　灯管两侧各有一个灯座，各个灯座上有两个接线柱，分别把灯管的灯脚引出。灯座分弹簧式（也叫插入式）和开启式两种，外形如图7-13所示。

图 7-13　荧光灯灯座

★★★　7.6　单相照明刀开关　★★★

1. 基本结构（以开启式负荷开关为例）

开启式负荷开关是由刀开关和熔断器组成，均装在瓷底板上。现以 HK 系列刀开关为例介绍它的结构，HK 系列刀开关如图7-14所示。

单相照明开启式负荷开关中，刀开关装在上部，由进线座和静夹座组成；熔断器装在下部，由出线座、熔体和动触刀组成；动触刀上装有瓷质手柄，便于操作；上下两部分用两个胶盖以紧固螺钉固定，将开关零件罩住，防止电弧或触及带电体伤人，胶盖上开有与动触刀数（极数）相同的槽，便于触刀上下运动与静夹座分合操作。

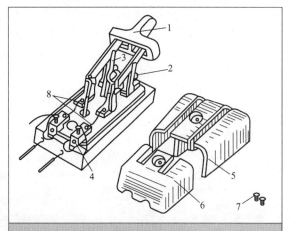

图 7-14　单相照明刀开关

1—瓷质手柄　2—进线座　3—静夹座　4—出线座
5—上胶盖　6—下胶盖　7—胶盖固定螺母　8—熔体

87

2. 规格

HK1 系列开启式负荷开关的常用的规格见表 7-1。

表 7-1 HK1 系列开启式负荷开关基本技术参数

型号	极数	额定电流值 /A	额定电压值 /V	熔体线径 /mm
HK1—10	2	10	220	1.45 ~ 1.59
HK1—15	2	15	220	2.30 ~ 2.25
HK1—30	2	30	220	3.36 ~ 4.00

3. 选用

在一般照明电路中，开启式负荷开关额定电压大于或等于电路的额定电压，常选用 250V、220V。开启式负荷开关额定电流等于或稍大于电路的额定电流，常选用 10A、15A、30A。

4. 照明刀开关安装技术要求

1）闸刀应当竖直安装在绝缘板上，不应平装或倒装，应使刀柄在合闸时方向向上，并应安装在防潮、防尘、防振的地方。

2）安装刀开关时，应使电源线从上接线端进入，通过闸刀、熔丝后，下接线端接负载。接好后要用手拉一下所有接过的电线，看是否压紧，如果不紧要重新紧固，以防接触电阻增大，烧坏接线螺钉。

5. 使用注意事项

1）如果要带一般性负载操作时，应动作迅速，使电弧较快熄灭，一方面不易灼伤人手，另一方面也减少电弧对动触头和静夹座的灼损。

2）在带电操作闸刀时，必须使上下闸刀灭弧盖盖好并拧上固定螺钉，以增加它的灭弧能力。

★★★　7.7　瓷插式熔断器　★★★

照明电路中，瓷插式熔断器是室内照明电路中的保护电器。在使用时，熔断器串联在所保护的电路中，当该电路发生严重过载或短路故障时，通过熔断器的电流达到或超过某一规定值时，以其自身产生热量使熔体熔断，从而自动切断电路，起到保护作用。瓷插式熔断器的外形如图 7-15 所示。

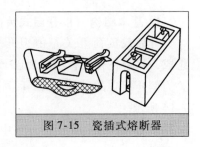

图 7-15　瓷插式熔断器

1. 技术数据

RC1A 系列瓷插式熔断器的技术数据见表 7-2。

表 7-2　RC1A 系列瓷插式熔断器的技术数据

型号	额定电压值 /V	熔断器额定电流值 /A	熔体额定电流值 /A	极限分断能力值 /A
RC1A—5	380	5	2,5	250
RC1A—10	380	10	2,4,6,10	500
RC1A—15	380	15	1,4,6,10,15	1500
RC1A—30	380	30	20,25,30	3000

2. RC1A 系列瓷插式熔断器的选用

（1）瓷插式熔断器选用

1）熔断器的额定电压必须等于或大于电路的额定电压。

2）熔断器的额定电流必须等于或大于所装熔体的额定电流。

一般情况应按上述规定选择熔断器的额定电流，但是有时熔断器的额定电流可选用大一级的，也可选用小一级的。例如，10A 的熔体，既可选用 10A 的熔断器，也可选用 15A 的熔断器，此时可按电路是否常有少量过载来确定；若有少量过载情况时，则应选用大一级的熔断器，以免其温升过高。

3）熔断器的分断能力应大于电路可能出现的最大短路电流。

（2）熔体（熔丝）的选用

照明电路中的熔丝选用首先计算出该电路的电流，然后查常用熔体规格表（见表 7-3）可得出熔丝直径，便可知道熔断电流。

表 7-3　常用熔体规格表

直径/mm	额定电流/A	熔断电流/A	直径/mm	额定电流/A	熔断电流/A
0.28	1	2	0.81	3.75	7.5
0.32	1.1	2.2	0.98	5	10
0.35	1.25	2.5	1.02	6	12
0.36	1.35	2.7	1.25	7.5	15
0.40	1.5	3	1.51	10	20
0.46	1.85	3.7	1.67	11	22
0.52	2	4	1.75	12.5	25
0.54	2.25	4.5	1.98	15	30
0.60	2.5	5	2.40	20	40
0.71	3	6	2.78	25	50

（3）RC1A 系列瓷插式熔断器更换熔体时的注意事项

1）必须先查清熔体熔断的原因，排除短路或其他故障才能换上原规格的熔体，再接通电源。否则换上新熔体后，还会熔断。

2）更换熔体要选用原规格的，不能随意加大熔体规格。

（4）RC1A 系列瓷插式熔体安装要求

1）拔下熔断器瓷盖，在木台上选好合适的位置，将瓷插式熔断器的底座固定在木台上。

2）用独股塑料硬线（或多股软线）与瓷插式熔断器的接线桩头相连。

3）把熔体顺着槽放入，槽两旁的熔体就凹下，以防插入时被座上和凸背切断。

4）安装熔体时按顺时针方向绕在触点的螺钉上，并旋紧螺钉。

★★★　7.8　单相电能表的选用　★★★

照明电路需要计量用电量，计量用电量就要用电能表。怎样才能正确选用电能表呢？电能表的选用要根据负载来确定。也就是说，所选电能表的容量或电流是根据计算电路中负载的大小来确定的，容量或电流选择大了，电能表不能正常转动，会因本身存在的误差影响计算结果的准确性；容量或电流选择小了，会有烧毁电能表的可能。一般应使所选用的电能表负载总瓦数为实际用电总瓦数的 1.25～4 倍。所以，在选用电能表的容量或电流前，应先进行计算。例如：家庭使用照明灯 4 盏，约为 120W；使用电视机、电冰箱等电器，约为 680W；试选用电能表的电流容量。由此得出：800×1.25W＝900W 或 800×4W＝3200W，因此其选用电能表的负载瓦数为 900～3200W。查表 7-4 可知，选用电流容量为 10～15A 的较为适宜。

选用电能表时，除了要考虑电流容量问题外，还要注意表的内在质量，特别要注意电能表壳上的铅封是否损坏，一般电能表在出厂前，对表的准确性要进行校验。检查合格后，对电能表的可拆部位做了铅封，使用者不得私自将铅封打开。若铅封损坏，必须经有关部门重新校验后方可使用。

1. 单相电能表的种类、规格及选用

单相电能表可以分为感应系单相电能表和电子式电能表两种。目前，家庭大多数用的是感应系单相电能表。

感应系单相电能表有十几种型号。虽然其外形和内部元件的位置可能不同，但使用的方法及工作原理基本相同。其常用额定电流有 2.5A、5A、10A、15A、20A 等规格。常见单相电能表的规格见表 7-4。

表 7-4　单相电能表的规格

电能表安数/A	2.5	5	10	15	20
负载总瓦数/W	550	1100	2200	3300	4400

2. 电能表的原理

电能表是用来计量电气设备所消耗的电能的仪表。电能表可分为单相电能表和三相电能表，准确度一般为 2.0 级，也有 1.0 级的高精度电能表。电能表的外形如图 7-16 所示。

电能表的结构如图 7-17 所示，它是由电流线圈、电压线圈及铁心、铝盘、转轴、轴承、数字盘等组成。电流线圈串联于电路中，电压线圈并联于电路中。在用电设备开始消耗电能时，电压线圈和电流线圈产生主磁通穿过铝盘，在铝盘上感应出涡流并产生转矩，使铝盘转动，带动计数器计算耗电的多少。用电量越大，所产生的转矩就越大，计量出用电量的数字就越大。

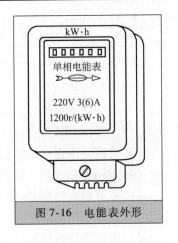

图 7-16　电能表外形

当选好单相电能表后，应进行检查安装和接线。根据电能表型号不同，有两种接线方式，如图 7-18 所示。图 7-18 中的①、③为进线，②、④接负载，接线柱①要接相线；这种电能表目前很常见，接线时请参照图 7-18 接线。初学者可参照图7-18连接。而图 7-19 电能表则①、②为进线，③、④为负载线。这种电能表不常使用。

3. 电能表安装时的注意事项

1）检查表罩两个耳朵上所加封的铅印是否完整。

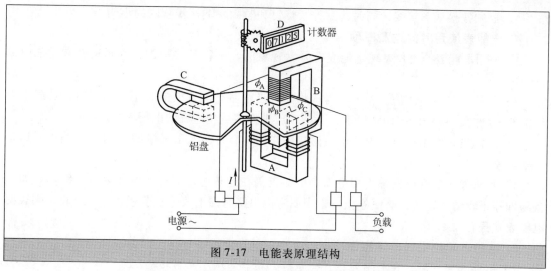

图 7-17　电能表原理结构

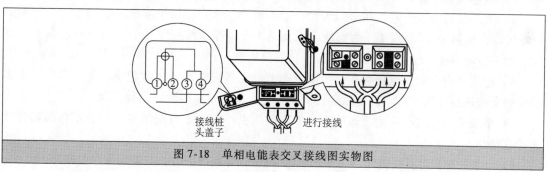

图 7-18　单相电能表交叉接线图实物图

2）电能表应安装在干燥、稳固的地方，避免阳光直射，忌湿、热、霉、烟、尘、砂及腐蚀性气体。位置要装得正，如有明显倾斜，容易造成计度不准、停走或空走等毛病。电能表可挂得高些，但要便于抄表。

3）电能表应安装在涂有防潮漆的木制底盘或塑料底盘上。在盘的凸面上，用木螺钉或机制螺钉固定电能表。电能表的电源引入线和引出线可通过盘的背面（凹面）穿入盘的正面后进行接线，也可以在盘面上走明线，用塑料线卡固定整齐。电能表的安装如图 7-20 所示。

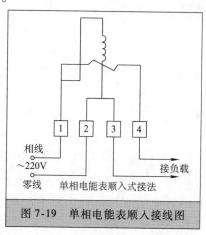

图 7-19　单相电能表顺入接线图

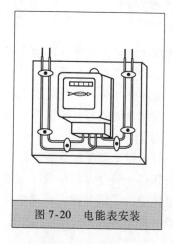

图 7-20　电能表安装

4）必须按接线图接线，同时注意拧紧螺钉和紧固一下接线盒内的小钩子。

4. 电能表使用时的注意事项

1）使用电能表的用户发现电能表有异常现象时，不得私自拆卸，必须通知有关部门进行处理。

2）保持电能表的清洁，表上不得挂物品。当电路有电且电能表正常运行时，负载不得经常低于电能表额定值的10%以下，否则，应更换容量相适宜的电能表。

3）电能表正常工作时，由于电磁感应的作用，有时会发出轻微的"嗡嗡"响声，这是正常现象。

4）如果发现所有电器都不用电而表中铝盘仍在运转时，应拆下电能表的出线端。如铝盘随即停止转动或转动几圈便停止，则表明室内电路有漏电故障；若铝盘仍转不止，则表明电能表本身有故障。

5. 电能表装使用时的注意事项

1）电能表装好后，合上闸刀，开亮电灯，转盘即从左向右转动。

2）关灯后，转盘有时还在微微转动，如不超过一整圈，属正常现象。如超过一整圈后继续转动，试拆去"3"、"4"两根线（见图7-19），若不再连续转动，则说明电路上有毛病；如仍转动不停，就说明电能表不正常，需要检修。

3）电能表内有交流磁场存在，金属罩壳上产生感应电流是正常现象，不会费电，也不影响安全和正确计数。若因其他原因使外壳带电，则应设法排除，以保安全。

4）电能表工作时有一些轻微响声，不会损坏机件，不影响使用寿命，也不会妨碍计度数的准确性。

5）电能表每月自身耗电量约 $1kW \cdot h$，因此若作分表使用时，每月应向总表贴补 $1kW \cdot h$ 电费，向总表贴补的电费与分表用电量的多少无关。

6）用户在低于"最小使用电力"情况下使用电能表时，会造成计数不准现象。在低于"起动电力"的情况下使用时，转盘将停止转动。

7）转盘转动的快慢跟用户用电量的多少成正比，但不同规格的表，尽管用电量相同，转动的快慢也会不同；或者，虽然规格相同、用电量相同，但由于电能表的型号不同，转动的快慢也可能不同。所以，单纯从转盘转动的快慢来证明电能表准不准是不确切的。

★★★ 7.9 客厅照明的选择 ★★★

客厅是接待客人及住室活动的场所。因而照明光线要选择中等照度、艺术性强的灯具，与室内装饰的家具布置相协调，灯具应根据客厅大小选择吊灯、吸顶灯、嵌入式灯、反射灯或壁灯、牛眼射灯等。无论主人选择什么样的照明灯，只要能够体现出艺术修养，创造出一种祥和美好的氛围就行。下面介绍装饰中常选用的几种造型灯具，供装修装饰的主人选择。

1. 吸顶灯

吸顶灯适用于高度较低的客厅，或者是兼有多种功能的房间。图7-21为单灯罩白炽吸顶灯。吸顶灯一般分为两种设计方式：一种是玻璃单灯罩，里面采用 1~3 个灯头，外表给人一种整体美，简洁大方，多选用在 $15m^2$ 大小以内的房间。另一种是组合多花头装饰吸顶灯，一般的灯头盏数在 4~9 个之间。其照度大，照明效果好，给人以美的感觉。

图 7-21　吸顶灯的造型

2. 吊灯

一般装饰性吊灯是目前家庭室内装饰行业上首选的灯具之一。它适用于面积较大、高度较高客厅的照明。常应用的装饰性吊灯是由玻璃和金属装饰组合而成的。它的花样繁多，造型美观，有豪华型吊灯、仿生型吊灯，还有抽象型吊灯。如图 7-22 所示，图 7-22a 为单层枝形吊灯造型，图 7-22b 为多层枝形吊灯造型，可供参考。吊灯一般分为上射光、下射光和漫射光。上射光吊灯，灯泡向上通过灯碗罩住向下的光线，使光线向上。这种吊灯设计的特点是光线柔和、照度适中，一般家庭常采用。下射光吊灯光线直接射向地面，有一定的眩光，但光线较强、照度高，应用这种灯也较经济。漫射光吊灯是采用玻璃灯罩将灯泡罩在其中，可避免眩光的产生，使光线柔和舒适，但因一部分光线被遮挡，照度较低，多采用于公共场合中。

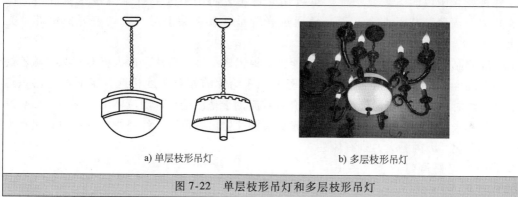

a) 单层枝形吊灯　　　　　　　　b) 多层枝形吊灯

图 7-22　单层枝形吊灯和多层枝形吊灯

93

3. 壁灯

壁灯的应用功能主要是能够满足行走、活动的照明，如房间不需要太亮，或看电视、夜间起床时的照明等。因此，它的外观造型在选择时非常重要，选择造型较好的壁灯，会给人以美的享受。图 7-23 为壁灯的造型，供装修主人参考。

4. 射灯

射灯一般装置在需要单独光线的部位，如工艺品、绘画、小景点、雕塑以及艺术柜等位置上，可起到画龙点睛的作用，造就室内的幽雅气氛。图 7-24 为几种射灯的造型。

5. 嵌入式灯与反射灯

嵌入式灯与反射灯适用于有吊顶的房间。采用这两种照明形式能增加室内空间感和立体感，如反射灯采用彩色灯管，更能加强室内的艺术感染力。嵌入式灯一般选用烤漆或不锈钢筒灯，灯泡多采用节能型，主要用于吊顶的四周和需要单独照射的局部。反射灯一般选用荧光灯，安装在二级吊顶的二级结合处，并留出反光槽，使光线通过反光槽从顶部折射下来。而较大、较高的客厅，采用该反射光设计，将更容易达到显示豪华的理想效果，增添美丽的色彩。

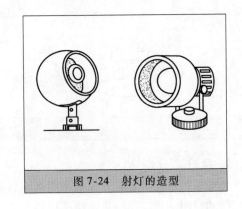

图 7-23　壁灯的造型　　　　图 7-24　射灯的造型

6. 光导纤维灯与变色灯

灯具中使用的光导纤维是用透明塑料做芯线、外敷低折射率皮层做成的，它的导光性远远低于光通信中使用的玻璃光导纤维，但是它加工容易、成本低廉，而且灯具中导光距离很短，所以塑料光纤是制作光导纤维灯的理想材料。

塑料光纤有良好的弯曲性能，可把光纤扎成各种形状和图案，如礼花及"寿"、"喜"等字。光纤的另一端，用小型白炽灯泡通过有多种透明颜色纸的旋转来照明，这一端就会出现各种变化颜色的图案或字样。也可用先进工艺将塑料光导纤维直接压制成美丽的牡丹、杜鹃、蔷薇等花形，当五彩光色通过光纤呈现在花朵上时，犹如盛开的鲜花，光芒照人。

变色灯的原理是将有很强镜面及透光能力的镀铝涤纶薄膜小片，放入盛有三氯三氟乙烷和 802 硅油混合物的瓶内，混合物的相对密度与涤纶片的相对密度相近。瓶下置一白炽灯泡，当灯点燃时，产生的热量使瓶内液体引起对流，于是涤纶小片随液体上下翻滚。白炽灯与瓶底间放一张有多种透明颜色的圆片，光透过圆片射出各色光，经涤纶小片反射，出现无规则的光色变化，闪闪亮亮，别有风趣。

7. 音乐灯与壁画灯

（1）音乐灯

一种既能奏出乐曲又能不断变换灯光颜色的灯具。这种灯用机械和电子两种发声方法奏出音乐。灯光色彩的变化是通过改变不同颜色灯泡的亮暗来获得的。音乐灯能营造出某种人们需要的环境，如来客人时营造出欢乐气氛。

（2）壁画灯

一种将绘画艺术与灯光艺术结合成一体的壁灯。灯具呈扁平型，透光面绘有山水、花鸟、人物图画，灯具装有荧光灯管。灯管不亮时，是一幅精彩的绘画；当灯管点亮后，从画面透出的光线使绘画更加逼真，立体感更强。如果对透光面作部分工艺处理，还可使画中的流水好似在动，画中的云彩好似在飘，使人惊叹不已。

★★★　7.10　装饰灯具在房间的应用　★★★

1. 书房照明

书房是人们工作学习的场所，有时也兼有会客功能，因而必须考虑学习与工作时的局部照明设置。书房的公共用灯一般采用吸顶灯和荧光灯，能够满足正常的使用功能即可。书桌台的照明，一般可采用调光台灯（见图 7-25）。台灯照射的角度可根据使用灵活控制，因而特别适用于局部照明。

2. 厨房照明

厨房的面积一般较小，通常选用照度较低的单盏吸顶灯或吊灯照明。由于厨房油烟过大，因而在选择灯型上要注意外观造型简洁大方，便于打扫清洁。一般不采用造型复杂、易积压烟尘的灯。另外，要注意灯具材料的选择，选玻璃或表面保护层功能较好的材质。

3. 餐厅照明

餐厅照明的主要功能，是将人们的注意力集中到餐桌上来，因而餐桌正上方是光源的发射地。一般光源不宜过高，光照范围不宜过大，可使用能够自由升降的灯具。主灯多采用向下直接照射的吊灯，以突出餐桌，提高人们的情趣，增加食欲。为了防止过强的光线照在人身上造成不良的阴影，灯光应限制在桌面范围

图 7-25　调光台灯

之内。人的面部光线可通过余光或其他光源来补充。灯具的造型可选择一些艺术性较强的，以装饰出好的效果。

4. 卧室照明

卧室照明主要应具有安静且有助休息的功能。但人们也有不同的需求，如有的卧室兼顾梳妆功能和工作功能。因此，在满足休息的前提下应同时满足另两种照明功能的要求，所以我们可以采取两种不同的灯具；卧室的主灯一般采用吸顶灯和嵌入式筒灯，如果房间比较高大，也可采用吊灯。但照度要适中，不宜过亮，以免影响休息。另外，卧室工作部分的照明——书桌照明，一般采用台灯照明，也可选用调光式台灯。有人喜欢靠在床架上阅读，因而要考虑选用床头灯或壁灯照明。为了使用方便，床头灯选用可移动式。利用伸缩的灯杆自由调整光照角度。如果选用壁灯，其优点是通过墙壁的反射，使光线柔和，便于夜间起床活动。

梳妆台的照明要求照度高，一般采用局部照明，如镜前灯等。需注意的是，光线向下应直射人的面部，而不应照向镜面，以免产生眩光。

若主人喜欢坐在沙发上阅读，则应采用落地灯，以便调整光线的角度和位置。图 7-26 为落地台灯外形，供参考。

5. 卫生间照明

卫生间的照明应根据实际面积来确定。主要采用明亮、柔和的光线，灯具应选用防潮或不易生锈且易打扫的类型。一般主灯可采用吸顶灯和暗藏荧光灯，总体照度不宜过大，但洗盥台上方可采用玻璃前灯来进行局部光照处理，如果卫生间面积过小，整个房间只安装一盏镜前灯即可。

6. 老人住室照明

老人房间的照明要按照老人的生理特点来设计。光照度要适中，房间光线不要有死角，最好不要安装台灯或落地灯等，以免影响老人的行动；开关要装在进门处或床头柜上，以方便老人操作。一般

图 7-26　落地台灯外形

可在老人房间安装吸顶灯或荧光灯，配以壁灯进行辅助照明，便于老人夜间行动。

7. 儿童室照明

一般儿童活泼爱动，因而首先要考虑安全问题，然后再考虑灯光及色彩和艺术造型的选择。常见的儿童间灯具一般采用安全系数较高的吸顶灯管和镶嵌式灯具来作为主要光线，可选用一些色彩艳丽的灯管或灯泡作为点缀光线，使室内环境生动活泼，迎合儿童的生理心理特点。设计安装时要注意，安装走线线路不宜过低，以免使儿童容易接触到灯具、线路、插座等而发生危险。

8. 门厅照明

门厅是表现装饰效果的关键之处，特别是外门厅，要求光照度强，灯具安排较密集，多采用龙珠灯、镶嵌式筒灯或连枝灯，将其组成方形、圆形或几何形图案，给人以华丽壮观的感觉。内门厅，因在室内多采用组合式吸顶灯或多花式吸顶灯具，并伴有少量闪烁的眩光，使室内装饰显得富丽豪华。同时，也可安装造型美观大方的壁灯。

9. 走廊与楼梯照明

走廊与楼梯照明多采用吸顶灯和镶嵌式筒灯（见图7-27），光照度不宜过高。当需要加强其艺术装饰性时，可同时采用二级吊顶，以内藏反射光带进行照明，其效果理想。

楼梯照明，因楼梯板呈现斜度，不宜安装其他灯具，多采用漫射型的壁灯、墙地灯和踏步地灯来满足照明所需。在楼梯的踏脚处，因顶部平整可选用吸顶灯或吊灯来进行装饰，其效果明显。

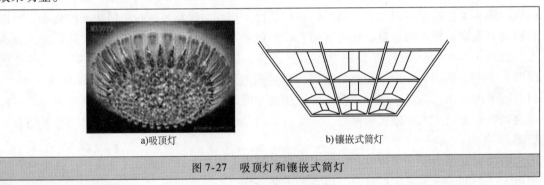

a)吸顶灯　　　　b)镶嵌式筒灯

图7-27　吸顶灯和镶嵌式筒灯

10. 阳台照明

阳台的功能主要是用于休闲活动以及晾晒衣物，因而要满足以上的功能，多采用吸顶灯，光照度偏低，以能够分辨出周围环境即可。

★★★　7.11　照明电器线路的明暗敷设安装选择　★★★

照明电器安装一般在建筑物室内装饰工程中进行，一般可选用两种安装方式：一种是明安装，就是将电源线通过墙壁明敷设安装通往各室内，这种方法安装简单、省事，易维修，但不太美观。对于目前需装修的家庭大多选用暗敷设线路进行安装，暗敷设使用的照明电器也叫暗装电器，暗装电器的特点是没有外壳，只有一个面板，暗装电器必须装在接线盒上，接线盒就相当于电器的外壳。暗装电器及线路整体嵌入墙内，面板与墙面平齐，比较美观，不影响室内的装饰效果，故装饰家庭首选这种方法。

★★★　7.12　开关、插座面板及其安装　★★★

1. 开关、插座面板的种类

常用的开关、插座面板有86系列、75系列和松下120系列。

（1）86系列

86系列开关、插座面板是使用最广泛的一种，基本尺寸为86mm×86mm方形面板，还有86mm×146mm长方形面板。86系列面板接线盒内空间较大，可容纳较多导线接头，这在插座、灯具混合线路设计中使用较方便，但随着室内用电量增加，插座、灯具分路供电，使盒内接线简单，86盒就是显得有些浪费，面板显得有些偏大。

（2）75系列

75系列开关、插座面板是一种尺寸较小的面板，其木板尺寸为75mm×75mm方形面板，还有75mm×100mm、75mm×125mm和75mm×150mm的长方形面板。新系列的75系列面板还有125mm×75mm的竖向面板和125mm×125mm的大方形面板。

（3）120系列

120系列开关、插座面板是松下电工公司的产品，基本尺寸为竖向120mm×70mm，另一种尺寸为120mm×116mm。

暗装开关、插座面板上电器的组合情况繁多，其中有单联、双联直到六联的开关组合，还有带指示灯开关、各种延时开关、双极开关、防溅开关等，有扳把的、拇指形按钮的，还有大方形按钮的。

插座的种类也很多，如插头有扁头的，因此插座也有扁孔的，并分为单相两孔插座和单相三孔（带接地孔）插座。为了适应市场上各种各样的旧式插头和国外标准插头的使用，插座面板和种类还有单相扁圆孔两孔插座、美式大方脚插座、欧式二极插座等，此外还有防溅式插座、孔内带安全门的儿童安全插座。一般住宅内0.3m位置的插座都选用带安全门的插座。

2. 开关、插座面板的安装

开关、插座面板上的接线采用插入压接方式，导线端剥去10mm绝缘层，插入接线端子孔，用螺栓压紧，如端子孔较大或螺栓稍短导线不能被压紧，可将线头剥长些，折回成双线插入。

开关要装在相线上。在一块面板上有多个开关时，各个开关要分别接线，这时各开关上的导线单独穿管，有几个开关就应有几根进线管接在接线盒上。扳把开关向上扳时为开灯。跷板开关安装时有红点的朝上，注意不要装反。按跷板下半部为开。

在一块面板上的多个插座，有些是一体化的，只有三个接线端子，各个插座内部接线已经用边片接好；有些插座是分体的，需要用短线把各个插座并联起来。插座内相线和零线（中性线）、地线要按规定位置连接，不能接错，接线顺序如图7-28所示。

安装面板时，将接好的导线及接线盒内的导线接头，在盒内盘好压紧，把面板扣在接线盒上，用木螺钉将面板固定在盒上。固定时要注意面板应平整，不能歪斜，扣在墙面上要严密，不能有缝隙。有些面板分为两层，下层为安装固定层，上层为装饰面，用螺钉把下层面板固定好后，再把装饰面盖上。面板在墙内接线盒上的安装如图7-29所示。

3. 电路明敷设时开关、插座的安装

线路明敷设时使用的开关、插座，也叫明装电器。明装电器有完整的外壳，一般分为上

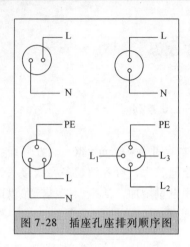

图 7-28　插座孔座排列顺序图

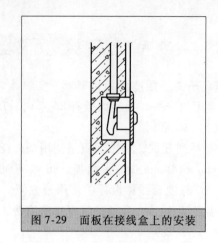

图 7-29　面板在接线盒上的安装

下两部分，用螺钉固定或上盖有螺纹可旋紧固定。明装电器上的导电体都用螺栓固定在底盖上，从底面可以看到螺栓帽，因此，明装电器必须安装在绝缘底板上，如装在圆木或三联木上。

明装电器接线一般采用盘绕压接方式，导线端剥去约 20mm 绝缘层，顺时针盘绕在螺钉上，导线在各种接线桩上的接线方式如图 7-30 所示。

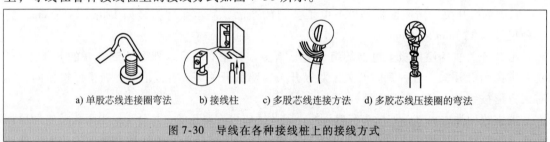

a) 单股芯线连接圈弯法　　b) 接线柱　　c) 多股芯线连接方法　　d) 多胶芯线压接圈的弯法

图 7-30　导线在各种接线桩上的接线方式

4. 家庭白炽灯、照明灯具的安装

家庭白炽灯就是平常用的电灯泡，它是利用灯丝通电发热到白炽化而发光的，灯丝用钨丝制造，发光时灯丝温度要达到 2400℃。为了降低灯泡表面温度，要罩一个很大的玻璃壳，壳内抽成真空，如果漏气，灯丝就会烧断；灯泡的表面温度一般有 50 ~ 60℃。大功率灯泡可以达到 100W 以上。白炽灯在使用时要远离易燃物品，以免引起火灾。

白炽灯的构造简单，造价低廉，使用方便，显色性好，可以瞬间点燃，可以调光，可以制成各种电压的灯泡，可用于交流电和直流电。白炽灯的功率因数接近 1，但白炽灯发光效率低，只有 6% ~ 10% 的电能变为可见光，60% ~ 80% 变为热辐射。另外，白炽灯的寿命由灯丝寿命决定，只有 1000h。

白炽灯大量用于有特殊要求的照明，如警卫照明、值班照明、公共场所低照度照明（如楼道灯）、装饰性照明等，大面积室内照明现已较少使用白炽灯，而是使用其他较节能的灯具。

白炽灯的基本安装方法是吊装、吸顶安装。安装白炽灯的基本灯具是各种灯座，规格和用途见表 7-5。

（1）吊装

在灯头盒口要先装一块塑料圆木，圆木上装吊线盒，现在常用的是一种圆木与吊线盒一体的吊线盒。先将吊线盒固定在灯头盒上，把接线从盒底的孔中穿出，接在接线端子上。吊

表 7-5　常用灯座的规格和用途

名称	种类	规格	外形	外形尺寸 /mm	备注
普通挂口灯座	胶木 铜质	250V,4A 250V,1A	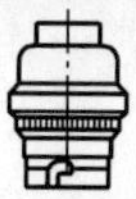	φ34×38 φ25×40	一般使用
普通螺口灯座	胶木 铜质	250V,4A	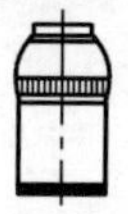	φ40×56	安装螺口灯泡
平装式螺口灯座	胶木 铜质 瓷质	250V,4A	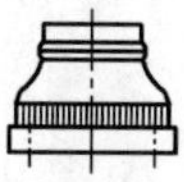	φ57×50 φ57×55	安装螺口灯泡
螺口安全灯座	胶木 铜质 瓷质	250V,4A		φ47×75 φ47×65	安装螺口灯泡
悬挂式防雨灯座	胶木 瓷质	250V,4A		φ40×53	装设于屋外防雨
M10管接式螺口、挂口灯座	胶木 瓷质 铁质	250V,4A		φ40×77 φ40×61 φ40×56	用于管式安装还有带开关式
安全荧光灯座	胶木	250V,2.5A	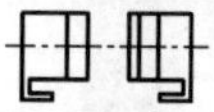	φ45×29.5 32.5×54	荧光灯管专用灯座
荧光灯启动器座	胶木	250V,2.5A	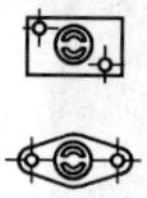	40×30×12 50×32×12	荧光灯启动器专用灯座

灯使用花线，将线截取到需要长度，穿上塑料保护软管，将调节器、吊盒盖和吊灯座盖穿到线上。调节器如图 7-31 所示。打好吊线结，结的大小以盒盖不能脱落为准。将两端导线剥去绝缘层，绞紧盘成圆环，用锡焊死（涮锡）。线准备好后先装吊灯座，相线要接在灯座中心触头的端子上，再把线的另一端装在吊盒内的接线端子上，把吊盒盖旋上即可。吊灯座安装如图 7-32 所示。

（2）吸顶安装

吸顶安装时使用塑料圆木和平灯座。安装前把在圆木上打孔准备穿线用，把圆木用木螺钉固定在灯头盒上，把线从孔中穿出，再把线从平灯座底孔中穿出，用木螺钉把灯座固定在圆木上，把导线剥去绝缘层，接在灯座接线端上，同样相线要接在中心触头螺钉上。

（3）荧光灯安装

荧光灯是一种气体放电发光的光源。灯具由灯管、镇流器和启动器组成，另外还有支持灯管的底板、灯脚、启动器座等。荧光灯外形如图 7-33a 所示。荧光灯的发光效率是白炽灯的 3～5 倍，是一种节能型电光源，因此现在被广泛使用。

荧光灯的底板叫灯架，可以是各种样式，平常用的叫简易型，一个灯架上可以装 1～2

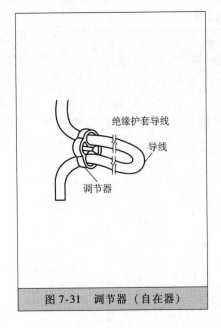

图 7-31　调节器（自在器）

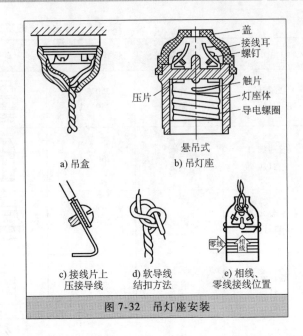

图 7-32　吊灯座安装

根灯管，可以吸顶安装（见图 7-33b），也可以吊装（见图 7-34）。由于灯具是长形，所以装荧光灯的房屋预埋时要预埋两个灯头盒，一个用来接线，一个用来吊灯，灯头盒下面用荧光灯吊链专用盒，配吊链，荧光灯接线在吊盒内完成，这部分与吊白炽灯相同。由于荧光灯灯具较重，不能用导线直接吊挂，因此使用铁链吊挂，有时也可以使用钢管或铝管吊装。

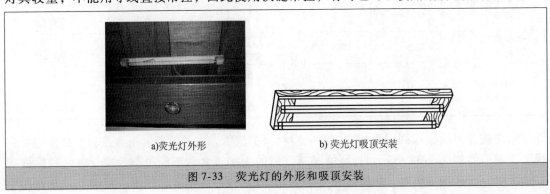

图 7-33　荧光灯的外形和吸顶安装

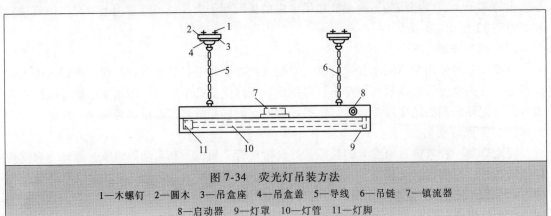

图 7-34　荧光灯吊装方法

1—木螺钉　2—圆木　3—吊盒座　4—吊盒盖　5—导线　6—吊链　7—镇流器
8—启动器　9—灯罩　10—灯管　11—灯脚

★★★　　7.13　家庭装修电工施工中塑料护套线的敷设方法　★★★

1. 划线定位

首先确定电路的走向和各个电器的安装位置，然后用弹线袋划线，同时按护套线的安装要求，一般每隔200mm划出定线卡的位置。在距开关、插座和灯具的木台50mm处应划出固定线卡的位置。

2. 钢精轧头的选用

住宅装修电源电路线敷设时用的钢精轧头规格有0号、1号、2号、3号。号码越大，长度越长。护套线根数应与钢精轧头号码配合选用，选用时可参见表7-6。

表7-6　钢精轧头的规格

塑料护套线型号　芯数×截面积(根×mm²)	钢精轧头规格			
	0号	1号	2号	3号
	可夹根数			
BVV—70　2×1.0	1	2	2	3
BVV—70　2×1.5	1		2	3
BVV—70　3×1.5		1	1	2
BLVV—70　2×2.5		1	2	2

3. 放线

电工施工放线时，首先将护套线顺时针放线，注意不要使电线打结。一边放线一边把线拉直，图7-35所示为放线操作方法。

4. 敷设导线

当画好要安装的电路后，把钢精轧头分别固定在画线的间距位置上，然后可敷线。如果只敷一根塑料护套线，则可一面用钢精轧头夹线，一面放线，工作时应有两个人配合；倘若并排敷设两根以上的塑料护套线，则需先逐一放线，再用绳子把护套线吊好后再夹线。

夹线时，一般是把一头的钢精轧头夹紧，然后在另一头把护套线拉紧，再把中间的钢精轧头逐一夹紧。敷设的护套线要尽量平直，如果以已固定好的钢精轧头为基准线去夹紧护套线，则护套线就容易敷直。钢精轧头的夹法如图7-36所示。需注意的是，轧头头尾相接的部分最好处于线的中间，不要偏，这样做出的线夹更美观。

对于长距离的直线部分，也可以在直线部分两端的建筑面上，先临时各装一副瓷夹板，

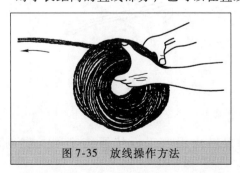

图7-35　放线操作方法

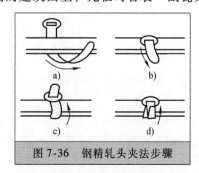

图7-36　钢精轧头夹法步骤

101

把收紧了的导线先夹入瓷夹板内，然后逐一夹上钢精轧头；使护套线挺直平行后再夹上钢精轧头，如图 7-37a 所示。

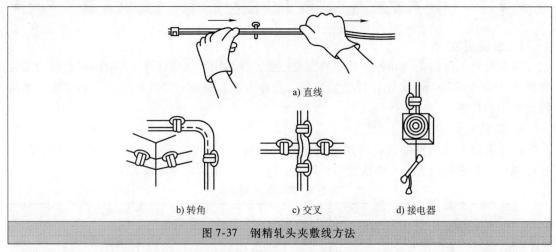

a) 直线

b) 转角　　　　　c) 交叉　　　　　d) 接电器

图 7-37　钢精轧头夹敷线方法

护套线在水平敷设与垂直敷设互相过渡时，就需进行转角，其方法如图 7-37b 所示。转弯时，半径圆弧一般不得小于线宽的 3~4 倍。转弯处要做得圆滑，可用两手的拇指、食指掐住塑料护套线的扁平面，由中间向两边逐步将护套线弯出半径圆弧，或者用双手把扁平护套线按在墙平面上，逐步弯出转角。倘若有 3~4 根护套线在同一处转弯时，一般先做最内档的一根线，由内向外逐一弯曲，这样几根护套线的弯曲部分就容易贴紧，显得整齐美观。在墙角转弯处，用钢精轧头固定护套线时需注意，应该在靠近墙角处两面墙上各增设一只钢精轧头，如图 7-37b 所示。若是护套线需交叉敷设时，可按图 7-37c 接电器，如图 7-37d 所示方法解决。

5. 塑料钢钉电线卡操作

当前电工普遍采用一种塑料钢钉电线卡，它的规格大小可根据敷设电线选择，因此采用它固定塑料护套线十分省事。这种卡子由塑料卡和水泥钉组成，用榔头砸水泥钉，就能方便地将塑料护套线敷设在水泥墙面或砖墙上，操作十分方便，如图 7-38 所示。

6. 塑料护套层的剖削

塑料护套线的绝缘层必须用电工刀来剖削，剖削方法如下：

1）按所需长度用电工刀尖对准芯线缝隙间划开护套层，如图 7-39 所示。

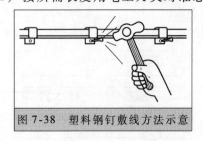

图 7-38　塑料钢钉敷线方法示意

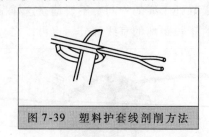

图 7-39　塑料护套线剖削方法

2）向后扳翻护套层，用刀对齐切去。

3）把护套线分出来，再把前端的两根线塑料皮用电工刀按所需剖削长度剖削即可。

102

7. 家庭住宅电源线的选择

一般一室一厅住宅可选用4mm²铜导线或铜护套线作电源布线，而二室一厅住宅一般根据电工经验可选用4mm²或6mm²单芯或多股铜绝缘导线去敷设房间照明及插座，这主要根据家庭的空调、电饭锅等大容量用电器所决定；如家庭用电量大，可选用6mm²多股铜绝缘导线。三室一厅住宅也可选用6mm²多股铜绝缘导线。

★★★ 7.14 住宅装饰常见电器安装及接线 ★★★

1. 用普通导线悬吊灯具

采用导线悬吊安装的灯具一般是白炽灯。主要部件有吊线盒、绝缘导线、灯头及灯泡等。安装和接线方法如下：

（1）安装吊线盒

先将安装吊线盒用的圆木安装在天棚上。若为暗敷线，应事先将两根电源线由圆木引线孔穿出；若为明敷线，应事先在圆木正面刻出两个引线槽沟，或从侧面开孔，使电源线从侧孔进入后再由引线孔穿出，如图7-40所示。

将电源线由吊盒的引线孔穿出。确定好吊线盒在圆木上的位置后，用螺钉将其紧固在圆木上。为了便于木螺钉旋入，可先用钢锥钻一个小孔，然后再拧螺钉，如图7-41所示。将电源线接在吊线盒的接线端子上。

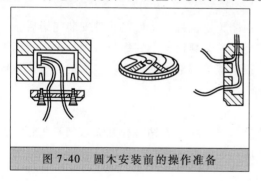

图7-40 圆木安装前的操作准备

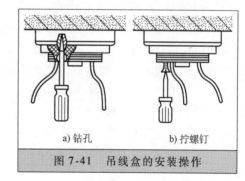

a) 钻孔　　b) 拧螺钉

图7-41 吊线盒的安装操作

（2）接悬吊导线

将两条悬吊导线的一端按图7-42a所示的方法打出一个蝴蝶结，以便卡在吊线盒孔内，防止吊线盒接线点受拉力。将吊线端头留出足够的长度后剥去绝缘外皮。用手将导线头拧紧后，按顺时针螺旋方向打弯并安装在吊线盒的接线端子上。将吊线盒盒盖从吊线另一端套入并拧在其底座上，如图7-42b所示。

（3）灯头接线安装

将灯头帽拧下并穿过由吊线盒引出的两条导线。将导线打结并去皮，然后将导线分别接在灯头上的两个接线柱上。接线时注意线头不能有毛刺，以防线与线之间连接短路。接好后把灯头盖盖好旋上灯头芯，最后旋上灯泡。

进行灯头接线时应注意：对螺口灯头，电源相线必须与灯头的中心接点（俗称"舌头"）相连，零线与灯头螺口接点相连，如图7-43所示。若接法与上述规定相反，则可能在手触及灯头或灯泡螺口处时造成触电。

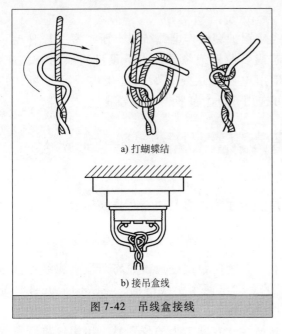

a) 打蝴蝶结

b) 接吊盒线

图 7-42　吊线盒接线

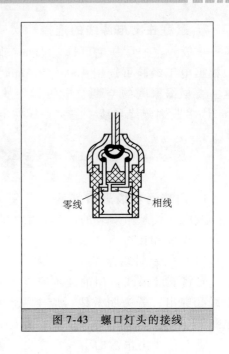

零线　　相线

图 7-43　螺口灯头的接线

2. 吸顶灯的安装

吸顶灯与屋顶天花板的结合可采用过渡板式安装法或直接用底盘安装法。

（1）过渡板式安装法

首先用膨胀螺栓或塑料胀管将过渡板固定在顶棚预定位置。将底盘元件安装完毕后，再将电源线由引线孔穿出，然后托着底盘找过渡板上的安装螺栓，上好螺母。因不便观察而不易对准位置时，可用一根铁丝穿过底盘安装孔，顶在螺栓端部，使底盘轻轻靠近，沿铁丝顺利对准螺栓并安装到位，如图 7-44 所示。

（2）直接用底盘安装法

先把底盘放在顶棚上，用划锥画出安装孔位置，然后用冲击钻打孔并放入塑料胀管。在其中一个胀管中插入一根铁丝作为导杆，并将灯底盘安装好一螺钉后，拆下导杆并上好另一安装螺钉，如图 7-45 所示。

将吊灯底盘安装在顶棚上后，把吊灯电源线从引线孔引出。按要求接好灯头的连线（螺口灯头中间舌头接相线），最后把吊灯安装上即可。

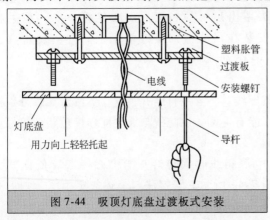

塑料胀管
过渡板
电线
安装螺钉
灯底盘
用力向上轻轻托起
导杆

图 7-44　吸顶灯底盘过渡板式安装

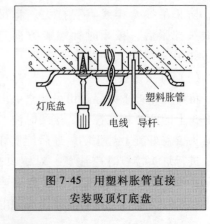

灯底盘
塑料胀管
电线　导杆

图 7-45　用塑料胀管直接
安装吸顶灯底盘

104

3. 壁灯安装要求

壁灯的安装过程与吊灯基本相同，不同点在于它的位置选择较为重要。对于一般居室，灯的高度应在墙高的 2/3 处左右，横向位置则视具体需要而定。

4. 开关的安装和接线

（1）开关的安装位置

对于各种不同类型的开关，距地面安装时的高度有不同的要求，一般跷板式、按键式或扳把式开关距地面高应为 1.3m；拉线开关距地面高应为 2～3m。如果房屋较低，则取距屋顶棚 0.25～0.3m。

（2）开关的接线

开关应接在相线上。为便于接线和维修时检查，来自电源和接负载的两条导线可选用不同的颜色，但一套房内应统一，并注意与零线、保护接地线相区别。开关的接线端子上下排列时，上端接电源相线；左右排列时，左端接电源相线（面向端子方向看）；接线开关中，与弹性压片相接的端子接电源相线。

5. 插座的安装与接线

（1）插座的安装位置

插座的安装位置应根据需要而定。距地面高度不宜小于 1.3m；有小孩的场所不宜小于 1.8m；同一室内安装高度差不宜大于 5mm。低于 1m 时，应采用带有防止儿童意外触及孔内电极的安全型插座。

（2）插座的接线

家庭住宅单相用电的插座有两孔和三孔两种。从正面看两孔横向排列时，右边应接相线，左边接零线；两孔上下排列时，上接相线，下接零线；三眼插座排列时，最上边大孔接保护地线，右下边孔接相线，左下边孔接零线，如图 7-46 所示。

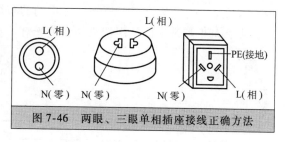

图 7-46 两眼、三眼单相插座接线正确方法

★★★ 7.15 一室一厅配电线路 ★★★

一室一厅装饰住宅的配电线路如图 7-47 所示，对线路的作用、用途、容量等问题要考虑周全。一室一厅配电系统中共有三个回路，即照明回路、空调回路、插座回路。QS 为隔离开关，QF1、QF2 为双极低压断路器，其中 QF2、QF3 具有漏电保护功能。PE 为保护接地线。

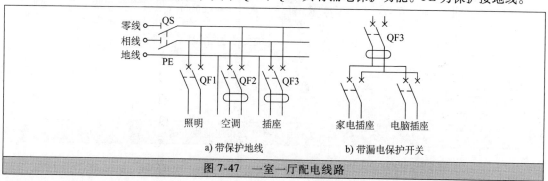

图 7-47 一室一厅配电线路

★★★ 7.16 二室一厅居室电源布线分配线路 ★★★

目前，一般居室的电源线都用暗线，这就要求在建筑施工中预埋塑料空芯管，并在管内穿好细铁丝，以备引穿电源线。待工程即将完工时，把电源线经电能表及用户控制闸刀后通过预埋管引入居室内的客厅。

1）客厅墙上方预留有一暗室，暗室前为木制开关板，装有总电源闸刀，然后分别把暗线经过开关引向墙上壁灯、吊灯以及电扇，即把电源线分别引向墙上方天花板中间处。

吊灯和吊扇两者之间要有足够的安全距离或根据客厅的大小来决定，如果是长方形客厅，可在客厅长的一半的中心安装吊灯，另一半的中心安装吊扇，也可只安吊灯（这对有空调的房间更为适宜）。安装吊扇处要在钢筋水泥板上预埋吊钩。再把电源线引至客厅的电视电源插座、台灯插座、音响插座、冰箱插座以及备用插座等用电设施处。

2）卧室应考虑安装壁灯、吸顶灯以及一些插座。

3）厨房要考虑安装抽油烟机电源、换气扇电源以及电热器具插座。

4）卫生间要考虑壁灯电源、排风机电源以及洗衣机三眼单相插座和电热水器电源插座等。

总之，要根据居室具体布局尽可能地把电源安装一步到位。图 7-48 是两室一厅居室电源布线配线参考方案之一。三室一厅房间的布线方式与上述方法基本相同，只是增加一个卧室，那么可根据卧室的使用特点加装荧光灯、吸顶灯、插座等。

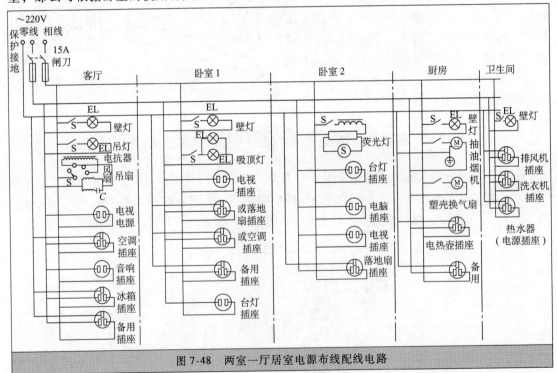

图 7-48 两室一厅居室电源布线配线电路

室内布线要尽量做到安全、美观、合理、新颖，争取一次到位，与装修美化房间相配套。在选电源线时，考虑允许通过电源的容量要足够大，开关及插座要尽可能与用电器容量相配套。

★★★ **7.17 照明进户配电箱线路** ★★★

用户住宅照明配电箱大都安装在楼房一层楼梯走廊处高1.5m的墙内。电源线可经过预埋管道敷设暗线，配电箱上为电能表留有玻璃的瞭望孔，以便观测电能表读数。经过电能表后的控制闸刀，装在配电箱一角，用户可直接进行控制操作。常用照明配电箱的电路如图7-49所示，电能表电流线圈1端接电源相线，2端接用电器相线，3端接电源零线进入线，4端接用电器零线。总之，1、3端进线，2、4端出线后进入用户。

电能表的额定电压为220V时，电流规格为1(2)A时，负载最小功率为11W，最大功率440W；电能表为2.5(5)A时，负载为27.5~1100W；电能表为5(10)A时，负载为55~2200W；电能表为30(60)A时，负载为330~13200W。

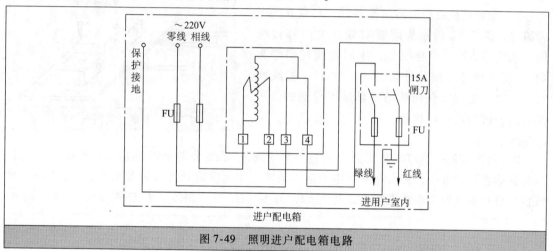

图7-49 照明进户配电箱电路

★★★ **7.18 两地控制一盏灯的安装应用举例** ★★★

在实际应用楼梯或楼道照明电灯时，需要在楼梯的上、下两个位置能控制一盏灯。这样上楼梯时能用下面的开关开灯，人上完楼梯后，又能用上面的开关关灯；当下楼梯时，能用上面的开关开灯，用下面的开关关灯。这就称为两地控制一盏灯，如图7-50所示。同样，在卧室的床头与门边也可各安装一个开关，对室内照明电灯进行两地控制。

1. 两地控制一盏灯电路

两地控制一盏灯是通过两个双连开关实现的。如图7-51所示，图中双连开关的动片可以绕轴转动，可以使触头1与2接通，也可以使触头1与3接通。当双边开关S1的触头1与2接通时，电路是关断的，灯灭；当开关S1触头1与3接通时，电路通路，灯亮；如果想在另一处关灯时，扳动开关S2将触头1、3接通，电路关断，灯熄灭；再扳动开关S2将触头1、2接通，电路通路，灯又亮；同样，再扳动开关S1将触头1、2接通，电路关断，灯熄灭。这样就实现了两地控制一盏灯。

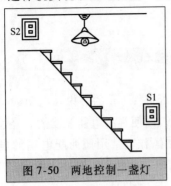

图 7-50　两地控制一盏灯

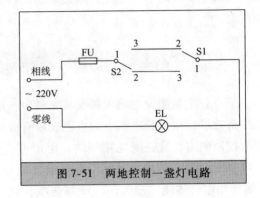

图 7-51　两地控制一盏灯电路

2. 用双联开关实现两地控制一盏灯的安装

两地控制一盏灯需要下列电气元件：暗装双联开关或拉线双联开关 2 只、灯座 1 只、灯泡 1 只、塑料电线、绝缘胶布等。

1）安装前应将所需器材准备好。双联开关进行编号，图 7-52 所示为暗装双联开关内部接线图。双联开关有三个接线柱，中间接线柱编号为"1"，另外两个接线柱分别为"2"、"3"。接线柱"2"、"3"之间在任何状态下都是不导通的，可用万用表欧姆挡进行检验。注意两个双联开关编号位置要相同。

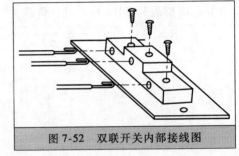

图 7-52　双联开关内部接线图

2）两地控制一盏灯安装实例，如图 7-53 所示，导线采用塑料单芯线明敷设示意（目的是让读者看清方法，在实际应用中可走成暗线，用墙壁暗开关装设此电路）。零线可直接敷设到灯具安装处。相线先敷设到开关 S2，与接线柱"1"相接。从 S2 的接线柱"2"出来

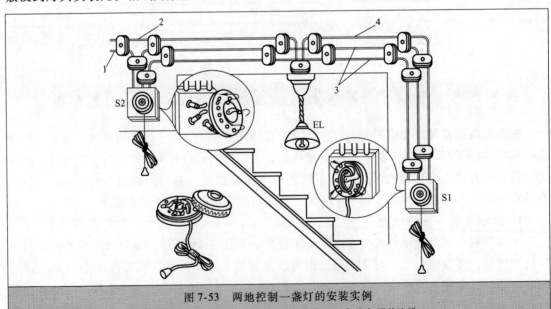

图 7-53　两地控制一盏灯的安装实例
1—相线　2—零线　3—开关与开关连线　4—灯座与开关连线

导线与 S1 的"3"相接，从 S2 的接线柱"3"出来导线与 S1 的"2"相接。由 S1 的"1"引出线到灯头，其间导线可用线卡固定。安装灯座时应参照白炽灯灯座的安装方法去安装。

★★★　7.19　木制配电板整体的安装　★★★

1）在墙上选定安装位置的四角，先用凿子或电钻打眼后，塞入塑料胀管。

2）在底板四角对应位置，用电钻打安装孔。安装孔直径，应与所用木螺钉直径相同或略小些。

3）用木螺钉穿过底板四角的安装孔，拧进木枕，或塑料胀管中，将底板固定在墙面上。

4）在配电板台台底四角，用电钻打安装孔后，用木螺钉将已安装好电器的台板固定在底板上。打孔时应注意不使所打孔位与底板固定螺钉位置重合。

★★★　7.20　照明开关的常见故障及检修方法　★★★

照明开关的常见故障及检修方法见表 7-7。

表 7-7　开关的常见故障及检修方法

故障现象	产生原因	检修方法
开关操作后电路不通	1. 接线螺钉松脱，导线与开关导体不能接触 2. 内部有杂物，使开关触片不能接触 3. 机械卡死，拨拉不动	1. 打开开关，紧固接线螺钉 2. 打开开关，清除杂物 3. 给机械部位加润滑油，机械部分损坏严重时，应更换开关
接触不良	1. 接线螺钉松脱 2. 开关接线处铝导线与铜压接头形成氧化层 3. 开关触头上有污物 4. 拉线开关触头磨损、打滑或烧毛	1. 打开开关盖，压紧接线螺钉 2. 换成搪锡处理的铜导线或铝导线 3. 断电后，清除污物 4. 断电后修理或更换开关
开关烧坏	1. 负载短路 2. 长期过载	1. 处理短路点，并恢复供电 2. 减轻负载或更换容量大一级的开关
漏电	1. 开关防护盖损坏或开关内部接线头外露 2. 受潮或受雨淋	1. 重新配全开关盖，并接好开关的电源连接线 2. 断电后进行烘干处理，并加装防雨措施

★★★　7.21　插座的常见故障及检修方法　★★★

插座的常见故障及检修方法见表 7-8。

表 7-8 插座的常见故障及检修方法

故障现象	产生原因	检修方法
插头插上后不通电或接触不良	1. 插头压线螺钉松动,连接导线与插头片接触不良	1. 打开插头,重新压接导线与插头的连接螺钉
	2. 插头根部电源线在绝缘皮内部折断,造成时通时断	2. 剪断插头端部一段导线,重新连接
	3. 插座口过松或插座触片位置偏移,使插头接触不上	3. 断电后,将插座触片收拢一些,使其与插头接触良好
	4. 插座引线与插座压接导线螺钉松开,引起接触不良	4. 重新连接插座电源线,并旋紧螺钉
插座短路	1. 导线接头有毛刺,在插座内松脱引起短路	1. 重新连接导线与插座,在接线时要注意将接线毛刺清除
	2. 插座的两插口相距过近,插头插入后碰连引起短路	2. 断电后,打开插座修理
	3. 插头内接线螺钉脱落引起短路	3. 重新把紧固螺钉旋进螺母位置,固定紧固螺钉
	4. 插头负载端短路,插头插入后引起弧光短路	4. 消除负载短路故障后,断电更换同型号的插座
插座烧坏	1. 插座长期过载	1. 减轻负载或更换容量大的插座
	2. 插座连接线处接触不良	2. 紧固螺钉,使导线与触片连接好并清除生锈物
	3. 插座局部漏电引起短路	3. 更换插座

★★★　7.22　白炽灯的常见故障及检修方法　★★★

白炽灯的常见故障及检修方法见表 7-9。

表 7-9 白炽灯的常见故障及检修方法

故障现象	产生原因	检修方法
灯泡不亮	1. 灯丝烧断	1. 更换新灯泡
	2. 电源熔丝烧断	2. 检查熔丝烧断的原因并更换熔丝
	3. 开关接线松动或接触不良	3. 检查开关的接线处并修复
	4. 线路中有断路故障	4. 检查电路的断路处并修复
	5. 灯座内接簧头与灯泡接触不良	5. 去掉灯泡,修理弹簧触头,使其有弹性
开关合上后熔丝立即熔断	1. 灯座内两线头短路	1. 检查灯座内两接线头并修复
	2. 螺口灯泡内中心铜片与螺旋铜圈相碰短路	2. 检查灯座并扳准中心铜片
	3. 线路或其他电器短路	3. 检查导线绝缘是否老化或损坏,检查同一电路中其他电器是否短路,并修复
	4. 用电量超过熔丝容量	4. 减小负载或更换大一级的熔丝
灯泡发强烈白光,瞬时烧坏	1. 灯泡灯丝搭丝造成电流过大	1. 更换新灯泡
	2. 灯泡的额定电压低于电源电压	2. 更换与线路电压一致的灯泡
	3. 电源电压过高	3. 查找电压过高的原因并修复
灯光暗淡	1. 灯泡内钨丝蒸发后积聚在玻壳内表面使玻壳发乌,透光度减低;同时灯丝蒸发后变细,电阻增大,电流减小,光通量减小	1. 正常现象,不必修理,必要时可更换新灯泡
	2. 电源电压过低	2. 调整电源电压
	3. 线路绝缘不良有漏电现象,致使灯泡所得电压过低	3. 检修线路,更换导线
	4. 灯泡外部积垢或积灰	4. 擦去灰垢

故障现象	产生原因	检修方法
灯泡忽明忽暗或忽亮忽灭	1. 电源电压忽高忽低 2. 附近有大电动机起动 3. 灯泡灯丝已断，断口处相距很近，灯丝晃动后忽接忽离 4. 灯座、开关接线松动 5. 熔丝接头处接触不良	1. 检查电源电压 2. 待电动机起动过后会好转 3. 及时更换新灯泡 4. 检查灯座和开关并修复 5. 紧固熔丝

★★★ 7.23 高压水银荧光灯的常见故障及检修方法 ★★★

高压水银荧光灯的常见故障及检修方法见表 7-10。

表 7-10 高压水银荧光灯的常见故障及检修方法

故障现象	产生原因	检修方法
开关合上后灯泡不亮	1. 电源进线无电压 2. 电路中有短路点 3. 电路中有断路处 4. 开关接触不良 5. 电源熔丝熔断 6. 灯泡灯丝已断 7. 灯泡与灯头内舌头接触不良 8. 灯头内接线脱落或烧断 9. 电源电压过低 10. 灯泡质量太差或由于机械振动内部损坏 11. 带镇流器的高压水银灯镇流器损坏	1. 检查电源 2. 找出短路点加以处理 3. 找出断路处并修复 4. 检修开关 5. 更换新熔丝并用螺钉压紧 6. 更换新灯泡 7. 用小电笔将螺口灯头内舌头向外勾出一些，使其与灯泡接触良好 8. 将脱落或烧断的线重新接好 9. 检查电源 10. 更换质量合格的新灯泡 11. 更换新的镇流器
灯泡发出强光或瞬间烧毁，灯泡变为微暗蓝色	1. 电源电压过高，应接 220V 电源电压错于 380V 上 2. 附带镇流器的灯泡，镇流器匝间短路或整体短路 3. 灯泡漏气，外壳玻璃损伤，裂纹漏气	1. 检查电源，如接错电源应更正 2. 更换与灯管配套的新镇流器 3. 更换新灯泡
灯泡点燃后忽亮忽灭	1. 电源电压忽高、忽低、忽有、忽无 2. 受附近大型电力设备起动的影响 3. 熔断器、开关、灯头、灯座等接触处有接触不良现象 4. 灯泡在电压正常、无断续供电下自行熄灭，又自行点燃 5. 灯泡遇瞬时断电再来电时，要熄灭一段时间后，才能自动重新点燃	1. 检查电源 2. 可另选其他线路供电解决，也可将水银灯带的镇流器更换成稳压型镇流器 3. 查找接触不良处，重新接线处理，并压紧固定螺钉 4. 水银灯点燃一段后，无外界影响又自行熄灭，再自行点燃，一般出现在自镇流式水银灯泡上，属质量问题，严重时，应更换 5. 水银灯在瞬间断电再来电时，约需 5min 才能燃亮，这种特性属正常现象

111

第 **8** 章
数控机床与可编程序控制器

★★★　**8.1　数控机床基本知识**　★★★

　　数控机床是单机高精度自动电子控制机床的一种，是具有高性能、高精度和高自动化的新型机电一体化的机床，如数控车床、数控铣床等。

　　数控机床具有很大的机动性和灵活性。当它的加工对象改变时，除了重新装工件和更换刀具外，一般只要更换一下控制介质（如穿孔卡、穿孔带、磁带或操作拨码开关等），即可自动地加工出所需要的新的零件来，而不必对机床作任何调整。数控机床在自动加工循环中，不仅能对机床动作的先后顺序及其他各种辅助机能（如主轴转速、进给速度、换刀和切削液的开关等）进行自动控制，而且还能控制机床运动部件的位移量。数控机床的外形如图 8-1 所示。

图 8-1　数控机床

★8.1.1　数控机床的控制原理

　　数控机床加工零件前，首先编制零件的加工程序，即数控机床的工作指令，将加工程序输入数控装置，再由数控装置控制机床执行机构，按照设置的运动轨迹，使其按照给定的图样要求进行加工，从而加工出合格的零部件。

★8.1.2　数控机床的特点

　　其特点之一是，它的程序指令的制作较一般自动机床上采用的凸轮或调整限位开关等要简便得多，因而生产准备时间可大大缩短。

　　数控机床的另一个特点是它的适应性强。它可以随着加工零件的改变，迅速地改变它的机能。这对于产量小、种类多、产品更新频繁、生产周期又要求短的飞机、宇宙飞船及类似产品研制过程中的高精度、复杂零件的加工，具有很大的优越性。另外，对于同系列中不同尺寸的零件加工，它不需要更换刀具和夹具，只要更换一根穿孔带就可以达到目的。因此，大大提高了机床的利用率。

　　但是，由于数控机床技术上较复杂、成本又高，所以在目前阶段较适用于单件、中小批量生产中精度要求高、尺寸变化大、结构形状比较复杂，或者在试制中需要多次修改设计的零件加工。

★8.1.3　数控机床的组成

数控机床一般由控制介质、数控装置、伺服系统、测量反馈装置和机床主体组成，其组成框图如图 8-2 所示。

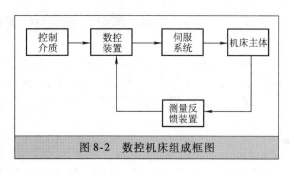

图 8-2　数控机床组成框图

1. 控制介质

在人与数控机床之间建立某种联系的中间媒介为控制介质，又称为信息载体。控制介质用于记载各种加工零件的全部信息，如零件加工的工艺过程、工艺参数和位移数据等，以控制机床的运动。常用的控制介质有标准的纸带、磁带和磁盘等。

信息按规定的格式以代码的形式存储在纸带上。所谓代码，就是由一些小孔按一定规律排列的二进制图案。每一行代码可以表示一个十进制数、一个字母或一个符号。目前，国际上使用的单位代码有 EIA 代码和 ISO 代码。把穿孔带输入到数控装置的读带机，由读带机把穿孔带上的代码转换成数控装置可以识别和处理的电信号，并传送到数控装置中去。至此，完成了指令信息的输入工作。

2. 数控装置

数控装置是数控机床的核心，由输入装置、控制器、运算器、输出装置等组成。其功能是接收输入装置输入的加工信息，经过数控装置的系统软件或逻辑电路进行译码、运算和逻辑处理后，发出相应的脉冲信号送给伺服系统。

3. 伺服系统

伺服系统的作用是把来自数控装置的脉冲信号转换为机床移动部件的运动，使机床工作台精确定位或按预定的轨迹做严格的相对运动，最后加工出合格的零件。

伺服系统包括主轴驱动单元、进给驱动单元、主轴电动机和进给电动机等。一般来讲，数控机床的伺服驱动系统，要求有好的快速响应性能，以及能灵敏而准确地跟踪指令的功能。现在常用的是直流伺服系统和交流伺服系统，而交流伺服系统正在取代直流伺服系统。

4. 测量反馈装置

测量反馈装置由检测元件和相应的电路组成，其作用是检测速度和位移，并将信息反馈回来，构成闭环控制系统。没有反馈装置的系统称为开环系统。常用的检测元件有脉冲编码器、旋转变压器、感应同步器、光栅和磁尺等。

5. 机床主体

机床主体包括床身、主轴、进给机构等机械部件，此外还有一些配套部件（如冷却、排屑、防护、润滑等装置）和辅助设备（编程机和对刀仪等）。对于加工中心类数控机床，还有存放刀具的刀库、交换刀具的机械手等。数控机床上使用的刀具如图 8-3 所示。数控机床的主体结构与普通机床相比，在精度、刚度、抗振性等方面要求更高，尤其是要求相对运动表面的摩擦系数要小，传动部件之间的间隙要小，而且其传动和变速系统要便于

图 8-3　数控机床上使用的刀具

113

实现自动化控制。

★★★　8.2　数控机床电气故障检修　★★★

数控机床控制系统的常见故障及检修方法见表8-1。

表8-1　数控机床控制系统的常见故障及检修方法

故障现象	可能原因	检修方法
在执行换刀指令时系统不动作。CRT显示报警信号	换刀系统机械臂位置检测开关信号为"0"及"刀库换刀位置错误"。通过测试,可编程序控制器的输入信号和输出动作都正常,确定是操作不当。经观察,两次换刀的时间间隔小于规定值	修改设定值
CRT无显示	1. 检查CRT接线和接插件后,如果有显示,则说明接触不良	检查各接触点
	2. 检查CRT接线和接插件后,如果仍无显示,则检查其输入。若有视频信号,则再检查+24V电源,如电源有问题,则应检修电源	应检修+24V电源
	3. 检查CRT接线和接插件后,如果仍无显示,则检查其输入。若有视频信号,则再检查+24V电源;如电源正常,则检修CRT单元	CRT单元故障
	4. 检查CRT接线和接插件后,如果仍无显示,则检查其输入。若无视频信号,则更换CRT控制板。换板后如果有显示,则说明CRT控制板坏了	CRT控制板坏,应更换
	5. 检查CRT接线和接插件后,如果仍无显示,则检查其输入。若无视频信号,则更换CRT控制板。换板后,如果仍无显示,则说明主板有故障	主板故障,应更换
纸带机不能正常输入信息	1. 纸带方式设定有误	检查更正或重新设定
	2. 纸带机供电异常	检查并接好电源
	3. 纸带损坏或装反	修复后重新安装
步进电动机失步	升降频曲线不合适,或速度设置过高	修改升降频曲线,降低速度
车螺纹乱牙	I_0脉冲无输入或I_0接反	检查I_0信号接法
显示时有时无或抖动、漂移	由于变频器干扰引起	检查系统接地是否良好,是否采用屏蔽线
加工零件的尺寸不对	1. 自动回零功能不正常	自动回原点功能障碍
	2. 自动回零功能正常,但直线插补功能不正常	直线插补功能障碍
	3. 自动回零功能正常,直线插补功能正常,但圆弧插补功能不正常	圆弧插补功能障碍
	4. 自动回零功能正常,直线插补功能正常,圆弧插补功能正常,但刀补功能不正常	刀补功能障碍
	5. 自动回零功能正常,直线插补功能正常,圆弧插补功能正常,刀补功能正常,但自动换刀功能不正常	自动换刀功能障碍
	6. 自动回零功能正常,直线插补功能正常,圆弧插补功能正常,刀补功能正常,自动换刀功能正常,但回零循环功能不正常	回零循环功能障碍

（续）

故障现象	可能原因	检修方法
数控铣床纵向拖板反向进给失常	1. 将插头 XF 与 X1、XH 与 XL 同时交换后,发现纵向拖板进给正常	故障转移至横拖板、位置板等控制部分故障
	2. 将插头 XF 与 X1、XH 与 XL 同时交换后,如果纵向拖板进给不正常,则将 XH 与 XL 复原,YM 与 XM 交换接线后,发现纵向拖板进给不正常	Y 轴电动机组件或机械故障
	3. 将插头 XF 与 X1、XH 与 XL 同时交换后,如果纵向拖板进给不正常,则将 XH 与 XL 复原,YM 与 XM 交换接线后,发现纵向拖板进给正常	故障转移至横拖板、Y 速度单元损坏
电池报警	电池电压低于允许值	更换电池
CRT 无扫描,不亮	1. 交流供电电源异常	恢复供电
	2. 熔断器烧毁	更换熔断器
	3. 显像管灯丝不亮	确认无误后,更换 CRT
	4. ±12V 或 ±5V 直流电源异常	更换开关电源
CRT 无图像,但其他工作正常	显示部分损坏	更换 CRT 控制板
断路器跳闸	1. 关断电源,按复位开关,再合电源,发现断路器不再跳闸	无故障,继续工作
	2. 关断电源,按复位开关,再合电源。如果断路器还跳闸,则检查速度控制板的二极管模块,发现损坏短路	更换二极管模块
	3. 关断电源,按复位开关,再合电源,如果断路器还跳闸,则检查速度控制板二极管模块。如果正常,则检查与之相关的电解电容器,如果损坏短路	更换电路电容器
	4. 关断电源,按复位开关,再合电源。如果断路器还跳闸,则检查速度控制板的二极管模块。如果正常,则检查与之相关的电解电容器。如果没有漏电或短路,则跳过断路器接通电源,发现系统工作正常	更换断路器
	5. 关断电源,按复位开关,再合电源。如果断路器还跳闸,则检查速度控制板的二极管模块。如果正常,则检查与之相关的电解电容器。如果没有漏电或短路,则跳过断路器接通电源,发现系统工作仍不正常	伺服单元故障
显示 NOT READY	1. 有报警信号 2. 存储器工作不正常	1. 按报警信号处理 2. 将存储器初始化,再输入系统参数
CRT 有显示,但不能执行 JOG 操作	1. 主机板报警 2. 系统参数设定有误	1. 按报警信号处理 2. 检查更正或重新设定
CRT 只能显示位置画面	MDI 控制板故障	更换 MDI 控制板

★★★　8.3　可编程序控制器的特点　★★★

可编程序控制器（PLC）是一种数字运算的电子系统，专为工业环境下应用而设计。它采用可编程序的存储器，用来在内部存储执行逻辑运算、顺序控制、定时、计数和算术运算等操作的指令，并通过数字式、模拟式的输入和输出，控制各种类型的机械或生产过程。可编程序控制器及其有关外围设备，都应按易于与工业控制系统联成一个整体、易于扩充的原则设计。可编程序控制器的外形如图8-4所示。

早期的可编程序控制器是为取代继电器控制电路，采用存储程序指令完成顺序控制而设计的，它仅有逻辑运算、定时、计数等顺序控制功能，用于开关量控制。现在的可编程序控制器不仅能进行逻辑控制，还可以进行数值运算、数据处理，具有分支、中断、通信及故障自诊断等功能。

可编程序控制器把计算机技术与继电器控制技术很

图8-4　可编程序控制器的外形

好地融合在一起，最新发展的可编程序控制器还直接把数字控制技术加进去，并可以与监控计算机联网，因此它的应用几乎涉及所有的工业企业。

可编程序控制器有以下特点：

1）可靠性高，抗干扰性强。

2）编程简单，使用方便。

3）通用性好，扩展方便，功能完善。

4）体积小，能耗低。

5）维修方便，工作量小。

★★★　8.4　可编程序控制器的组成　★★★

可编程序控制器有许多品种和类型，但其基本组成相同，主要由中央处理器（CPU）、存储器、输入/输出接口、电源及编程器等组成，如图8-5所示。

1. 中央处理器（CPU）

中央处理器（CPU）是可编程序控制器的核心，它在生产厂家预先编制的系统程序控制下，通过输入装置读入现场输入信号并按照用户程序执行处理。根据处理结果通过输出装置实现输出控

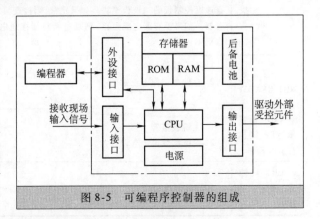

图8-5　可编程序控制器的组成

制。CPU 的性能直接影响可编程序控制器的性能。

2. 存储器

可编程序控制器内的存储器按用途可分为系统程序存储器和用户程序存储器。系统程序存储器存放系统程序，该程序已由生产厂家固化，用户不能访问和修改。用户程序存储器存放用户程序和数据。用户程序是用户根据控制要求进行编写的。

3. 输入/输出（I/O）接口

输入/输出接口是可编程序控制器和现场输入/输出设备连接的部分，输入/输出接口有数字量（开关量）输入/输出单元、模拟量输入/输出单元。根据输入/输出点数可将可编程序控制器分为小型、中型、大型 3 种。小型可编程序控制器的 I/O 点数在 256 点以下，中型可编程序控制器的 I/O 点数在 256～2048 点之间，大型可编程序控制器的 I/O 点数在 2048 点以上。

4. 电源

电源部件将交流电源转换成 CPU、存储器、输入/输出接口工作所需的直流电源。

5. 编程器

编程器是可编程序控制器的重要外围设备，利用编程器进行可编程序控制器程序编程、调试检查和监控，还可以通过编程器来调用和显示可编程控制器的一些内部状态和系统参数。编程器通过通信端口与 CPU 联系，完成人-机对话连接。编程器上有编程用的各种功能键和显示器，以及编程、监控转换开关。编程器有简易编程器和智能编程器两类。

★★★　8.5　可编程序控制器的控制系统组成及其等效电路　★★★

图 8-6 所示是交流电动机正、反转继电器控制电气线路图。

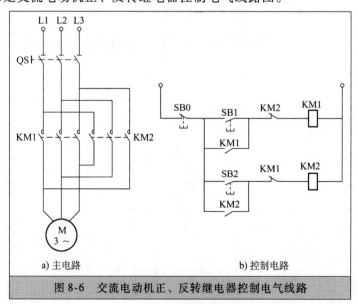

a) 主电路　　　　　　　　　b) 控制电路

图 8-6　交流电动机正、反转继电器控制电气线路

图 8-6 中，SB0、SB1、SB2 分别是停止按钮、正转按钮、反转按钮，KM1、KM2 分别是正转接触器、反转接触器。

图 8-7 所示是交流电动机正、反转可编程序控制器控制电气线路图。图 8-7 主电路与图 8-6 相同，在此未画出。

图 8-7 中 SB0、SB1、SB2 与图 8-6 继电器控制电气线路中一样，分别是停止按钮、正转按钮、反转按钮，KM1、KM2 分别是正转接触器、反转接触器。

可编程序控制器控制系统组成及其等效电路如图 8-8 所示。

由图 8-8 可知，可编程序控制器控制系统等效电路由输入部分、内部控制部分、输出部分三部分组成。输入部分是系统的输入信号，常用的输入设备如按钮、限位开关等，输出部分是系统的执行部件，常用的输出设备如继电器、接触器、电磁阀等。可编程序控制器内部控制部分是将输入信号采入后，根据编程语言（如梯形图）所组合的控制逻辑进行处理，然后产生控制信号输出驱动输出设备工作。梯形图类似于继电器控制原理图，如图 8-7b 所示，但两者元件符号（如常开触头、常闭触头、线圈等）画法不同，如图 8-9 所示。

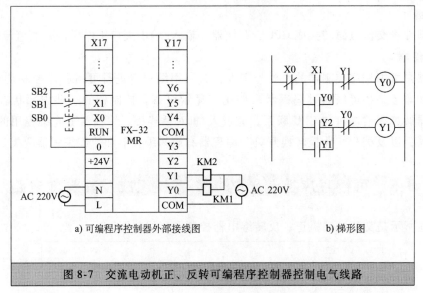

a) 可编程序控制器外部接线图　　　　　　　b) 梯形图

图 8-7　交流电动机正、反转可编程序控制器控制电气线路

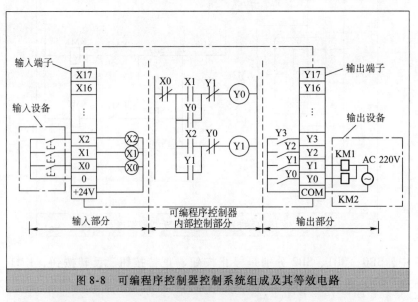

图 8-8　可编程序控制器控制系统组成及其等效电路

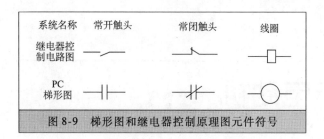

图 8-9 梯形图和继电器控制原理图元件符号

★★★ 8.6 可编程序控制器的常见故障 ★★★

1. CPU 故障

CPU 出现故障，可编程序控制器将不能正常工作。主要故障点是 CPU 没有插好或松动，系统监控或支持程序损坏，或者系统监控程序存储器损坏。

2. 电源故障

可编程序控制器的电源有几种，如 +5V、+12V、+24V 等。它们都是由可编程序控制器内部产生的，有时某一电源不正常工作，或电源部分电气元器件损坏，将直接影响可编程序控制器的正常工作，应及时将电源修好。

3. 输出板上的继电器触头粘连

由于某些原因，使输出板上继电器触头粘连，有的可编程序控制器由于输出显示发光二极管和输出继电器不是选用同一回路，所以，这样的问题就不容易被发现，必须借助电工仪表的测量来发现。

4. 输出板上的继电器损坏

对于某些可编程序控制器，输出点为无过电流保护装置，所以有时由于设备的某些故障，造成输出板继电器烧坏。这时，有的可编程序控制器观察输出点发光二极管也不能发现这个问题，必须借助于电工仪表的测量来发现。

5. 输入点损坏

主要是输入板应用的集成电路损坏，不能正常接收外部的输入信号。有的可编程序控制器虽然显示输入发光二极管正常，但实际内部的输入点已经损坏，直观上不容易发现问题，这时只有用编程器监视运行，才能发现这一故障。

第9章

三相异步电动机

★★★　9.1　三相异步电动机的结构和工作原理　★★★

★9.1.1　三相异步电动机的基本结构

　　三相异步电动机主要由定子（固定部分）和转子（转动部分）两部分组成。定子与转子间有一个很小的气隙。此外还有端盖、轴承、风扇和接线盒等。图9-1所示是三相笼型异步电动机的基本结构。

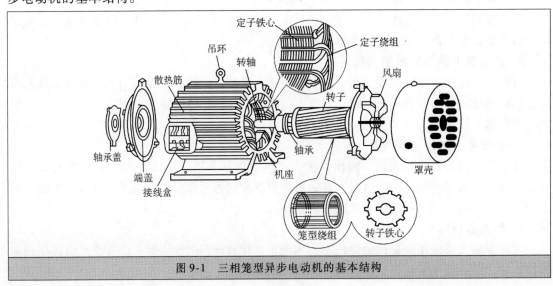

图9-1　三相笼型异步电动机的基本结构

　　（1）定子

　　定子由机座、定子铁心、定子绕组三部分组成。

　　机座一般用铸铁制成，用来固定定子铁心和定子绕组，以及作为整机的底座。

　　定子铁心是电动机的磁路部分，用0.5mm厚的硅钢片叠压而成，其表面涂有绝缘漆，以减小交变磁通引起的涡流损耗。定子硅钢片的内表面冲压有均匀分布的槽口，用以安装定子绕组。槽口的数量有24槽、36槽等。

　　定子绕组是电动机的电路部分。定子绕组是由若干线圈组成的三相对称绕组，按照一定的角度嵌放在定子铁心槽内，并与铁心绝缘。三相绕组有6个引出端，都从内部引到机座外壳的接线盒内。其中三个首端分别用U1、V1、W1表示，三个尾端分别用U2、V2、W2表示。三相定子绕组的引出端在接线盒内可以接成星形或三角形，分别如图9-2和图9-3所示。

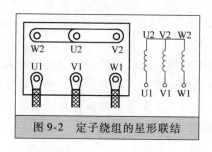

图 9-2　定子绕组的星形联结

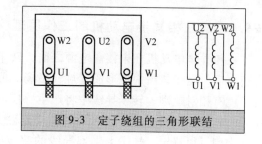

图 9-3　定子绕组的三角形联结

（2）转子

转子由转子铁心和转子绕组、转轴三部分组成。

转子铁心由硅钢片叠成压装在转轴上，在硅钢片外圆上冲有均匀分布的槽口，用来嵌入或浇铸转子绕组。

转子绕组有笼型和绕线式两种。中、小型电动机一般为笼型转子绕组，即在转子铁心槽内嵌入铜条（见图 9-4）或用铸铝直接注入形成铝条（见图 9-5），并用铜环或铸铝在其两端焊接或直接铸成两个环（称端环），以形成闭合回路。因其外形像鼠笼，所以称为笼型转子绕组。绕线式转子绕组是在转子铁心槽内嵌入三个对称的绕组，三个绕组起始端接到固定在转轴上的三个彼此绝缘的集电环上，再经过电刷与外电路连接。绕线式转子的外形如图 9-6 所示。

转轴用来支承转子，并随转子一起转动，转轴用中碳钢制成，可以承受很大的转矩，加上带轮后用以带动工作机械运转。转轴通过轴承固定在机座两端的端盖上。

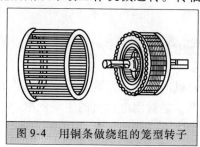

图 9-4　用铜条做绕组的笼型转子

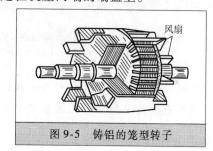

图 9-5　铸铝的笼型转子

121

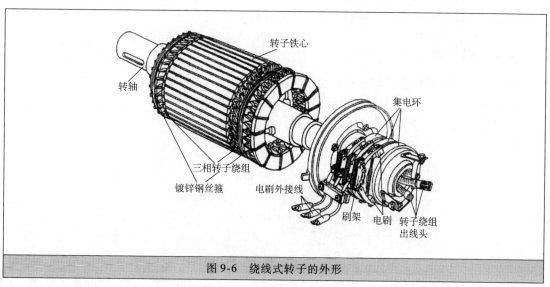

图 9-6　绕线式转子的外形

★9.1.2　三相异步电动机的工作原理

　　三相异步电动机在未接通电源之前，转子是静止不动的。当电动机的定子绕组通入三相交流电后，定子绕组中便形成了旋转磁场。假定旋转磁场按顺时针方向旋转，则旋转磁场与转子就有相对运动，转子导线中将产生感应电动势，如图 9-7 所示。现假设旋转磁场不转，相当于转子绕组沿逆时针方向旋转而切割磁力线，按照右手定则可以确定，转子上半部导线的感应电动势方向是向外的，下半部导线的感应电动势方向是向内的。由于转子绕组是闭合的，因此，在感应电动势作用下，转子导线内有感应电流通过，载流导体在旋转磁场中会受到电磁力的作用，其方向由左手定则确定。图 9-7 中的 F 这一对电磁力的作用方向与旋转磁场方向一致，于是，转子就顺着旋转磁场的方向转动起来。

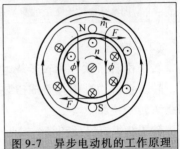

图 9-7　异步电动机的工作原理

　　转子沿磁场的旋转方向转动，但转子的转速 n 永远小于旋转磁场的转速 n_1。因为假如转子的转速等于旋转磁场的转速，则转子绕组与旋转磁场之间就不存在相对运动，转子绕组将不再切割磁力线，也就不产生感应电动势、感应电流和电磁转矩，电动机也就不可能继续运动下去。可见，转子总是顺着旋转磁场方向以小于同步转速 n_1 的转速而旋转，所以这类交流电动机又称为异步电动机。

★★★　9.2　三相异步电动机的铭牌　★★★

　　每台电动机的机壳上都有一块金属标牌，称为电动机的铭牌。铭牌上面标有电动机的型号、规格和有关技术数据。铭牌就是一个简单的说明书，是选用电动机的主要依据。

★9.2.1　铭牌的一般形式

　　三相异步电动机铭牌的一般形式如图 9-8 所示。

★9.2.2　铭牌的含义

　　铭牌上主要数据的意义如下：

1. 型号

常见电动机的型号含义为

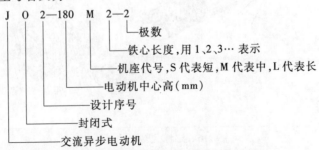

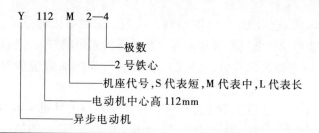

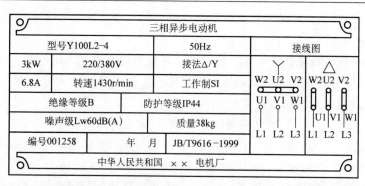

图 9-8   三相异步电动机的铭牌

2. 额定功率

电动机的额定功率又称额定容量，它表示这台电动机在额定工作状况下运行时，机轴上所能输出的机械功率，单位为千瓦（kW）。

3. 频率

频率是指电动机所接交流电源的频率。我国目前采用 50Hz 的频率。

4. 额定电压

额定电压是指电动机在额定运行状态下加在定子绕组上的线电压，单位为伏（V）。通常铭牌上标有两种电压，如 220V/380V，表示这台电动机可用于线电压为 220V 的三相电源，也可用于线电压为 380V 的三相电源。通常，电动机只有在额定电压下运行才能输出额定功率。

5. 额定电流

电动机的额定电流是指电动机在额定电压、额定频率和额定负载下定子绕组的线电流，

123

单位为安（A）。电动机定子绕组为△联结时，线电流是相电流的$\sqrt{3}$倍；为丫联结时，线电流等于相电流。一般电动机电流受外加电压、负载等因素影响较大，所以了解电动机所允许通过的最大电流，为正确选择导线、开关以及电动机上所加的熔断器和热继电器提供了依据。

对于额定电压为380V、容量不超过55kW的三相异步电动机，其额定电流的安培数近似等于额定功率千瓦数的2倍，通常称为"1千瓦2安培关系"。例如，10kW电动机的额定电流约为20A；17kW电动机的额定电流约为34A。

6. 额定转速

额定转速是指电动机在额定电压、额定频率和额定功率情况下运行时，转子每分钟所转的圈数。单位为转/分钟（r/min）。通常，额定转速比同步转速低2%～6%。同步转速、电源频率和电动机磁极对数有如下关系：

$$同步转速 = 60 × 频率/磁极对数$$

如：二极电动机（一对磁极）　同步转速 $= 60 × 50/1 = 3000$（r/min）

四极电动机（两对磁极）　同步转速 $= 60 × 50/2 = 1500$（r/min）

二极电动机的额定转速为2930r/min左右，四极电动机的额定转速为1440r/min左右。

7. 绝缘等级

绝缘等级是指电动机绕组所用绝缘材料的耐热等级，它表明电动机所允许的最高工作温度。有的电动机铭牌上只标注最高允许温度（环境温度为40℃时电动机的最高允许温度）而未标注绝缘等级，其对应关系见表9-1。

表9-1　电动机的绝缘等级和最高允许温度（环境温度为40℃）

绝缘等级	Y	A	E	B	F	H	C
最高允许温度/℃	90	105	120	130	155	180	180以上

8. 定额

定额是指电动机在额定情况下，允许连续使用时间的长短。定额分连续、短时和断续三种。连续（S1）是指电动机连续不断地输出额定功率而温升不超过铭牌允许值。短时（S2）表示电动机不能连续使用，只能在规定的较短时间内输出额定功率。断续（S3）表示电动机只能短时输出额定功率，但可多次断续重复起动和运行。

9. 温升

温升是指电动机长期连续运行时的工作温度比周围环境温度高出的数值。我国规定周围环境的最高温度为40℃。例如，若电动机的允许温升为65℃，则其允许的工作温度为65℃ + 40℃ = 105℃。电动机的允许温升与所用绝缘材料等级有关。电动机运行中的温度如果超过极限温升，会使绝缘材料加速老化，缩短电动机的使用寿命。

10. 防护等级

防护等级是指电动机外壳（含接线盒等）防护电动机电路部分的能力。在铭牌中以IPxy的方式给出，其中，IP是国际通用的防护等级代码，后面的x和y分别是一个数字，x是0～6共7个，代表防固体能力；y是0～8共9个，代表防液体（一般指水）的能力。数字越大，防护能力越强。

11. 功率因数

功率因数是指电动机从电网所吸收的有功功率与视在功率的比值。视在功率一定时，功率因数越高，有功功率越大，电动机对电能的利用率也越高。

12. 接法

电动机定子绕组的常用联结方式有星形（Y）和三角形（△）两种。定子绕组的接线方式与电动机的额定电压有关。当铭牌上标明 220V/380V，联结方式为△/Y时，表示电动机用于 220V 线电压时，三相定子绕组应接成三角形；用于 380V 线电压时，三相绕组需接成星形。接线时不能任意改变接法，否则会损坏电动机。

13. 标准编号

标准编号表示本电动机所执行的技术标准。

14. 质量

质量指电动机本身的质量，供起重运输时参考。

15. 出厂日期

出厂日期指电动机作为合格产品的出厂时间。

16. 出厂编号

电动机铭牌上标出出厂编号，其目的是便于质量跟踪和查寻。

★★★ 9.3 三相异步电动机的选择和安装使用 ★★★

★9.3.1 电动机的选择

1. 电动机类型的选择

电动机品种繁多，结构各异，分别适用于不同的场合，选择电动机时，首先应根据配套机械的负载特性、安装位置、运行方式和使用环境等因素来选择，从技术和经济两方面进行综合考虑后确定选择什么类型的电动机。

对于无特殊变速调速要求的一般机械设备，可选用机械特性较硬的笼型异步电动机。对于要求起动特性好，在不大范围内平滑调速的设备，一般应选用绕线转子异步电动机。对于有特殊要求的设备，则选用特殊结构的电动机，如小型卷扬机、升降设备等，可选用锥形转子制动电动机。

三相异步电动机的型号、结构特点和用途见表 9-2。

表 9-2 三相异步电动机的型号、结构特点和用途

名称	型号		结构特点	用途
	新型号	旧型号		
异步电动机	Y	J J2 JO JO2 JO3	铸铁外壳，自扇冷式，外壳上有散热片，铸铝笼型转子，有防护式及封闭式之分	用于一般机械及设备上，如水泵、鼓风机、机床等
高起动转矩三相异步电动机	YQ	JQ JQO JGO	同 Y 型	用于起动静止负载或惯性较大的机械，如压缩机、粉碎机等

（续）

名称	型号		结构特点	用途
	新型号	旧型号		
变极式多速异步电动机	YD	JD JDO	有双速、三速、四速等	适用于需要分级调速的一般机械设备，可以简化或代替传动齿轮箱
高转差率异步电动机	YH	JH JHO	同Y型，转子一般采用合金铝浇铸	适用于拖动飞轮转矩较大、具有冲击性负载的设备，如剪床、冲床、锻压机械和小型起重、运输机械等
绕线转子异步电动机	YR	JR JRO YR	防护式、铸铁外壳、绕线式转子	用于电源容量不足以起动笼型电动机的场合及要求起动电流小、起动转矩高的场合
起重冶金用异步电动机	YZ YZR	JZ JZR	封闭式、铸铁机壳上有散热筋，自扇冷却式 YZ转子为笼型 YZR转子为绕线式	适用于各种形式的起重机械及冶金设备中辅助机械的驱动，按断续方式运行
电磁调速异步电动机	YCT	JZT	封闭式异步电动机与电磁转差离合器组成	用于纺织、印染、化工、造纸、船舶及要求变速的机械上
防爆异步电动机	YB	JB JBS	防爆式、钢板机壳、小机座上有散热筋，铸铝转子	用于有爆炸性气体的场所
井用潜水异步电动机	YQS	JQS	充水湿式，转子为铸铝笼型，机体密封	用于井下直接驱动潜水泵，吸取地下水供农业灌溉，工矿用水

2. 电动机容量（功率）的选择

电动机的功率，应根据生产机械所需要的功率来选择，尽量使电动机在额定负载下运行。实践证明，电动机的负载为额定负载的70%~100%时效率最高。电动机的容量选择过大，就会出现"大马拉小车"现象，其输出机械功率不能得到充分利用，功率因数和效率都不高。电动机的容量选得过小，就会出现"小马拉大车"现象，造成电动机长期过载，使其绝缘因发热而损坏，甚至电动机被烧毁。一般，对于采用直接传动的电动机，容量以1~1.1倍负载功率为宜；对于采用传动带传动的电动机，容量以1.05~1.15倍负载功率为宜。

另外，在选择电动机时，还要考虑到配电变压器容量的大小。一般，直接起动时最大一台电动机的功率，不宜超过变压器容量的30%。

3. 电动机转速的选择

应根据电动机所拖动机械的转速要求来选用转速相对应的电动机。如果采用联轴器直接传动，电动机的额定转速应与生产机械的额定转速相同。如果采用传动带传动，电动机的额定转速不应与生产机械的额定转速相差太多，其变速比一般不宜大于3。如果生产机械的转速与电动机的转速相差很多，则可选择转速稍高于生产机械转速的电动机，再另配减速器，使两者都在各自的额定转速下运行。

在选择电动机的转速时，不宜选得过低，因为电动机的额定转速越低，极数越多，体积越大，价格越高。但高转速的电动机，起动转矩小，起动电流大，电动机的轴承也容易磨损。因此，在工农业生产上选用同步转速为1500r/min（四极）或1000r/min（六极）的电动机较多，这类电动机适用性强，功率因数和效率也较高。

4. 电动机防护形式的选择

电动机的防护形式有开启式、防护式、封闭式和防爆式等，应根据电动机工作环境进行选择。

开启式电动机内部的空气能与外界畅通，散热条件很好，但是它的带电部分和转动部分没有专门的保护，只有在干燥和清洁的工作环境下使用。

防护式电动机有防滴式、防溅式和网罩式等种类，可以防止一定方向内的水滴、水浆等落入电动机内部，虽然它的散热条件比开启式差，但应用得比较广泛。

封闭式电动机的机壳是完全封闭的，被广泛应用于灰尘多和湿气较大的场合。

防爆式电动机的外壳具有严密密封结构和较高的机械强度，有爆炸性气体的场合应选用封闭式电动机。

★9.3.2　电动机的安装

1. 电动机基础的安装

（1）固定基础的安装

如果电动机的安装地点是长期固定的，则其基础可采用混凝土结构。基础形状如图9-9 所示。基础高出地面的尺寸 H 一般为 $100 \sim 150\text{mm}$，具体高度随电动机规格、传动方式和安装条件等而定。底座长度 L 和宽度 B 的尺寸，应根据底板或电动机机座尺寸确

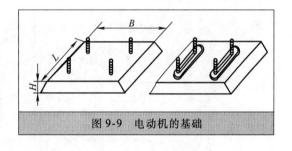

图 9-9　电动机的基础

定，每边应比电动机机座宽 $100 \sim 150\text{mm}$。基础的深度一般按地脚螺栓长度的 $1.5 \sim 2.0$ 倍选取，以保证埋设的地脚螺栓有足够的强度。基础的重量应为机组重量的 $2.5 \sim 3.0$ 倍。

浇注基础以前，应挖好基坑，夯实坑底，防止基础下沉。接着在坑底铺一层石子，用水淋透并夯实，然后把基础模板放在石子上，或将木板铺设在浇注混凝土的木框架上，并埋入地脚螺栓。

浇注混凝土时，要保持各地脚螺栓的位置不变和上下垂直。浇注时速度不宜太快，边浇注边用铁钎捣实。混凝土浇好后，将草袋覆盖在基础上，经常洒水，保护草袋湿润。养护7天后，便可拆除模板，再继续养护 $7 \sim 10$ 天，便可安装电动机。

在易遭受振动的地点，电动机的底座基础应浇注成锯齿状，以增强抗振性能。

（2）非固定基础的安装

如果电动机的安装地点不是长期固定的，并且电动机功率较小，可将其安装在木架上，木架用 $100\text{mm} \times 200\text{mm}$ 的方木制成，把方木埋在地下，用铁钎或木桩固定。

如果电动机是移动使用的，并且功率又比较小，也可以将电动机和被带动的机械设备在使用地点用打桩的方法固定在一起。使用时应注意安装坚固稳定，防止电动机振动过大及出现跳跃现象。

2. 地脚螺栓的埋设

为了保证地脚螺栓埋设牢固，通常将其埋入基础的一端做成人字形或弯钩形，如图9-10 所示。埋设地脚螺栓时，埋入混凝土的深度一般为螺栓直径的 10 倍左右，人字开口或

127

弯钩的长度约为螺栓埋入混凝土深度的一半。

3. 安装就位

电动机在混凝土基础上的安装方式有两种：一种是将电动机基座直接安装在基础上，如图 9-11 所示；另一种是在基础上先安装槽轨，再将电动机装在槽轨上，如图 9-12 所示。后一种安装方式便于更换电动机和进行安装调整。

短距离搬运电动机，当重量在 100kg 以下时，可用铁棒穿过电动机上部吊环抬运到基础上，或者将绳子拴在电动机的吊环或底座上，用杠棒来抬运。禁止将绳子套在电动机的胶带或转轴上，或者穿过电动机的端盖来抬运电动机。重量在 100kg 以上的电动机，应使用起重机或滑轮（电葫芦）来吊装。为了防止振动，安装时应在电动机与基础之间垫一层硬橡皮板，四角的地脚螺栓都要套上弹簧垫圈。

电动机安装就位后，应用水平仪对电动机进行纵向和横向校正。如果不平，可在机座下面垫上 0.5～5.0mm 厚的钢片进行校正，如图 9-13 所示。禁止用木片、竹片或铝片垫在机座下。否则，在拧紧地脚螺栓时或者在电动机运行过程中，木片、竹片、铝片就会变形或碎裂，影响电动机的安装精度。

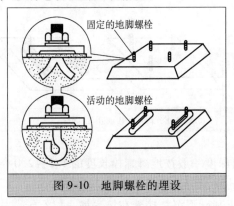

图 9-10 地脚螺栓的埋设

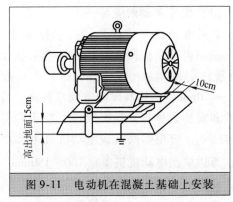

图 9-11 电动机在混凝土基础上安装

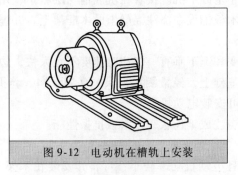

图 9-12 电动机在槽轨上安装

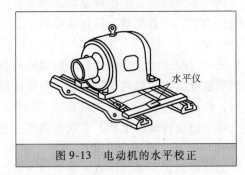

图 9-13 电动机的水平校正

4. 电动机传动装置的安装和校正

传动装置若安装得不好，会增加电动机的负载；严重时要烧坏电动机的绕组和损坏电动机的轴承。电动机的传动形式很多，常用的有齿轮传动、传动带传动和联轴器传动等。

（1）齿轮传动装置的安装与校正

安装的齿轮与电动机要配套，转轴纵横尺寸要配合安装齿轮的尺寸；所装齿轮与被动轮应配套，如模数、直径和齿形等。

齿轮传动时，电动机的轴与被传动的轴应保持平行，两齿轮的啮合应合适，可用塞尺测量两齿间间隙。如果间隙均匀，说明两轴已平行，否则要进行调整。

（2）传动带传动装置的安装与校正

电动机的两个传动带轮直径大小应按机械传动要求配套使用，传动比应符合要求。两个传动带轮的宽度中心线要在一条直线上，两轴在安装中必须平行，否则会损坏传送带，使电动机发生振动，严重时会烧坏电动机绕组，如果是平带，电动机在运行过程中有可能造成脱带事故。

如两个传动带轮宽度相等，可用一根弦线拉紧并紧靠两个传动带轮的端面，如果弦线均匀地接触 A、B、C、D 四点，说明两轴平行及传动带轮宽度上的中心线在一条直线上，可以使用电动机，如图 9-14 所示。当细线距 CD 有一段距离时，松开电动机的紧固螺母，将电动机顺轴向方向朝前平移至 A、B、C、D 呈一直线为止，再拧紧固定螺母。

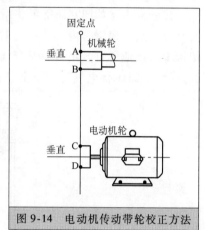

图 9-14　电动机传动带轮校正方法

当 A、B、D 在一条直线上，C 点距细线有一段距离时，表明两轴不平行，此时必须在电动机后（非传动端）底座加垫片抬高，最终使 A、B、C、D 在一条直线上。

对于其他需校正的状态可以类推。

（3）联轴器传动装置的安装和校正

常用的弹性联轴器在安装时，应先把两半片联轴器分别装在电动机和所带机械的轴上，然后把电动机移近连接处，当两轴相对处于一条直线上时，先初步拧紧电动机的机座安装螺栓，但不要拧得太紧，接着用钢尺，按图 9-15 所示方法搁在两半片联轴器上，然后用手转动电动机转轴，旋转 180°，同时用直尺查看联轴器转动时是否有高低之差，高低不一致，应在电动机机座下或机械传动机座下垫些钢条，使其联轴器上下平衡，在同一轴心位置上。若上述两个方面均已调整好，说明电动机和机械轴已处于同轴状态。再调整两个半片联轴器，使端面同另一轮端面之间有均衡的 1~2mm 的间隙后，便可将联轴器的机械部分和电动机分别固定，拧紧地脚螺栓即可试运行。

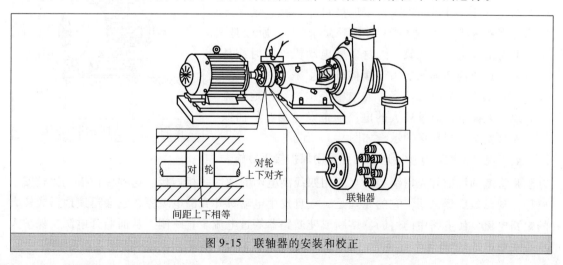

图 9-15　联轴器的安装和校正

129

5. 电动机电源管线的安装

电动机电源线安装一般采用两种方法：一种是把电动机 4 根电源线（其中有一根为电动机保护零线或是地线）先穿入具有阻燃性能的塑料管内，然后从电源开关下桩头明敷到电动机接线盒边。另一种是预埋钢管法，用这种方法安装较美观，并且安装正规，安全系数高，使用长久，目前在很多地方或单位都广泛采用。一般穿导线的钢管应在浇注混凝土前埋好，连接电动机一端的钢管管口高出地面不得少于 100mm，并最好用蛇形管（带）或软管伸入接线盒内。如图9-16所示，用钢管敷设电动机电源线时，要求一台电动机的三根电源线同时穿入这一根钢管内，并且要对这根穿电线的钢管做接零或接地处理（两头在穿线前焊接接零或接地螺钉，用多股铜导线一边连接到电动机外壳上，一边与三相四线制的零线或地线连接），以确保电气运行安全。

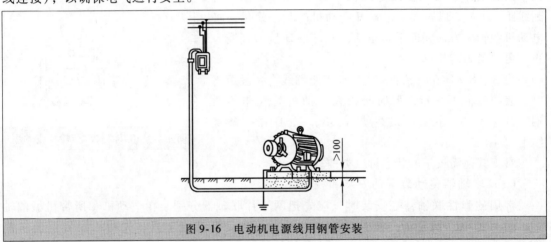

图 9-16　电动机电源线用钢管安装

6. 电动机的保护接地及接零安装

为了防止电动机绕组的保护绝缘层损坏发生漏电时造成人身触电，必须给电动机装设保护接地线或保护接零装置，以保障人身安全。

电动机接入三相电源时，若电网中性点不直接接地，这些电动机应采取保护接地措施。其方法是把电动机外壳用接地线连接起来。一般采用较粗的铜线（不小于 $4mm^2$）与接地极可靠连接，这种方法称为保护接地，接地电阻一般不大于 4Ω。原理是，一旦电动机发生漏电现象，人身碰触电动机外壳时或是通过金属管道传到其他金属连接体处发生漏电时，由于人体电阻比接地电阻大得多，漏电电流主要经接地线流入大地，人体不致通过较大的电流而危及生命，从而保护了人身安全。接地保护示意如图 9-17 所示。

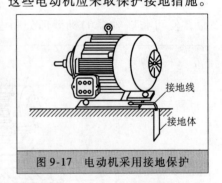

图 9-17　电动机采用接地保护

如果电网中性点直接接地，则可采用保护接零措施。方法是将电动机的外壳用铜导线与三相四线制电网的中性线相连接。这种保护措施比较安全可靠，现已被广泛采用，它的原理是，一旦发生电动机外壳漏电现象，它会迅速地形成较大的短路电流，使电路中的熔断器熔断或使断路器等过电流装置跳闸，从而断开电源，保护人身不受触电的危害。

值得注意的是，在同一三相四线制系统中，不允许一部分电动机设备的外壳采用保护接地而另一部分的电气部分的外壳采用保护接零。

埋设接地装置的接地极可采用较粗的钢管、角钢等金属物，钢管壁厚最好不少于3.5mm，长度一般在2~3m之间，但不能小于2m。接地极应垂直埋入地下，如图9-18所示。为了便于打入地下，接地极前端做成尖状。为减小接地电阻，接地极的数目要在三个以上，最好埋在地下形成三角形，并将其连为一体。在它们周围加些降阻剂。最后把接地体周围保护起来，尽量避免行人触及。

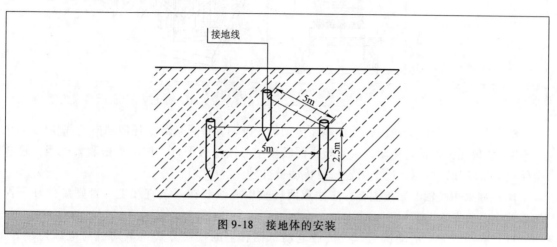

图 9-18　接地体的安装

★9.3.3　电动机的使用

使用三相异步电动机时，应注意以下几点：

1）在使用三相异步电动机之前，要详细对照铭牌，按照铭牌所载电压、频率、功率、转速等规格与实际配套使用。

2）在使用电动机前，要进行外部机械检查，注意各部件是否完好，螺钉是否松动，检查有无杂物，转子是否能转动，可用手轻轻转动转子，检查轴承润滑情况，有无杂音与摩擦，然后根据情况进行修配。

3）在使用电动机前，应用500V绝缘电阻表检查电动机绝缘情况，电动机绝缘电阻值大于0.5MΩ后方能使用，低于0.5MΩ要进行烘干处理。干燥方法是，如果有烘箱，可将电动机拆开后，放入烘箱中烘烤，无这种条件时，可将转子取出并将其立放（注意不要使硬物损伤线圈），用150W的灯泡放进电动机定子中间，进行烘干处理，并加盖厚布。如果电动机较大，温度高低可用增减灯泡数来调节。电动机应在温度70~80℃下烘7~8h，如图9-19所示。

4）检查线路电压与电动机额定电压是否相符，线路电压的变动不应超出电动机额定电压的±5%。

5）检查线路连接是否正确，各接触点是否接触良好，保护装置是否完好，熔丝额定电流应为电动机额定电流的1.5~2.5倍。

6）电动机应妥善接地，接线盒内右下方有专门的接地螺钉，应把接地线接在此螺钉上。

131

7）电动机允许用联轴器、正齿轮及传动带轮传动，但对 4kW 以上的两极电动机不宜采用传动带传动。如必须用传动带传动，可适当增加 V 带的根数。

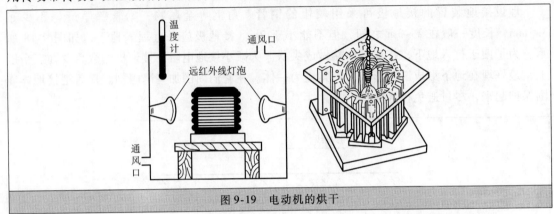

图 9-19　电动机的烘干

8）对立式安装的电动机，轴伸端除传动带轮外不允许再带其他任何轴向负载装置。

9）如果用传动带轮传动，必须检查两转轴中心线是否平行，传动带松紧要适当，过紧会使电动机轴加快损坏，过松则容易使传动带打滑。

10）如果用联轴器直接耦合，应注意两转轴中心线要在一条直线上，否则易使轴承损坏或使电动机发生振动。

11）在检查完毕电动机后，应按照电动机铭牌上的接线方式将电动机与电源连接好，然后使其空载运转，查看旋转方向与实际要求是否一致，如果不一致，可将电源先断开，然后打开接线盒，再将电源引入线的任意两根换接一下。然后空载运转 15min，运转中注意观察有无不正常的声音，有无轴承漏油及电动机发热现象。

12）电动机在使用过程中，应经常注意防潮防尘，保持电动机风道畅通，所有机械连接部分要紧固牢靠，电气接触点要保持清洁，接触良好。

13）电动机在起动前应尽量减轻负载，减压起动可采用星—三角减压起动器或自耦减压起动器起动。

14）经常使用的电动机，应保持每半年左右进行一次检修，清洗加油，以保证润滑良好。

15）拆卸电动机前，从轴伸端或非轴伸端取出转子较为便利，在抽出或装入转子时，必须特别注意不要碰伤定子绕组和擦伤铁心表面。如果电动机气隙较大，可先在转子与定子之间塞入薄纸板，以起到防护作用。用钢丝绳吊出转子时，转子上拴钢丝绳的地方必须衬以木垫，以防转子损坏或钢丝绳在转子上滑动。另外在改拴吊绳时，不得把转子放在定子铁心上，而应在轴端垫木衬垫，有风扇的电动机转子应从风扇端抽出。

16）更换绕组时，必须记下原绕组的形式、尺寸、匝数和线径，并按照正规方法更换绕组。

★9.3.4　电动机定子绕组首、尾端的判别

1. 利用交流电源和灯泡判别电动机三相绕组头尾

当分不清三相电动机各绕组的头尾时，可用下述简单方法来确定：首先用 36V 低压灯

做试灯，分出电动机每一相绕组的两个线端，然后将两相绕组串联后通入 220V 电源，剩下的一相绕组两端接 36V 的灯泡，如果灯泡发亮，说明串联的两相是头尾相接；灯泡不亮，说明是头头相接，如图 9-20 所示，然后将测出的两相绕组头尾做一标记，再按此方法将其中一相与原来接灯泡的一相绕组串联，另一相连接灯泡，再按上述方法即可分出三相电动机绕组的头尾。

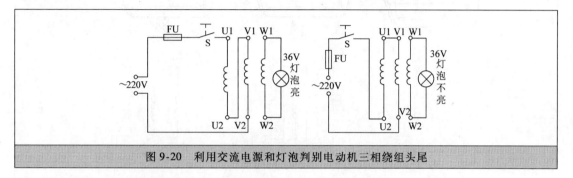

图 9-20　利用交流电源和灯泡判别电动机三相绕组头尾

2. 用万用表判断电动机三相绕组的头尾

利用万用表也可方便地判断出电动机三相绕组的头尾。首先用万用表欧姆挡测量出电动机 6 个接线端中哪两个接线端为同一相。然后，将万用表的直流毫安挡放到最小一挡，并将表笔接到三相绕组中某一相的两端，再将干电池正负极接到另一相的两个线端上，如图 9-21 所示，当开关 S 闭合瞬间，如果指针指示电流为正值，则把电池负极所接的线端与万用表正极表笔所接的线端定为同极性的（均可认定为头）。依此类推，便可方便地找出另外两相的头和尾。

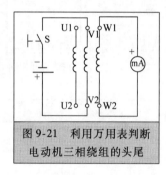

图 9-21　利用万用表判断
电动机三相绕组的头尾

★9.3.5　电动机的接线

电动机接线盒内的接线方式有△联结（三角形联结）和丫联结（星形联结）两种方式。当铭牌上标有 220/380V、△/丫字样时，表示电源电压如果为 220V 三相交流电时，定子绕组为△形联结，如果接入电源电压为 380V 时，定子绕组应接成丫形。接线方式不允许任意更改。目前，Y 系列电动机 3kW 及以下为丫形联结，4kW 以上均为△形联结，电动机的额定线电压为 380V。

电动机接线盒内有上下两排 6 个接线头，规定上排 3 个接线端子自左至右的编号为 U1、V1、W1，下排 3 个接线端子自左至右编号为 W2、U2、V2，如图 9-22a 所示。

当采用丫形联结时，按图 9-22c 所示方法连接，将三相绕组的尾端 W2、U2、V2 用短接铜片连在一起，首端 U1、V1、W1 分别接三相电源。

当采用△形联结时，按图 9-22b 所示方法连接，将电动机接线盒内的接线端子上、下两两用短接铜片连接，再分别把三相电源接到 U1、V1、W1 上。也就是将三相定子绕组的第一相的尾端 U2 接到第二相的首端 V1，第二相的尾端 V2 接到第三相的首端 W1，第三相的尾端 W2 接到第一相的首端 U1，然后把来自开关的 3 根导线的线头，分别与 U1、V1、W1 连接。如果出现电动机反转，可把任意两相线头对换接线端子位置，即会顺转。

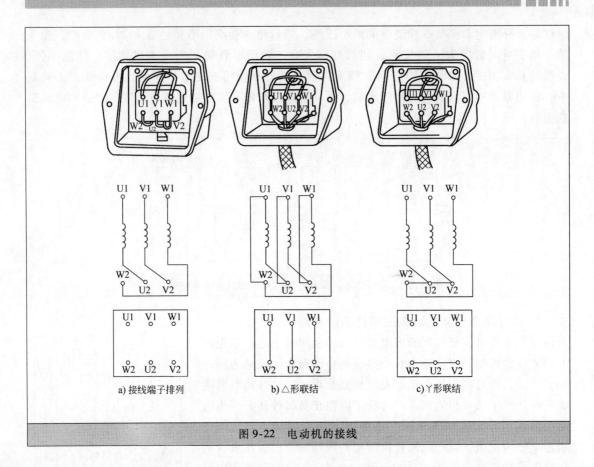

a) 接线端子排列   b) △形联结   c) Y形联结

图 9-22　电动机的接线

134

★★★　9.4　三相异步电动机的电气控制　★★★

★9.4.1　电动机全电压起动控制

将电源电压全部加在电动机绕组上进行的起动叫全电压起动，也叫直接起动。在笼型异步电动机的全电压起动中，起动电流是额定电流的 4～7 倍，对容量较大的电动机，势必导致电网电压的严重下跌，不仅使电动机起动困难、缩短寿命，而且影响其他用电设备的正常运行。所以电动机能进行全电压起动的条件是电动机容量比电力变压器容量要小得多。如果变压器为一个单位专用，允许电动机直接起动的容量可达变压器容量的 30%。如果变压器为某一台电动机专用，允许电动机直接起动的容量为变压器容量的 70%。如果电动机频繁起动或变压器拖有照明负载时，则允许直接起动的电动机容量应小于变压器容量的 70%。

1. 手动正转控制

利用封闭式负荷开关或开启式负荷开关的控制电路如图 9-23 所示。在一般工厂中使用的三相电风扇及砂轮机等设备常采用这种控制电路。这种电路最简单且非常实用。图中 QS 表示封闭式负荷开关（或开启式负荷开关）。当合上封闭式负荷开关，电动机就能转动，从而带动生产机械旋转。拉闸后，熔断器就脱离电源，以保证安全。

2. 采用转换开关的控制

转换开关控制电路如图 9-24 所示。图中 QS 为转换开关，也叫组合开关。它的作用是引入电源或控制小容量电动机的起动和停止。

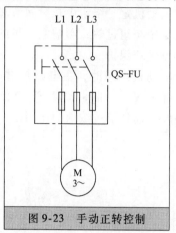

图 9-23　手动正转控制

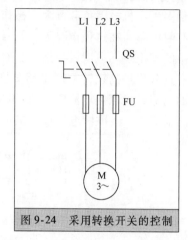

图 9-24　采用转换开关的控制

转换开关电流容量比封闭式负荷开关的要小一些，常用于小型台钻、砂轮机、机床的主轴电动机和冷却泵电动机的全电压起动控制。

3. 点动控制

在工业生产过程中，常会见到用按钮点动控制电动机起停。它多适用在快速行程以及地面操作行车等场合。控制电路如图 9-25 所示。当需要电动机工作时，按下按钮 SB，交流接触器 KM 线圈获电吸合，使三相交流电源通过接触器主触头与电动机接通，电动机便起动运行。当放松按钮 SB 时，由于接触器 KM 线圈断电，吸力消失，接触器便释放，电动机断电停止运行。

4. 具有自锁功能的正转控制

对需要较长时间运行的电动机，用点动控制是不方便的。这就需要具有自锁功能的正转控制，电路如图 9-26 所示。当起动电动机时合上电源开关 QS，按下起动按钮 SB1，接触器 KM 线圈获电，KM 主触头闭合使电动机 M 运转；松开 SB1，由于接触器 KM 常开辅助触头闭合自锁，控制电路仍保持接通，电动机 M 继续运转。停止时按 SB2，接触器 KM 线圈断电，KM 主触头断开，电动机 M 停转。

135

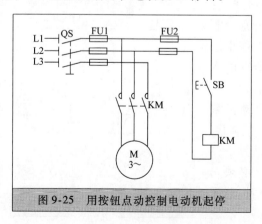

图 9-25　用按钮点动控制电动机起停

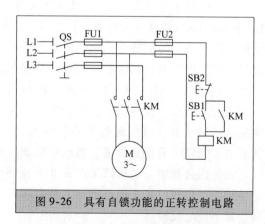

图 9-26　具有自锁功能的正转控制电路

具有自锁功能的正转控制电路的另一个重要特点是它具有欠电压与失电压（或零电压）保护作用。

5. 具有过载保护的正转控制

有很多生产机械因负载过大、操作频繁等原因，使电动机定子绕组中长时间流过较大的电流，有时熔断器在这种情况下未及时熔断，以致引起定子绕组过热，影响电动机的使用寿命，严重的甚至烧坏电动机。因此，对电动机还必须实行过载保护。

具有过载保护的正转控制电路如图 9-27 所示。当电动机过载时，主电路热继电器 FR 所通过的电流超过额定电流值，使 FR 内部发热，其内部金属片弯曲，推动 FR 常闭触头断开，接触器 KM 的线圈断电释放，电动机便脱离电源停转，起到了过载保护作用。

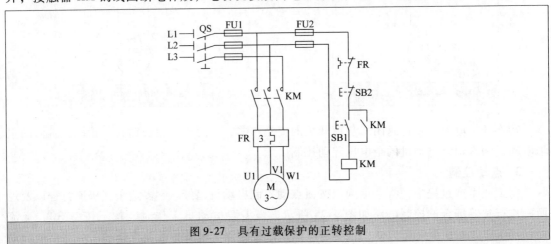

图 9-27　具有过载保护的正转控制

★9.4.2　电动机正反转控制

在生产实际中，有的生产机械需要两个方向的转动，这就要求电动机应具有正反转功能。如建筑工地的卷扬机需要上、下起吊重物，电动葫芦行车前进或后退等。电动机的正反转控制是利用控制电路的切换功能，改变电动机输入的电源相序，来实现电动机的正反转运转的。

1. 采用倒顺开关的正反转控制

控制电路如图 9-28 所示。倒顺开关有 6 个接线桩：L1、L2 和 L3 分别接三相电源，U1、V1 和 W1 分别接电动机。倒顺开关的手柄有三个位置；当手柄处于停止位置时，开关的两组动触片都不与静触片接触，所以电路不通，电动机不转。当手柄拨到正转位置时，A、B、C、F 触片闭合，电机接通电源正向运转，当电动机需向反方向运转时，可把倒顺开关手柄拨到反转位置上，这时 A、B、D、E 触片接通，电动机换相反转。

在使用过程中，电动机从正转变为反转时，必须先把手柄拨至停转位置，使它停转，然后再把手柄拨至反转位置，使它反转。

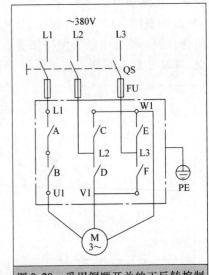

图 9-28　采用倒顺开关的正反转控制

倒顺开关一般适用于 4.5kW 以下的电动机控制电路。

2. 按钮联锁的正反转控制

电路如图 9-29 所示，它采用了复合按钮，按钮互锁联接。当电动机正向运行时，按下反转按钮 SB3，首先是使接在正转控制电路中的 SB3 的常闭触头断开，于是，正转接触器 KM1 的线圈断电释放，触头全部复原，电动机断电但做惯性运行，紧接着 SB3 的常开触头闭合，使反转接触器 KM2 的线圈获电动作，电动机立即反转起动。这既保证了正反转接触器 KM1 和 KM2 不会同时通电，又可不按停止按钮而直接按反转按钮进行反转起动。同样，由反转运行转换成正转运行，也只需直接按正转按钮。

这种电路的优点是操作方便，缺点是如正转接触器主触头发生熔焊、分断不开时，直接按反转按钮进行换向，会产生短路事故。

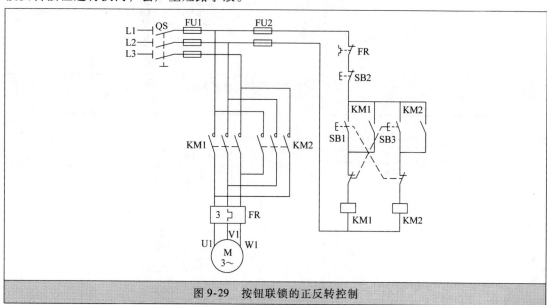

图 9-29 按钮联锁的正反转控制

3. 接触器联锁的正反转控制

图 9-30 所示为接触器联锁正反转控制电路。图中采用了两个接触器，即正转用的接触器 KM1 和反转用的接触器 KM2，由于接触器的主触头接线的相序不同，所以当两个接触器分别工作时，电动机的旋转方向相反。

电路要求接触器不能同时通电。为此，在正转与反转控制电路中分别串联了 KM2 和 KM1 的常闭触头，以保证 KM1 和 KM2 不会同时通电。

4. 按钮、接触器复合联锁的正反转控制

图 9-31 所示是复合联锁正反转控制电路，它集中了按钮联锁、接触器联锁的优点，即当正转时，不用按停止按钮即可反转，又可避免因接触器主触头发生熔焊分断不开而造成的短路事故。

5. 自动往返控制

在有些生产机械中，要求工作台在一定距离内能自动循环运动，以便对工件进行连续加工。

图 9-32 所示是工作台自动往返控制电路。按下 SB1，接触器 KM1 线圈获电动作，电动

137

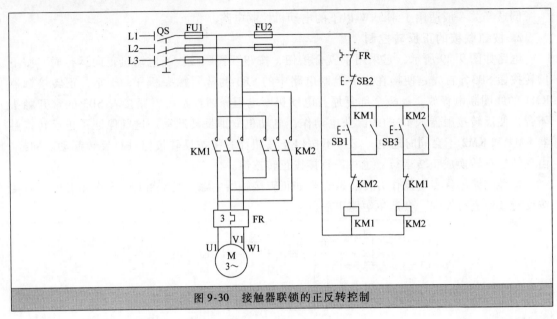

图 9-30　接触器联锁的正反转控制

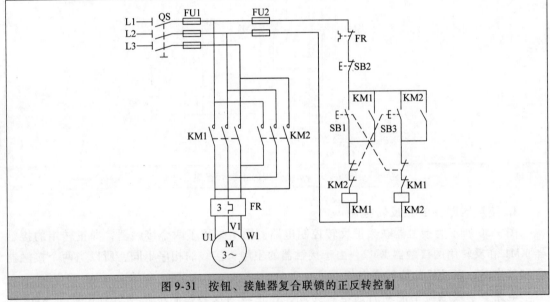

图 9-31　按钮、接触器复合联锁的正反转控制

机起动正转，通过机械传动装置拖动工作台向左运动；当工作台上的挡铁碰撞行程开关 SQ1（固定在床身上）时，其常闭触头断开，接触器 KM1 线圈断电释放，电动机断电；与此同时，SQ1 的常开触头闭合，接触器 KM2 线圈获电动作并自锁，电动机反转，拖动工作台向右运动；这时行程开关 SQ1 复原。当工作台向右运动行至一定位置时，挡铁碰撞行程开关 SQ2，使常闭触头断开，接触器 KM2 线圈断电释放，电动机断电，同时 SQ2 常开触头闭合，接通 KM1 线圈电路，电动机又开始正转。这样往复循环直到工作完毕。按下停止按钮 SB2，电动机停转，工作台停止运动。

　　另外，还有两个行程开关 SQ3、SQ4 安装在工作台往返运动的方向上，它们处于工作台正常的往返行程之外，起终端保护作用，以防 SQ1、SQ2 失效，造成事故。

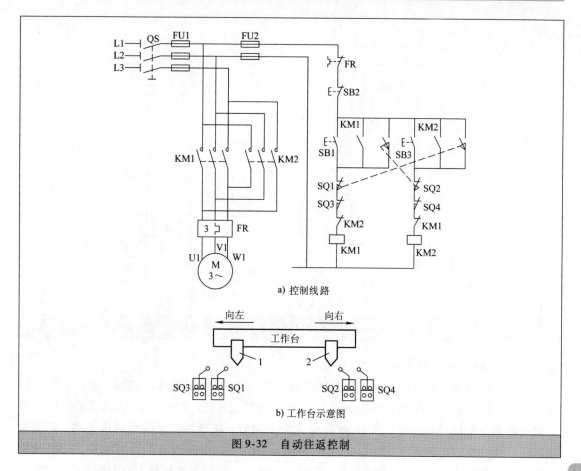

a) 控制线路

b) 工作台示意图

图 9-32　自动往返控制

★9.4.3　电动机减压起动控制

对容量较大的电动机的起动，为了不造成电网电压的大幅度降落，从而导致电动机起动困难或不能起动，也不影响电网内其他用电设备的正常供电，在生产技术上，多采用减压起动措施。所谓减压起动是将电网电压适当降低后加到电动机定子绕组上进行起动，待电动机起动后，再将绕组电压恢复到额定值。

减压起动的目的是减小电动机起动电流，从而减小电网供电的负载。由于起动电流的减小，必然导致电动机起动转矩下降，因此凡采用减压起动措施的电动机，只适合空载或轻载起动。在实际中，广泛应用的减压起动措施是星—三角减压起动。

1. 手动控制丫—△减压起动

星形—三角形减压起动的特点是操作方便、电路结构简单，起动电流是直接起动时的三分之一。星形—三角形减压起动只适用于电动机在空载或轻载情况下的起动。

图 9-33 所示为手动丫—△减压起动电路。图中 L1、L2 和 L3 接三相电源，U1、V1、W1、U2、V2 和 W2 接电动机。当手柄转到"0"位时，8 副触头都断开，电动机断电不运转；当手柄转到"丫"位置时，1、2、5、6、8 触头闭合，3、4、7 触头断开，电动机定子绕组接成星形减压起动；当电动机转速上升到一定值时，将手柄扳到"△"位置，这时 1、2、3、4、7、8 触头接通，5、6 触头断开，电动机定子绕组接成三角形正常运行。

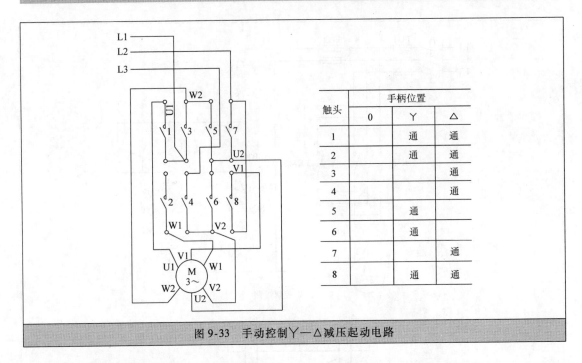

触头	手柄位置		
	0	Y	△
1		通	通
2		通	通
3			通
4			通
5		通	
6		通	
7			通
8		通	通

图 9-33　手动控制Y—△减压起动电路

2. 时间继电器控制Y—△减压起动

　　为了操作方便，有时需要使用时间继电器来自动切换Y—△减压起动器，电路如图9-34所示。工作原理如下：先合上电源开关 QS，按起动按钮 SB1，KM2、KT 线圈获电，KM2 常开触头闭合，KM1 线圈获电，KM1 和 KM2 主触头闭合，电动机接成星形减压起动。随着电动机转速的升高，起动电流下降，这时时间继电器 KT 延时到其延时动触头断开，KM2 线圈断电，KM3 线圈获电，KM3 主触头闭合，电动机接成三角形正常运行，这时时间继电器 KT 线圈也断电释放。

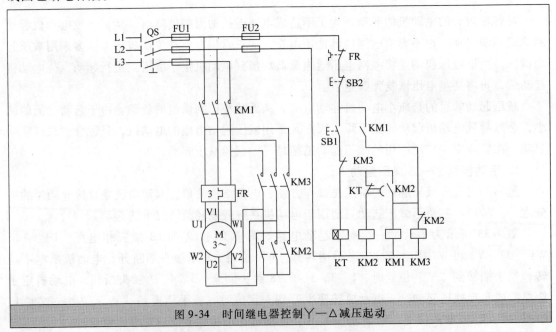

图 9-34　时间继电器控制Y—△减压起动

3. 自耦变压器减压起动自动控制

自耦变压器减压起动的自动控制电路如图9-35所示。

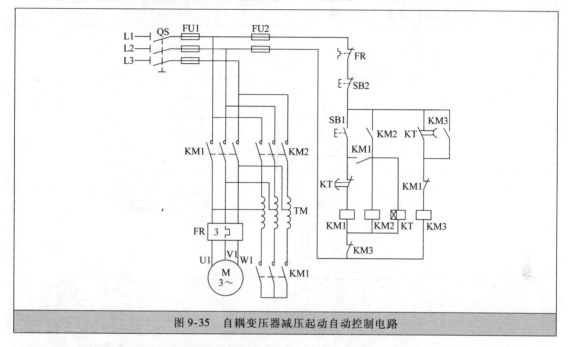

图9-35　自耦变压器减压起动自动控制电路

电路的工作原理如下：合上电源开关 QS，按下按钮 SB1，接触器 KM1 线圈获电，KM1 主触头闭合，自耦变压器 TM 接成丫形。KM1 常开触头闭合，使得接触器 KM2 和时间继电器 KT 线圈获电，KM2 主触头闭合，常开触头闭合自锁，电动机串入自耦变压器减压起动。经过一定时间后，时间继电器 KT 常闭触头延时断开，接触器 KM1 线圈断电，KM1 主触头、常开触头断开，常闭触头闭合。KT 常开触头延时闭合，接触器 KM3 线圈获电，KM3 主触头闭合，自锁触头闭合，电动机 M 全电压运行。同时 KM3 常闭触头断开，接触器 KM2 线圈断电，KM2 主触头断开，将自耦变压器切除。

4. 绕线转子异步电动机转子串电阻起动控制

图9-36所示是绕线转子异步电动机串电阻起动控制电路。它根据电动机转子电流的大小变化，利用电流继电器控制串联电阻的切除，把起动电流控制在一定范围内，提高起动转矩。

图中，KA1 和 KA2 是电流继电器，其线圈串接在转子电路中。这两个电流继电器的吸合电流的大小相同，但释放电流不一样，KA1 的释放电流大，KA2 的释放电流小，刚起动时，转子绕组中起动电流很大，电流继电器 KA1 和 KA2 都吸合，它们接在控制电路中的常闭触头都断开，转子绕组的外接电阻全部接入；待电动机的转速升高后，转子电流减小，电流继电器 KA1 先释放，KA1 常闭触头恢复闭合，使接触器 KM2 线圈获电吸合，转子电路中 KM2 的常开触头闭合，切除电阻器 R2；当电阻器 R2 被切除后，转子电流重新增大，但当转速继续上升时，转子电流又会减小，使电流继电器 KA2 释放，它的常闭触头 KA2 又恢复闭合，接触器 KM3 线圈获电吸合，转子电路中 KM3 的常开触头闭合，把第二级电阻器 R1 又短接切除，电动机起动完毕并正常运转。

141

中间继电器 KA 的作用是保证起动时全部电阻器都接入，只有在中间继电器 KA 线圈获电，KA 的常开触头闭合后，接触器 KM2 和 KM3 线圈方能获电，然后才能逐级切除电阻器，这样就保证了电动机在串入全部电阻器下起动。

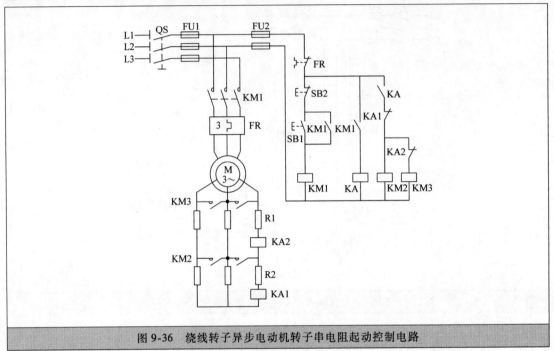

图 9-36　绕线转子异步电动机转子串电阻起动控制电路

★9.4.4　电动机制动控制

运行中的电动机在切断电源后，由于惯性作用，总是要经过一定的时间才能停止运转。这对于某些要求定位准确，需要限制行程的生产机械是不适合的，如起吊重物的行车，机床上需要迅速停车、反转的机构等，它们都要求电动机分断电源后立即停转。技术上，让电动机断开电源后迅速停转的方法叫作制动。使电动机制动的方法有多种，应用广泛的有机械制动和电气制动两类。

1. 电磁闸瓦制动控制

机械制动是利用机械装置使电动机在切断电源后迅速停转。采用比较普遍的机械制动设备是电磁闸瓦。电磁闸瓦主要由两部分组成，即制动电磁铁和闸瓦制动器。

电磁闸瓦制动的控制电路如图 9-37 所示。当按下按钮 SB1，接触器 KM 线圈获电动作，电动机通电。电磁闸瓦的线圈 YB 也通电，铁心吸引衔铁而闭合，同时衔铁克服弹簧拉力，迫使制动杠杆向上移动，从而使制动器的闸瓦与闸轮松开，电动机正常运转。按下停止按钮 SB2 之后，接触器 KM 线圈断电释放，电动机的电源被切断，电磁闸瓦的线圈也同时断电，衔铁释放，在弹簧拉力的作用下使闸瓦紧紧抱住闸轮，电动机就迅速被制动停转。

这种制动在起重机械上以及要求制动较严格的设备上被广泛采用。当重物吊到一定高处，电路突然发生故障断电时，电动机断电，电磁闸瓦线圈也断电，闸瓦立即抱住闸轮，使电动机迅速制动停转，从而可防止重物掉下。另外，也可利用这一点将重物停留在空中某个位置上。

2. 改进的电磁闸瓦制动

图 9-38 所示电路能避免电动机在起动前瞬间存在的异步电动机的短路运行工作状态，即当按起动按钮 SB1 后，接触器 KM1 线圈获电动作，电磁制动器线圈 YB 获电，闸瓦先松开闸轮，然后接触器 KM2 线圈获电动作，电动机 M 才获电起动。

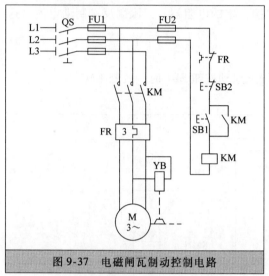
图 9-37　电磁闸瓦制动控制电路

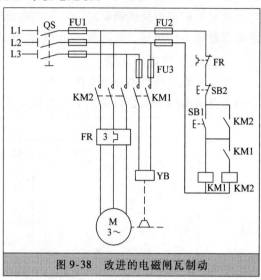
图 9-38　改进的电磁闸瓦制动

3. 反接制动控制

图 9-39 所示是单向反接制动控制电路。起动时，合上电源开关 QS，按起动按钮 SB1，接触器 KM1 线圈获电，KM1 主触头闭合，电动机 M 起动运转。当电动机转速升高到一定数值时，速度继电器 KS 的常开触头闭合，为反接制动作准备。

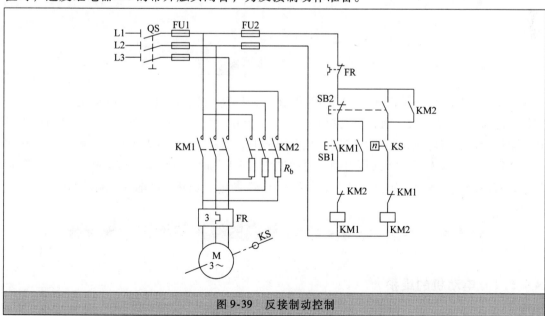
图 9-39　反接制动控制

停车时，按停止按钮 SB2，接触器 KM1 线圈断电释放，而接触器 KM2 线圈获电，KM2 主触头闭合，串入电阻器 R_b 进行反接制动，电动机产生一个反向电磁转矩，即制动转矩，迫使电动机转速迅速下降；当转速降至 100r/min 以下时，速度继电器 KS 的常开触头断开，接触器 KM2 线圈断电释放，电动机断电，防止了反向起动。

由于反接制动时转子与定子旋转磁场的相对速度，接近于两倍的同步转速，所以定子绕组中流过的反接制动电流相当于全电压直接起动时电流的两倍。为此，一般功率在 4.5kW 以上的电动机采用反接制动时，应在主电流中串接一定的电阻器，以限制反接制动电流。这个电阻器称为反接制动电阻器，用 R_b 表示。

4. 全波整流能耗制动

全波整流能耗制动电路如图 9-40 所示。当按下起动按钮 SB1 时，线圈 KM1 获电，主触头和常开辅助触头闭合自锁，电动机起动运行。

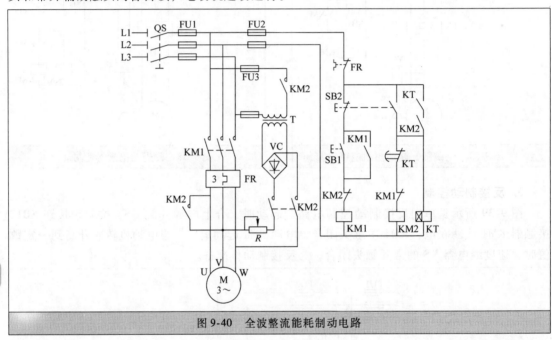

图 9-40　全波整流能耗制动电路

停车时，按下停止按钮 SB2，KM1 线圈断电，KM1 自锁触头断开，电动机断电作惯性运转，同时 KM1 常闭触头闭合，线圈 KM2 获电，KM2 主触头和常开触头闭合，电动机绕组通入全波整流直流电进行制动。KM2 线圈获电同时，时间继电器 KT 线圈也获电动作，其常开触头闭合，使 KM2 和 KT 线圈自锁，时间继电器 KT 延时断开触头延时动作。经过一定时间后，时间继电器延时分断触头断开，使线圈 KM2 断电，切断直流电源，制动结束。

★★★　9.5　三相异步电动机的维护和检查　★★★

★9.5.1　电动机的维护

1. 电动机使用前的准备工作

为了确保电动机的正常运转，减少不必要的机械电气损坏，使电气设备的故障消除在发生之前，电动机在使用前要做好以下准备工作。

1）首先消除电动机及其周围的尘土杂物，用 500V 绝缘电阻表测量电动机相间以及三相绕组对地绝缘电阻，测得的电阻值不应小于 $0.5M\Omega$，否则应对电动机进行干燥处理，使绝缘达到要求后方能使用。

2）核对电动机铭牌是否与实际的各项数据配套一致，如接线方法是否正确，功率是否配套，电压是否相符，转速是否符合要求。

3）检查电动机各部件是否齐全，装配是否完好。

4）检查电动机转子并带上机械负载，看其转动是否灵活。

5）检查电动机以及起动设备的金属外壳接地是否良好。

6）检查电动机所配的传动带是否过紧或过松，或是联轴器螺钉、销子是否牢固，对于电动机与机械对轮的配合要检查间隙是否合适。

7）检查电动机接线接头是否有松动现象以及有无发热氧化迹象。

8）检查起动电器的部件是否安全，机械动作结构是否灵活，触头是否接触良好，接线是否牢固正确。

9）检查电动机所配熔丝规格大小与电动机是否配套，安装接触是否牢固。

10）检查电动机所配接的过电流保护热元件的整定值是否与电动机的额定电流配套。

11）检查电源是否正常，有无断相现象，电压是否过高或过低，只有在电源电压符合要求时方能起动电气设备。

12）检查电动机安装校正是否正确，质量是否可靠。

13）在准备起动电动机之前还应通知在机械传动部件附近的人员远离，确定电气设备以及机械设备无误的情况下，通知操作人员按操作规程起动电动机。

2. 电动机起动时应注意的问题

起动电动机时，要注意以下几个问题：

1）在电动机接通电源后，发现电动机不转，应立即断开电源，查明原因，方能再次起动，不允许带电检查电动机不转的原因。

2）如果采用补偿器（自耦减压起动器）起动或利用丫—△转换器起动电动机，特别要注意按操作顺序进行操作，用补偿起动时要先将手柄推到"起动"位置，待电动机转速稳定下来后，再迅速拉到"运转"位置。如是经丫—△转换器起动，应先按下"起动"按钮，待起动完毕再按下"运行"按钮。对大型电动机起动更要严防误操作。

3）在同一电路上的电动机，特别是容量较大的电动机，不允许同时起动。应按操作顺序起动或由大到小逐台起动，以免多台同时起动使电路电流激增，造成电压过低、起动困难或断路器跳闸等不良后果。

4）电动机起动后要观察电动机的旋转方向是否符合机械负载要求，如水泵、浆泵，上面标有方向铭牌，看看是否一致。

如是其他机械应注意观察机械传动方向是否正确，如果方向与要求相反，应立即断开电源，将三相电源线中的任意两根线互相调换一下即可。

5）电动机的起动次数应尽可能减少，空载连续起动不能超过每分钟 3~5 次，电动机长期运行停机后再起动，其连续次数不应超过每分钟 2~3 次。

6）电动机在起动后，要注意观察电路电压是否正常，电动机电流是否正常，三相电流是否平衡，传动负载工作是否正常，运行声音是否正常，如发现问题应及时停机，待查明原因排除故障后方能运行。

3. 电动机在运行中的监视

电动机在运行中要经常进行监视，特别是对较大型的电动机，在检查运行情况时，能及时发现问题及时处理，减小不必要的损失。监视内容主要有：

1）经常观察电动机的温度。用手触及外壳，检查电动机是否过热烫手，如发现过热，可用水在电动机外壳上滴几滴，如水急剧汽化，说明电动机显著过热，也可用温度计测量，如发现电动机温度过高，要立即停止运行，查明原因并处理，排除故障后方能继续使用。

2）电流监视。用钳形表测量电动机的电流，对较大的电动机还要经常观察运行中电流是否三相平衡或超过允许值。如果三相严重不平衡或超过电动机的额定电流，应立即停机检查，分析原因，若是负载引起的，应通知有关人员处理，若是电动机本身原因引起的，应及时处理。

3）电压监视。要经常观察运行中的电动机电压是否正常，电动机电源电压过高、过低或严重不平衡，都应停机检查原因。

4）注意电动机有无振动，响声是否正常，电动机是否有焦臭气味，如有其他异常也应停机检修。

5）机组转动监视。检查传动带连接处是否良好，传动带松紧是否合适，机组转动是否灵活，有无卡位、窜动及不正常的现象等。

6）注意电动机的轴承运行声音是否正常，观察有无发热现象，润滑情况以及摩擦情况是否正常。简易方法可用长柄螺钉刀头放在电动机轴承外的小油盖上，耳朵贴紧螺钉刀柄，细心听轴承运行中有无杂音、振动，以判断轴承运行情况。

★9.5.2 电动机的拆卸和装配

为了对电动机进行维护和保养，及时修理电动机故障，电动机的拆卸与装配是电工经常操作的一项工作技能，了解并掌握电动机的正确拆卸步骤与方法，对维修好、装配好电动机大有益处。

1. 电动机的拆卸

电动机在拆卸前，要事先清洁和整理好场地，备齐拆装工具。做好标记，以便装配时各归原位。应做的标记有：①标出电源线在接线盒中的相序。②标出联轴器或传动带轮与轴台的距离。③标出端盖、轴承、轴承盖和机座的负载端与非负载端。④标出机座在基础上的准确位置。⑤标出绕组引出线在机座上的出口方向。

（1）电动机的拆卸步骤

电动机的一般拆卸步骤如图9-41所示。①拆下传动带轮或联轴器。②拆下前轴承外盖。③拆下前端盖。④拆下风罩。⑤拆下风叶。⑥拆下后轴承外盖。⑦拆下后端盖。⑧拆下转子。⑨拆下前后轴承和前后轴承的内盖。

（2）电动机主要部件的拆卸

1）电动机线头的拆卸。电动机线头的拆卸如图9-42所示。切断电源后拆下电动机的线头。每拆下一个线头，应随即用绝缘带包好，并把拆下的平垫圈、弹簧垫圈和螺母仍套到相应的接线桩头上，以免遗失。如果电动机的开关较远，应在开关上挂"禁止合闸"的警告牌。

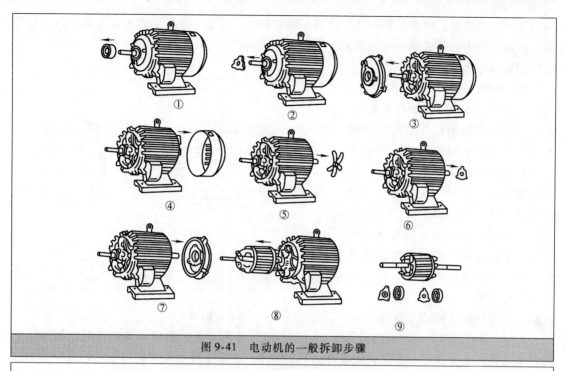

图 9-41 电动机的一般拆卸步骤

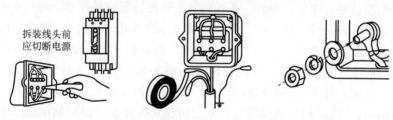

图 9-42 电动机线头的拆卸

2）传动带轮或联轴器的拆卸。传动带轮或联轴器的拆卸如图9-43所示。首先用石笔或粉笔标示传动带轮或联轴器与轴配合的原位置，以备安装时照原来位置装配（见图9-43a）。然后装上拉具（拉具有两脚和三脚的两种），拉具的丝杆顶端要对准电动机轴的中心（见图9-43b）。用扳手转丝杆，使传动带轮或联轴器慢慢地脱离转轴（见图9-43c）。如果传动带轮或联轴器时间较长锈死或太紧，不易拉下来时，可在定位螺孔内注入螺栓松动剂（见图9-43d），待数分钟后再拉。若仍拉不下来，可用喷灯

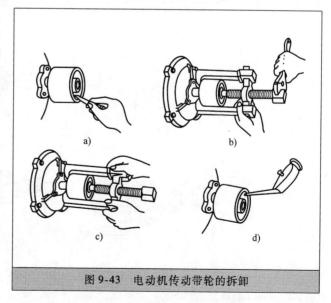

a)

b)

c)

d)

图 9-43 电动机传动带轮的拆卸

将传动带轮或联轴器四周稍稍加热，使其膨胀时拉出。注意加热的温度不宜太高，防止轴变形，拆卸过程中，手锤最好尽可能减少直接重重敲击传动带轮或联轴器的次数，以免传动带轮碎裂而损坏电机轴。

3）轴承外盖和端盖的拆卸。轴承外盖和端盖的拆卸如图9-44所示。拆卸时先把轴承外盖的固定螺栓松下，并拆下轴承外盖，再松下端盖的紧固螺栓（见图9-44a）。为了组装时便于对正，在端盖与机座的接缝处要做好标记，以免装错。然后，用锤子敲打端盖与机壳的接缝处，使其松动。接着用螺钉旋具插入端盖紧固螺钉的根部，把端盖按对角线一先一后地向外扳撬。

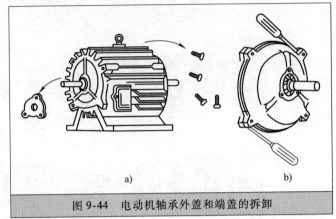

图9-44 电动机轴承外盖和端盖的拆卸

注意不要把螺钉旋具插入电动机内，以免把线包撬伤（见图9-44b）。

4）转子的拆卸。电动机的转子很重，拆卸时应注意不要碰伤定子绕组；对于绕线转子异步电动机，还要注意不要损伤集电环面和刷架等。拆卸小型电动机的转子时，要一手握住转轴，把转子拉出一些，随后，用另一手托住转子铁心，渐渐往外移。对于中型电动机，抽出转子时，要两个人各抬转子的一端，慢慢外移，如图9-45所示。对于大型电动机，转子较重，要用起重设备将转子吊出，如图9-46所示。先在转子轴上套好起重用的绳索（见图9-46a），然后用起重设备吊住转子慢慢移出（见图9-46b），待转子重心移到定子外面时，在转子轴下垫一支架，再将吊绳套在转子中间，继续将转子抽出（见图9-46c）。

5）轴承的拆卸。电动机轴承的拆卸，首先用拉具拆卸。应根据轴承的大小，选好适宜的拉具，拉具的脚爪应紧扣在轴承的内圈上，拉具的丝杠顶点要对准转子轴的中心，扳转丝杠要慢，用力要均匀，如图9-47所示。

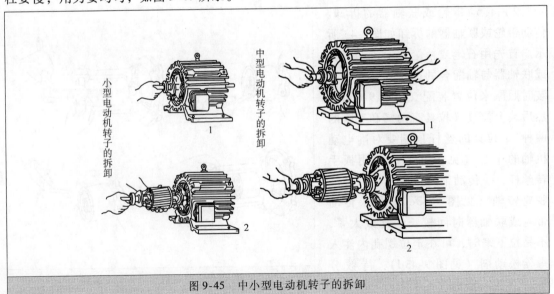

图9-45 中小型电动机转子的拆卸

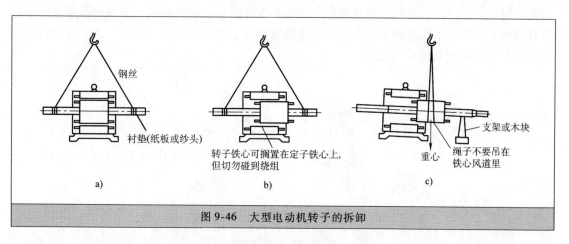

图 9-46 大型电动机转子的拆卸

在拆卸电动机轴承中，也可用方铁棒或铜棒拆卸，在轴承的内圈垫上适当的铜棒，用手锤敲打铜棒，把轴承敲出，如图 9-48 所示。敲打时，要在轴承内圈四周的相对两侧轮流均匀敲打，不可偏敲一边，用力要均。

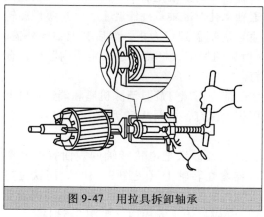

图 9-47 用拉具拆卸轴承

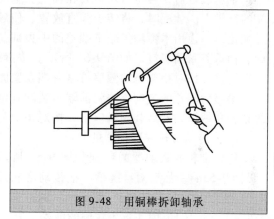

图 9-48 用铜棒拆卸轴承

在拆卸电动机时，若轴承留在端盖轴承孔内，则应采用图9-49所示的方法拆卸。先将端盖止口面向上平稳放置，在端盖轴承孔四周垫上木板，但不能抵住轴承，然后用一根直径略小于轴承外沿的套筒，抵住轴承外圈，从上方用锤子将轴承敲出。

2. 电动机的装配

电动机的装配程序与拆卸时的程序相反。

（1）轴承的装配

装配前应检查轴承滚动件是否转动灵活而又不松旷。再检查轴承内圈与轴颈，外圈与端盖轴承座孔之间的配合情况和光洁度是否符合要求。在轴承中按其总容量的 1/3 ~ 2/3 的容积加足润滑油，注意润滑油不要加得过多。将轴承内盖油槽加足润滑油，先套在轴上，然后再装轴承。为使轴承内圈受力均匀，可用一根内径比转轴外径大而比轴承内圈外径略小的套筒抵住轴承内圈，将其敲打到位，如图 9-50a 所示。若找不到套筒，可用一根铜棒抵住轴承

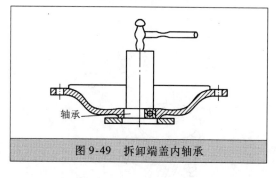

图 9-49 拆卸端盖内轴承

内圈，沿内圈圆周均匀敲打，使其到位，如图 9-50b 所示。如果轴承与轴颈配合过紧，不易敲打到位，可将轴承加热到 100℃ 左右，趁热迅速套上轴颈。安装轴承时，标号必须向外，以便下次更换时查对轴承型号。

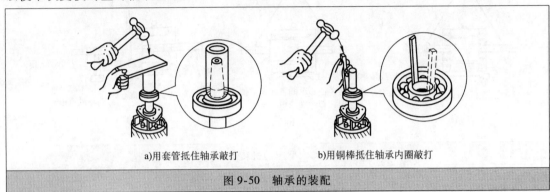

a)用套管抵住轴承敲打　　　　　b)用铜棒抵住轴承内圈敲打

图 9-50　轴承的装配

（2）端盖的装配

轴承装好后，再将后端盖装在轴上。电动机转轴较短的一端是后端，后端盖应装在这一端的轴承上。装配时，将转子竖直放置，使后端盖轴承孔对准轴承外圈套上，一边缓慢旋转后端盖，一边用木锤均匀敲击端盖的中央部位，直至后端盖到位为止，然后套上轴承外盖，旋紧轴承盖紧固螺钉，如图 9-51 所示。按拆卸时所做的标记，将转子送入定子内腔中，合上后端盖，按对角交替的顺序拧紧后端盖紧固螺钉。

参照后端盖的装配方法将前端盖装配到位。装配前先用螺钉旋具清除机座和端盖止口上的杂物和锈斑，然后装到机座上，按对角交替顺序旋紧螺钉，如图 9-52 所示。

（3）传动带轮或联轴器的装配

传动带轮或联轴器的装配如图 9-53 所示。首先用细砂纸把电机转轴的表面打磨光滑（见图 9-53a）。然后对准键槽，把传动带轮或联轴器套在转轴上（见图 9-53b）。用铁块垫在传动带轮或联轴器前端，然后用手锤适当敲击，从而使传动带轮或联轴器套进电动机轴上（见图 9-53c）。再用铁板垫在键的前端，轻轻敲打，使键慢慢进入槽内（见图 9-53d）。

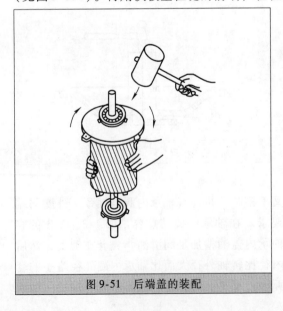

图 9-51　后端盖的装配

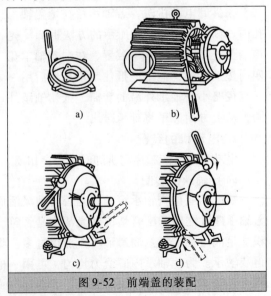

a)　　　　　b)

c)　　　　　d)

图 9-52　前端盖的装配

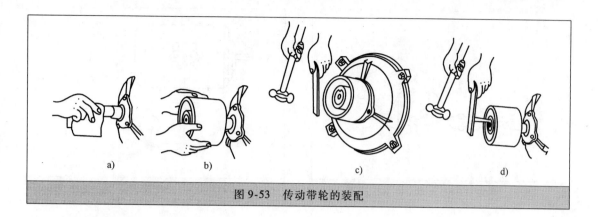

a)   b)   c)   d)

图 9-53   传动带轮的装配

★9.5.3   电动机常见故障的检查

1. 机械方面的故障检查

（1）轴承磨损情况

电动机本身对前后的两套轴承要求是很严格的，轴承质量的好坏直接影响着电动机本身的工作状况。检查时如果电动机是在运行中，可用螺钉旋具的一端触及轴承盖，耳朵贴紧螺钉旋具的手柄，细听轴承运行有无杂音、振动等异常声音，如果声音异常可判断出轴承已有损坏，要停止电动机运行，打开电动机检查。检查轴承小环与大环中间的固架损坏情况，轴承是否卡死损坏，电动机端盖与轴承、轴承与转轴是否配合适当，有无旷动，发现旷动时，要用錾子在转轴上打些痕迹或用铣床在电动机轴上进行辊花处理，再装配轴承。再检查轴承缺油情况，轴承装配是否到位，装配的同心度是否良好，电动机端盖装配是否到位等。

（2）定子转子摩擦状况

首先用手转动电动机转子，仔细听有无摩擦声音，或用手轻轻触及电动机轴和周围部位，即可感觉出有无摩擦现象，另外也可拆开电动机，观察定子铁心表面上有无摩擦后的痕迹，再观察转子上有无摩擦后的痕迹，根据转子铁心上摩擦痕迹的部位来判断造成摩擦的原因。主要原因有：端盖没有上到合适位置、轴承损坏、轴与轴承摩擦、转子与定子间夹有杂物、硅钢片错位串出、电动机旋转磁场变异等。

2. 电动机定子绕组的检查

（1）电动机绕组发生接地的检查。

1）用绝缘电阻表查找电动机接地点。电动机绕组出现接地，首先要查出电动机三个绕组中的哪一组接地，或是哪两组接地。先把三相绕组的连接线拆除，然后用 500V 的绝缘电阻表分别对三相绕组进行相间绝缘检测，如果三相绕组之间绝缘良好，再进行对地检测。检测方法是绝缘电阻表一端接通三相绕组的出线一端，另一端触及电动机金属壳的铭牌或触及电动机不生锈的金属外壳上，如图 9-54 所示，如绝缘电阻表的指针为零位，说明该相绕组有接地短路点，为了进一步查出哪个线圈接地，需再将该绕组中的各线圈间连接过桥线分开，逐步查找。

2）用灯泡查找电动机接地点。在农村，有时电工仪表不全，可采用如图 9-55 所示方法进行检测，把交流电 220V 直接串联灯泡后接在电动机外壳及电动机绕组一端（注意零线接电动机外壳，并注意人员不要触及带电部分），若三相绕组中的某一相在触及时灯泡发亮，说明该相绕组有接地故障点，可按照上一条方法查找接地点的具体部位。

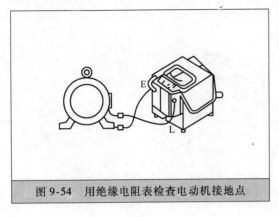

图 9-54　用绝缘电阻表检查电动机接地点

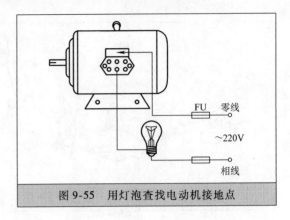

图 9-55　用灯泡查找电动机接地点

　　3）用耐压机查找电动机接地点。这种方法可直接观察到接地点的部位，如图 9-56 所示，当耐压机电压逐渐升高时，若绕组有接地故障，线圈接地点便会起弧冒烟，只要仔细观察，就可找出接地点的具体位置。如果接地点在电动机槽内，根据打耐压所产生的"吱吱"声来判断地点的大概部位，然后取出槽内的槽楔，重新打耐压，直至查出接地点的具体部位。应用这种方法，在打耐压时应注意人身安全，人和设备要保持一定的安全距离，严防触电。

　　（2）电动机绕组短路故障的检查

　　电动机绕组发生短路会使周围绝缘损坏变色。若是相间短路，用绝缘电阻表可测出，这种故障所产生的后果较严重，从外表上即可观察到短路部位有烧坏的痕迹。

　　电动机绕组存在匝间短路的检测方法是用短路侦察器查找。把短路侦察器接于 220V 交流电源上，如图 9-57 所示，然后将铁心开口对准被检查绕组所在的槽，这时短路侦察器和定子的一部分组成一个小型"变压器"，短路侦察器本身的绕组为变压器的一次绕组，而被检测的电动机绕组为变压器的二次绕组，短路侦察器的铁心和定子铁心的一部分组成变压器的磁路。当接上 220V 交流电源后，被检测的定子绕组便会产生感应电势，若有短路线匝存在，短路线匝中便会有电流通过，反映到短路侦察器的一次电流也比通常要大，并且同时会使电动机定子绕组周围的铁心产生磁场，这时在槽口处放一块薄铁片，短路绕组产生的磁通就会通过铁片形成回路，将铁片吸引在铁心上，并产生振动，这样即可判断出电动机匝间短路点的部位。

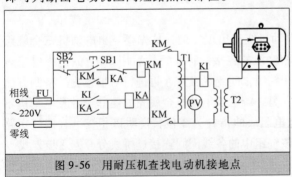

图 9-56　用耐压机查找电动机接地点

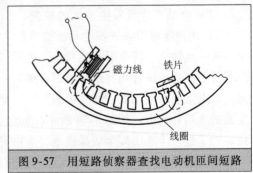

图 9-57　用短路侦察器查找电动机匝间短路

　　利用短路侦察器检查电动机匝间短路时，必须将定子绕组的多路线圈并联处断开，否则无法判断短路故障点的位置。

检查电动机有无相间短路，首先要将电动机引出线的线板连接线拆除，然后分别用绝缘电阻表的一端接在某相绕组上，另一端接在另一相绕组上进行测试，在测试中，如果某两相绕组有相间短路点时，绝缘电阻表指针为零。然后依次把这两相绕组的各组线圈之间的连接线拆开逐一进行测试，最终查出发生短路的两组线圈。

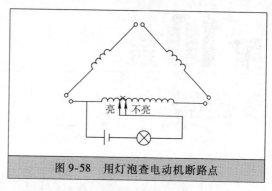

图9-58　用灯泡查电动机断路点

（3）电动机绕组断路故障的检查

检查电动机绕组断路也需将电动机接线端子的连接线断开，然后用万用表的低阻挡分别测试三相绕组的通断，若某相绕组断路，则电阻会很大，说明该相绕组断路。为了进一步查出断路点的部位，可用电池与小灯泡串联，一端接于断线绕组首端，另一端接一根钢针，用钢针从断路相的首端起依次刺破线圈绝缘，观察灯泡是否发亮，当刺到某点时，灯泡不亮，则说明断路点在该点的前后之间，如图9-58所示。

（4）电动机绕组接错线的检查

电动机绕组是否接错线，可用一种简便的方法来检测，如图9-59所示。首先将被检查的相绕组两端接上直流电源，然后用指南针沿定子内圈移动，如果绕组没有接错，每当指南针经过该绕组的一组线槽时，它的指向是反向，并且在旋转一周时，方向改变次数正好与极数相等，如果指南针经过某组线槽时，指针不反向，或是指向不定，则说明该组有接错处。

3. 转子故障的检查

电动机转子通常较少出现故障，但有时也会发生笼型转子铝条断裂等故障。打开电动机，抽出电动机转子仔细查看，会发现断裂处铁心因发热而变成青蓝色，也可在转子两端端环上通入小电流，并在周围表面撒上些铁粉，未断铝条的周围铁心能够吸引铁粉，如果某一根铝条周围铁粉较少，则说明有可能是该铝条断条，如图9-60所示。

153

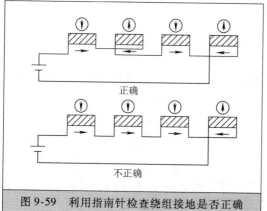

图9-59　利用指南针检查绕组接地是否正确

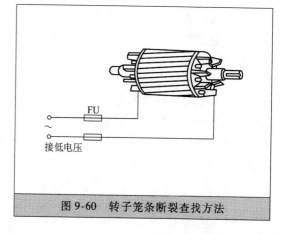

图9-60　转子笼条断裂查找方法

第 10 章

变压器

★ ★ ★　　10.1　变压器的工作原理　★ ★ ★

★10.1.1　单相变压器的工作原理

变压器是根据电磁感应的原理制成的。图 10-1 所示是单相变压器的基本工作原理图。在闭合的铁心上绕有两组绕组，与电源相连的绕组称为一次绕组；与负载相连的绕组称为二次绕组。一次绕组和二次绕组是分别独立的。当一次绕组接到电源上时，接在二次绕组上的一个灯泡就会发亮，说明二次绕组中有电流通过。

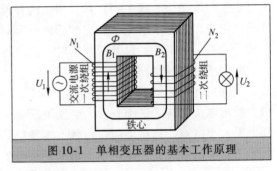

一次绕组接至交流电源后，变化着的交流电便在铁心中产生作相应变化的交变磁通，这个交变磁通会在一、二次绕组中产生感应电动势。一次绕组一侧的电动势相当于一个电源电动势，所以二次绕组回路中接上灯泡就会发亮。这就是说，变压器一次绕组所接电源提供的电能，通过铁心中的磁通这个桥梁，传递到二次绕组，使灯泡亮了，这就是变压器的工作原理。因此，变压器是一种传递电能的电气设备，它只能传递电能，不能产生电能。

图 10-1　单相变压器的基本工作原理

1. 一次绕组和二次绕组中的电动势

当一次绕组与交流电源接通后，一次绕组中即有交变电流通过，因此就会感应出磁通，该磁通绝大部分通过铁心而闭合。由于该磁通通过一、二次绕组，因此，每匝线圈中产生的感应电动势大小相等、方向相同。

如果一次绕组匝数为 N_1，二次绕组匝数为 N_2，交流磁通的最大值为 Φ_m，根据电磁感应定律，则一、二次绕组的感应电动势为

$$E_1 = 4.44fN_1\Phi_m, E_2 = 4.44fN_2\Phi_m$$

于是 $E_1/E_2 = N_1/N_2$，如果略去内阻压降，则可认为端电压就等于感应电动势，即

$$U_1 \approx E_1, U_2 \approx E_2$$

所以

$$U_1/U_2 = N_1/N_2$$

可见，一、二次绕组的电压之比等于一、二次绕组的匝数比。一次绕组的输入电压与二次绕组的输出电压之比叫作变压器的电压比，用 K 表示，即

$$K = U_1/U_2 = N_1/N_2$$

可见，只要适当选择一、二次绕组的匝数，利用变压器就能把交流电从一种电压变换成同频率的另一种电压。

当 $K>1$ 时，$U_1>U_2$，$N_1>N_2$，该变压器称为降压变压器；当 $K<1$ 时，$U_1<U_2$，$N_1<N_2$，该变压器称为升压变压器。

2. 一次绕组和二次绕组中的电流

当二次绕组接上负载时，二次绕组中就有电流流过。若忽略变压器本身在工作中发热等一些能量损耗不计，可以近似地认为变压器的输入功率 P_1 等于变压器的输出功率 P_2，即

$$P_1=P_2,U_1I_1=U_2I_2$$

所以

$$I_1/I_2=U_2/U_1=N_2/N_1=1/K$$

这表明变压器工作时，一、二次绕组中的电流与它们的匝数成反比。可见，变压器在改变电压的同时，也改变了电流。变压器电压高的一边，因绕组匝数多，电流小，可使用截面积较小的导线绕制；低压侧绕组匝数少，电流比较大，可用较粗的导线绕制。对于产品变压器，可以根据出线端的粗细来判断高、低压绕组。

★10.1.2　三相变压器的工作原理

三相变压器的工作原理同单相变压器是一样的，所谓三相变压器实际上就是三个同容量的单相变压器的组合。在同一个铁心的 3 个铁心柱上，分别套上三相的一、二次绕组来进行三相变压，一次绕组的 3 个相与电源的 3 个相连接，二次绕组的连接构成三相供电回路，与负载连接，如图 10-2 所示。

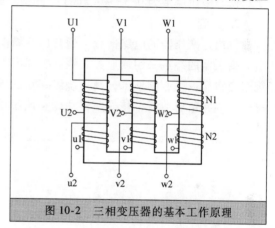

图 10-2　三相变压器的基本工作原理

三相变压器的一次绕组始端用 U1、V1、W1 表示，尾端用 U2、V2、W2 表示；二次绕组始端用小写字母 u1、v1、w1 表示，尾端用小写字母 u2、v2、w2 表示；零点以 0 表示。

常用的三相变压器一、二次绕组联结有 Yyn、Yd、YNd 等类型。其中斜线上方表示一次绕组接线，斜线下方为二次绕组接线。若各绕组做星形联结并有零点时，则以 N 表示该变压器一定要接地。

图 10-3 所示为三相变压器的标准接线图，从图中可以看到，高压绕组一般是接成星形，这是因为星形联结的相电压为线电压的 $1/\sqrt{3}$，有利于线圈绝缘。低压绕组通常接成三角形，以减小负载不平衡时的影响。

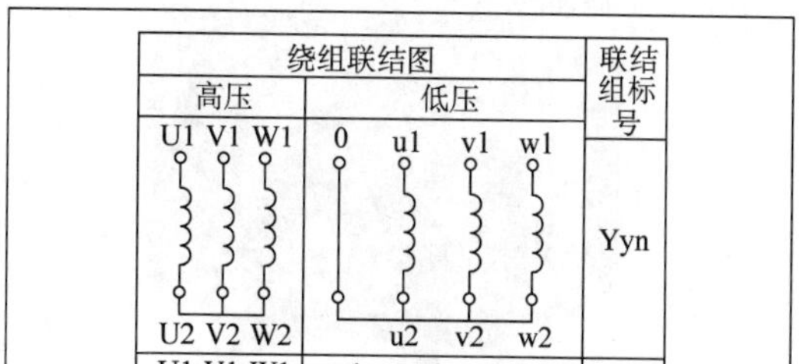

绕组联结图			联结组标号
高压		低压	
U1 V1 W1 ⌇⌇⌇ U2 V2 W2	0 u1 v1 w1 ⌇⌇⌇ u2 v2 w2		Yyn
U1 V1 W1 ⌇⌇⌇ U2 V2 W2	u1 v1 w1 u2 v2 w2		Yd
0 U1 V1 W1 ⌇⌇⌇ U2 V2 W2	u1 v1 w1 u2 v2 w2		YNd

图 10-3　三相变压器的标准接线

155

★★★ 10.2 变压器的结构和铭牌 ★★★

★10.2.1 变压器的结构

变压器主要由导磁的铁心和导电的绕组组成。绕组和铁心都装在充满变压器油的油箱中，绕组的端头通过绝缘套管引至油箱外面与外电路连接。除了绕组和铁心外，变压器还有油箱、储油柜、分接开关、安全气道、气体继电器和绝缘套管等附件。图 10-4 所示为油浸式电力变压器的外形结构图。

1. 铁心

铁心是变压器的磁路部分，是变压器结构的骨架。变压器的一、二次绕组都绕在铁心上。铁心多用厚度为 0.35~0.5mm 的硅钢片交叉叠制而成，上面涂有绝缘漆。

2. 绕组

绕组是变压器的电路部分，通常由绝缘铜线或铝线制成，铜线的外面采用电缆纸绝缘。电力变压器的绕组采用筒形方式绕制，即高、低压绕组套在一起，都在一个同心圆上，低压绕组套在靠近铁心的地方，高压绕组套在低压绕组的外面。高、低压绕组之间用绝缘纸板隔离开来，并留有油道，使变压器油能在两绕组之间自由流通。图 10-5 所示是高、低压绕组外形图。

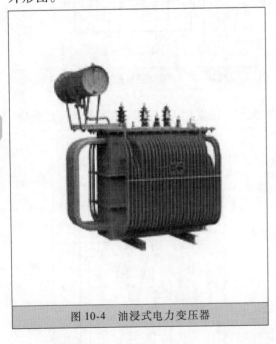

图 10-4 油浸式电力变压器

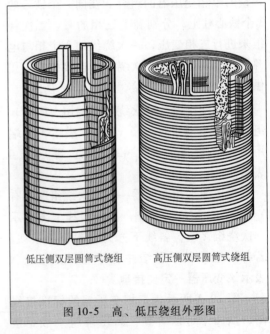

低压侧双层圆筒式绕组　　高压侧双层圆筒式绕组

图 10-5 高、低压绕组外形图

3. 油箱

油箱就是变压器的外壳，用钢板焊接而成，里面除了装置铁心、绕组等部件之外，还有变压器油。铁心和绕组都浸在变压器油中。油箱保护铁心和绕组不受外力及潮气的侵蚀，同时通过变压器油的对流，将运行中铁心和绕组产生的热量传递给箱壁，在箱壁的外侧装有散热管，箱内热油通过箱壁和散热管，将热量散到周围的空气中去，对油进行冷却。

4. 变压器油

变压器油是一种上等的绝缘油，它不仅可以冷却绕组和铁心，同时还有增强各层绕组之间、绕组与铁心之间的绝缘性能的作用。变压器油在绕组间的间隙里流通，把内部的热量传导到油箱外壳，经过外壳的表面散发到空气里去。

变压器油具有绝缘强度高、黏度小、化学性能稳定、起燃点高、不含杂质、灭弧性能好等特点，按它的凝固点不同分为 10 号（凝固点为 -10℃）、25 号（凝固点为 -25℃）和 45 号（凝固点为 -45℃）三种规格。在补充和更换变压器油时，必须注意油号相同。

5. 储油柜

储油柜是一个圆筒形的容器，装在油箱顶盖上部，通过管道与变压器的油箱接通。变压器油从油箱充满到储油柜的一半。当变压器运行时，温度升高油膨胀，油箱中的油流进储油柜；当油温下降时，油又流入油箱中，使油箱里始终充满油。储油柜上装有油表，通过油表可以监视油面的高低。

6. 绝缘套管

绝缘套管由外部的瓷套与中心的导电杆组成。变压器的出线从油箱内部引到油箱外部时，必须穿过绝缘套管，以使带电的导线与接地的油箱绝缘。绝缘套管一般做成多级伞状，以增加表面放电距离，高压套管外形高而大，低压套管外形矮而小。

7. 安全气道

安全气道又叫防爆管，装在油箱顶盖上部，它是一个长钢筒，上端装有防爆膜。防爆管的作用是保护变压器。当变压器内部发生故障时，温度升高，油剧烈分解，产生大量爆炸性气体。当油箱内部的压力超过一定值时，油及气体便冲破防爆管的防爆膜向外喷出，这样就可以避免油箱的爆炸或变形。小型变压器一般没有防爆管。一般来说，100kV·A 以上的变压器才装有储油柜，1000kV·A 以上的变压器才装有防爆管。

8. 气体继电器

气体继电器俗称瓦斯继电器。它装在油箱和储油柜之间的管道中。气体继电器是反映变压器油箱内部故障的重要保护装置。当变压器油箱内，绕组发生匝间短路、局部放电等故障时，周围的变压器油就会被分解产生气体，气体从油箱经过气体继电器进入储油柜，跑至空气中去，气流带动气体继电器的动作机构。当变压器内部故障严重程度达到一定值时，气体继电器动作，发出报警信号。当变压器内部故障严重到将损坏设备，影响安全运行时，气体继电器动作机构自动切断电源将变压器停止运行，保护变压器安全。

★10.2.2　变压器的铭牌

在变压器的外壳上装有变压器的铭牌，铭牌是变压器的简单说明书，是选择和使用变压器的主要依据。变压器的铭牌如图 10-6 所示。

铭牌上标明了变压器的型号及各种额定数据和接线方式，其中主要项目的意义如下：

1. 型号

变压器型号、规格意义如下：

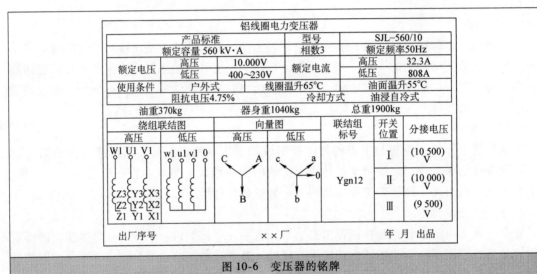

图 10-6　变压器的铭牌

2. 额定容量

变压器的额定容量是指变压器在额定电压、额定电流、额定频率、额定使用条件下工作时，能够输出的最大视在功率，单位为伏安（V·A）、千伏安（kV·A）。

对于双绕组变压器，一次绕组和二次绕组的容量相同。

单相变压器的额定容量：$S_N = U_{2N}I_{2N} = U_{1N}I_{1N}$

三相变压器的额定容量：$S_N = \sqrt{3}U_{2N}I_{2N} = \sqrt{3}U_{1N}I_{1N}$

S_N 为变压器的额定容量，U_{1N}、I_{1N} 分别是变压器一次绕组额定电压和额定电流，U_{2N}、I_{2N} 分别是变压器二次绕组额定电压和额定电流。

3. 额定电压

三相变压器中，额定电压都是指线电压，单位为伏（V）。接到变压器一次绕组的正常工作电压 U_{1N}，称为一次额定电压，二次额定电压 U_{2N} 是指变压器在空载情况下，一次绕组接入额定电压时，二次绕组两端的电压值。

4. 额定电流

变压器一、二次额定电流（I_{1N}、I_{2N}）是指在额定电压和额定环境温度下使变压器各部分不超过允许温度的一、二次绕组长期允许通过的线电流，单位为安（A）。

5. 阻抗电压

阻抗电压又叫短路电压，它表示变压器通过额定电流时在变压器自身阻抗上产生的电压损耗百分值，在变压器短路试验时测得。阻抗电压的数值一般为4.5%~6%。阻抗电压数值表示变压器内部阻抗的大小，是变压器的一个重要参数。

6. 额定频率

我国规定的标准工业频率为50Hz。

7. 空载电流

当变压器二次侧开路，一次侧加额定电压时，一次绕组中流过的电流称为空载电流。一般以它占一次额定电流的百分值来表示。空载电流一般是一次额定电流的3%~10%。变压器容量大小、磁路结构和硅钢片的质量好坏，是决定空载电流的主要因素，铁心接缝间隙的大小也会影响空载电流。变压器若发生铁心故障，致使绕组匝间短路时，会使空载电流增大。

8. 空载损耗

变压器在空载状态下的损耗主要是铁心中的磁滞损耗和涡流损耗，称为铁损。它与变压器二次侧负载的大小无关，只与一次所加电压的二次方成正比。由于一次电压是固定的，所以每台变压器的铁损也是固定的。空载损耗表征了变压器经济性能的优劣。

9. 短路损耗

变压器一、二次绕组都有一定的电阻，当电流流过时，会产生功率损耗，这就是铜损。铜损主要决定于负载电流的大小。当二次侧短路，一次绕组通过额定电流时所消耗的功率为变压器的短路损耗。由于此时一次电压很低，在铁心中产生的磁通很小，造成的铁损很小，可以忽略不计，所以，近似地把短路损耗看作是铜损。短路损耗同样表征了变压器经济性能的优劣，而且通过对短路损耗的测量，可以检查修理后的变压器绕组的结构与性能是否完好。

10. 联结组标号

联结组标号是指变压器一、二次绕组按一定方式联结时，一、二次绕组的线电压或线电流的相位关系。三相变压器的联结组标号，与绕组的绕向、首末端的标记以及三相绕组的接法有关。

三相变压器的联结组标号是用一、二次绕组的联结方法和一、二次绕组对应的线电压的相位差来表示，三相变压器的一、二次绕组按不同的联结方法组合时，一、二次绕组对应的线电压的相位差总是30°的倍数。国际上习惯采用时钟法来表示一、二次绕组线电压的相位差。规定一次绕组的线电压矢量为分针（长针），方向恒指向钟面的"12"，对应相的二次绕组线电压矢量为时针（短针），它指向钟面上的哪个数字，这数字就是三相变压器联结组的标号。用Y、D和Z表示绕组为星形、三角形和曲折星形联结。例如，Yd11表示一次绕组星形联结，二次绕组三角形联结，而绕向和首末端标记相同，标号"11"表示二次绕组线电压矢量超前一次绕组对应相线电压30°。Yy12表示一次、二次绕组都是星形联结，绕向和首末端标记也相同，标号"12"表示一、二次绕组相对应的线电压相位差为零。

★★★　10.3　变压器的选用与安装　★★★

★10.3.1　变压器的选用

变压器容量可按下式选择：

变压器容量＝用电设备总容量×同时率/（用电设备功率因数×用电设备效率）

式中，同时率为同一时间投入运行的设备实际容量与用电设备总容量的比值，一般约为0.7；用电设备功率因数一般为0.8～0.9；用电设备效率一般为0.85～0.9。

负载为电动机时，选择变压器的容量还要考虑，电动机的起动电流为额定电流的4～7倍，变压器应能承受此冲击。因此，在直接起动的电动机组中，最大一台电动机的功率，不宜超过变压器容量的30%；同时还应保证在同一台配电变压器供电的范围内，容量最大的一台电动机起动时，其他用电设备端电压不能低于变压器额定电压的75%。

例如：某厂有55kW电动机4台，在繁忙季节4台同时运行，试选择变压器的容量。

解：变压器容量（kV·A）为（功率因数取0.85，效率取0.9）

$$S = 55 \times 4/(0.85 \times 0.9) = 288(\text{kV} \cdot \text{A})$$

采用减压起动时，可选择100kV·A和180kV·A两台配电变压器并列运行；采用直接起动时，应选择一台315kV·A变压器。

★10.3.2 变压器的安装

1. 单杆变台的安装

城市街道两侧多采用这种变台。这种变台结构简单，组装方便，节省材料，适用于容量为50kV·A及以下的变压器，它是将变压器、高压跌落式熔断器、高低压避雷器和低压熔断器等设备都装在一根电杆上，如图10-7所示。

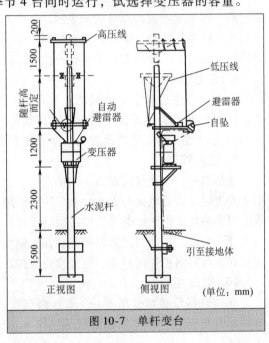

图10-7 单杆变台

单杆变台在安装时，通常在承重杆上架设一个承座（支承变压器的安装底座，一般由角钢制成），柱上变压器就安装在承座上。承座距地面高度一般为2.5～3.0m，在距承座1.8～2.0m处装设熔断器架梁（也称母线担），在母线担的一端装熔断器担，另一端装避雷器。为了安全，变压器的低压侧应朝向电杆，高压侧向外。电杆一般长10m，埋深1.8～20m。变压器外壳、变压器中性点及避雷器接地共用一根接地引下线，接同一接地装置，称三点共地。

2. 双杆变台的安装

双杆变台比单杆变台牢固，但用料较多，造价较高，适用于容量为50～315kV·A的变压器，它是在离高压杆（主杆）2～3m处再立一根约7.5m长的电杆（副杆），在离地面2.5～3.0m高处用两根槽钢或角钢搭成安放变压器的架子，组成H形变台。在城镇马路两侧，大都采用这种变台，如图10-8所示。

图10-8 双杆变台

160

安装时，在距槽钢上部1.8~2.0m处装设母线担，并拉上短母线。末端装高压避雷器。变压器高压引线均接在母线上。母线担的另一端安装低压隔离闸刀。在主杆距地面4.5~5.0m处安装熔断器架梁和熔断器担，高压引下线可以直接引下或通过顶担变换方向引下，经针式绝缘子接到跌落式熔断器的上接线柱上。

3. 地台式变台的砌筑

地台式变台比较牢固，节约材料，造价较低，维修方便，一般用砖或石块加混凝土在地面上砌成。高压线路的终端可兼作低压线路的始端杆，如图10-9所示。

地台的高度和顶部面积随变压器的大小而定。通常，地台高度以1.5~2.0m为宜。当高度小于1.5m时，应在其周围装设高度不小于1.7m的固定遮栏。遮栏与带电部分保持1.5m距离。地台顶部每边比变压器外壳应超出0.3m，一般取长度为1.5~2.5m，宽度为1.0~1.5m。

4. 落地式变台的砌筑

落地式变台应有坚固的基础。基础一般用砖、石砌成，并用1:2水泥砂浆抹面。基础表面距地面的高度不应小于300m，如图10-10所示。变台的门应加锁，门上应悬挂"高压危险，止步"的警示牌。

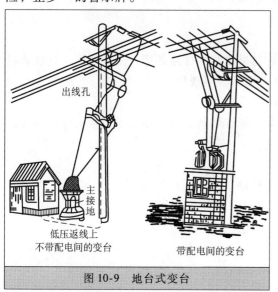

图10-9　地台式变台

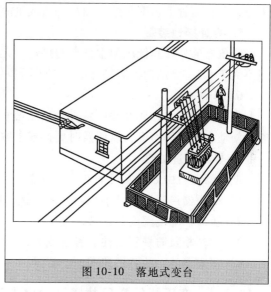

图10-10　落地式变台

为了保证安全，防止人、畜接近带电部分，变台周围应设置高度不小于1.7m的围墙或栅栏，变压器外壳至围墙或栅栏的净距离不得小于1.0m，距门的净距离不应小于2.0m，围墙或栅栏的门应向外开。栅栏的栅条间距和下面横栏距地面的净距离均不得大于200mm。

★★★　10.4　变压器的维护和故障检修　★★★

★10.4.1　运行中的检查

1. 注意变压器的声音

变压器在正常工作时会发出均匀的嗡嗡声，如果变压器或外电路发生故障，将会出现异常声音。如出现嘈杂声，可能是铁心穿心螺栓或螺母等内部结构松动引起的；出现"噼啪"的放电声，可能是绕组之间、绕组和铁心之间有击穿现象；出现很大而且沉重的"嗡嗡"声，可能是由于变压器过载而引起的。要特别注意，当绕组匝间短路时，短路处绕组发热使变压器油局部沸腾发出"咕噜咕噜"的声音，这时应立即停电检修。

2. 温度

变压器的温度，以上层的油温为准，最高不得超过95℃，平时不要经常超过85℃。如果用温度计贴紧变压器的外壳测量温度，其允许温度不得高于75℃。

温度高的原因是，环境温度高、过负载、电压偏高或绕组短路等。

3. 油位的高低

变压器的正常油位，应在储油柜的上下油位线之间波动，油位过高或过低，都不是正常现象。油过高通常是冷却装置运行不正常或变压器过载、内部故障等造成油温过高而引起的。这时应检查电流过大的原因。如果油位过低，应检查变压器的油箱是否漏油。在检查油位时，要注意油箱、储油柜、油标之间的油路是否畅通，油路堵塞会造成假油面。

4. 查看套管

变压器运行中，要观察套管是否清洁，有无破损、裂纹和放电痕迹，应定期清扫，保持干净，防止套管上积聚灰尘、油污，造成事故。

5. 检查接地装置

变压器的外壳和低压侧中性点的接地，允许与避雷器的接地共用一个接地网，其接地电阻不大于4Ω。要定期检查接地引线有无断裂、严重锈蚀等现象。

6. 其他检查

变压器运行中，要经常注意查看高压熔断器、低压熔丝、避雷器、导线接头等是否有折断、松动和熔断等情况，以便及时更换或采取措施。

7. 异常情况处理

变压器运行中如果发现下列故障应立即停电检修：

1）变压器声音增大且不均匀，内部有爆裂声或放电声。

2）负载、环境温度等正常，上层油温超过了允许值。

3）储油柜及防爆管喷油、冒烟或着火。

4）严重漏油，油色迅速变深、变黑等。

★10.4.2 变压器的常见故障及检修方法

电力变压器的常见故障及检修方法见表10-1。

表10-1 电力变压器的常见故障及检修方法

故障现象	产生原因	检修方法
运行中有异常响声	1. 铁心片间绝缘损坏 2. 铁心的紧固件松动 3. 外加电压过高	1. 抽出器身,检查片间绝缘电阻,进行涂炭处理 2. 紧固松动的螺栓 3. 调整外加电压
油面上升	内部温度过高引起	若负载过大,应减小负载;若绕组短路,应检修绕组

（续）

故障现象	产　生　原　因	检　修　方　法
油面下降	1. 油箱漏油 2. 天气变冷,油体收缩	1. 修补漏油处,加入新油 2. 适当添加变压器油
油温过高	1. 负载过大 2. 三相负载不平衡 3. 绕组短路 4. 缺油或油质不好	1. 减小负载 2. 调整三相负载的分配 3. 停止运行,检修绕组 4. 加油或调换全部变压器油
气体继电器动作	1. 信号指示未跳闸 2. 信号指示开关跳闸	1. 变压器内进入空气,造成气体继电器误动作,查出原因加以排除 2. 变压器内部有严重故障,分解出大量可燃气体,使气体继电器动作,应立即停电检修
变压器着火	1. 高、低压绕组层间短路 2. 严重过载 3. 套管破裂,油在闪络时流出来,引起顶盖着火	1. 吊出铁心,局部处理或重绕绕组 2. 减小负载 3. 调换套管

第11章

电工常用配电线路

利用封闭式负荷开关手动正转控制电路如图11-1所示。图中QS-FU表示封闭式负荷开关。当合上封闭式负荷开关，电动机就能转动，从而带动生产机械旋转。拉闸后电动机停止运行，这种电路简单并且非常常用，也被广泛应用于控制较小功率（0.1~5.5kW）的电动机控制电路中，作不频繁起动停止控制。

常用的倒顺开关有HZ15型和QX1—13M/4.5型，控制电路如图11-2所示。

倒顺开关有6个接线柱：L1、L2和L3分别接三相电源，D1、D2和D3分别接电动机。倒顺开关的手柄有三个位置；当手柄处于停止位置时，开关的两组动触片都不与静触片接触，所以电路不通，电动机不转。当手柄拨到正转位置时，A、B、C、F触片闭合，电机接通电源正向运转，当电动机需向反方向运转时，可把倒顺开关手柄拨到反转位置上，这时A、B、D、E触片接通，电动机换相反转。

在使用过程中电动机处于正转状态时欲使它反转，必须先把手柄拨至停转位置，使它停转，然后再把手柄拨至反转位置，使它反转。

倒顺开关一般适用于4.5kW以下的电动机控制电路。

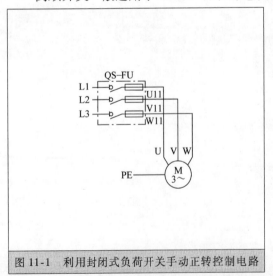

图11-1　利用封闭式负荷开关手动正转控制电路

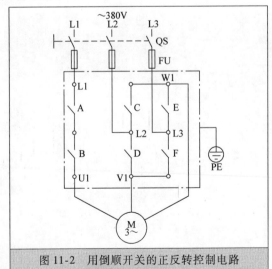

图11-2　用倒顺开关的正反转控制电路

★★★ 11.3 具有过载保护的正转控制电路 ★★★

有很多生产机械因负载过大、操作频繁等原因，使电动机定子绕组中长时间流过较大的电流，有时熔断器在这种情况下尚未及时熔断，以致引起定子绕组过热，影响电动机的使用寿命，严重地甚至烧坏电动机。因此，对电动机还必须实行过载保护。

具有过载保护的正转控制电路如图11-3所示。当电动机过载时，主电路热继电器FR的热元件所通过的电流超过额定电流值，使FR内部发热，其内部金属片弯曲，推动FR闭合触头断开，接触器KM的线圈断电释放，电动机便脱离电源停转，起到了过载保护作用。

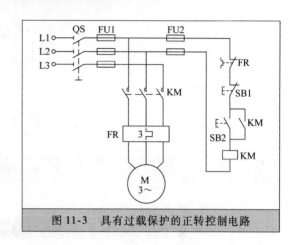

图 11-3 具有过载保护的正转控制电路

★★★ 11.4 点动与连续运行控制电路 ★★★

需要点动控制时，按下点动复合按钮SB3，其常闭触头先断开KM的自锁电路，随后SB3常开触头闭合，接通起动控制电路，接触器KM线圈获电吸合，KM主触头闭合，电动机M起动运转。松开SB3时，其已闭合的常开触头先复位断开，使接触器KM失电释放，KM主触头断开，电动机停转。

若需要电动机连续运转，按下长动按钮SB2，由于按钮SB3的常闭触头处于闭合状态，将KM自锁触头接入电路，所以接触器KM获电吸合并自锁，电动机M连续运行。停机时按下停止按钮SB1即可，电路如图11-4所示。

图 11-4 点动与连续运行控制电路

165

★★★ 11.5 避免误操作的两地控制电路 ★★★

需要开车时，位于甲地的操作人员按住起动按钮SB2，这时只能使安装在乙地的蜂鸣器HA2得电鸣响，待位于乙地的操作人员听到铃声按下起动按钮SB3后，使安装在甲地的蜂鸣器HA1得电鸣响，接触器KM才能得电吸合并自锁，其主触头闭合，电动机M才能起动，与此同时，KM的常闭触头断开，使HA1、HA2失电。

需要停车时，甲地的操作人员可以按下SB1，乙地的操作人员可以按下SB4，电路如图11-5所示。

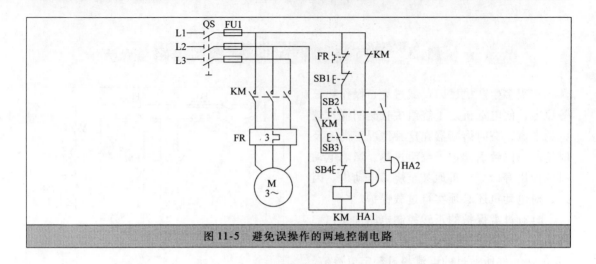

图 11-5　避免误操作的两地控制电路

★ ★ ★　　11.6　三地（多地点）控制电路　★ ★ ★

　　为了操作方便，经常需要在两地或两地以上地点，能起动或停止同一台电动机，这就需要多地点控制电路。通常把起动按钮并联在一起，实现多地起动控制；而把停止按钮串联在一起，实现多地停止控制。

　　SB1、SB4 为第一号地点的控制按钮；SB2、SB5 为第二号地点的控制按钮；SB3、SB6 为第三号地点的控制按钮，电路如图 11-6 所示。

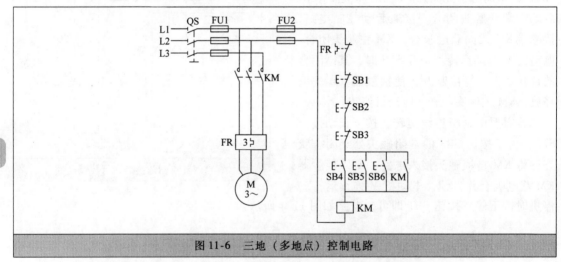

图 11-6　三地（多地点）控制电路

★ ★ ★　　11.7　按钮联锁的正反转控制电路　★ ★ ★

　　电路如图 11-7 所示，它采用了复合按钮，按钮互锁联接。当电动机正做正向运行时，按下反转按钮 SB3 时，首先是使接在正转控制电路中的 SB3 的常闭触头断开，于是，正转接触器 KM1 的线圈断电释放，触头全部复原，电动机断电但做惯性运行，紧接着 SB3 的常开触头闭合，使反转接触器 KM2 的线圈获电动作，电动机立即反转起动。这既保证了正反转接触器 KM1 和 KM2 不会同时通电，又可不按停止按钮而直接按反转按钮进行反转起动。同样，由反转运行转换成正转运行，也只需直接按正转按钮。

这种电路的优点是操作方便，缺点是如正转接触器主触头发生熔焊，分断不开时，直接按反转按钮进行换向，会产生短路事故。

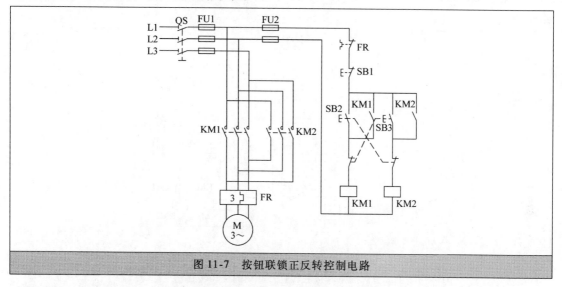

图 11-7　按钮联锁正反转控制电路

★★★　11.8　接触器联锁的正反转控制电路　★★★

图 11-8 所示为接触器联锁正反转控制电路。图中采用了两个接触器，即正转用的接触器 KM1 和反转用的接触器 KM2，由于接触器的主触头接线的相序不同，所以当两个接触器分别工作时，电动机的旋转方向相反。

电路要求接触器不能同时通电。为此，在正转与反转控制电路中分别串联了 KM2 和 KM1 的常闭触头，以保证 KM1 和 KM2 不会同时通电。

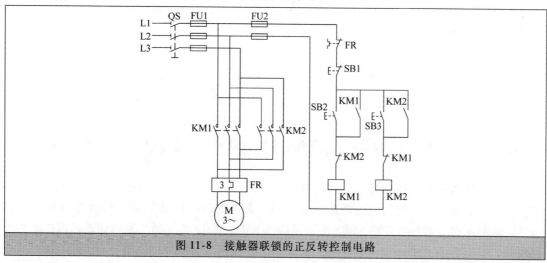

图 11-8　接触器联锁的正反转控制电路

★★★ 11.9 按钮、接触器复合联锁的正反转控制电路 ★★★

图 11-9 所示是复合联锁正反转控制电路,它集中了按钮联锁、接触器联锁的优点,即当正转时,不用按停止按钮即可反转,又可避免接触器主触头发生熔焊分断不开时,造成短路事故。

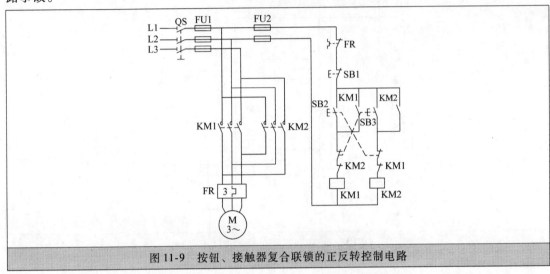

图 11-9 按钮、接触器复合联锁的正反转控制电路

★★★ 11.10 用按钮点动控制电动机起停电路 ★★★

当需要电动机工作时,合上电源开关 QS,按下按钮 SB,交流接触器 KM 线圈获电吸合,KM 主触头闭合,使三相交流电源通过接触器主触头与电动机接通,电动机 M 便起动运行。当放松按钮 SB 时,由于接触器线圈断电,吸力消失,接触器便释放,其主触头断开,电动机 M 断电停止运行,电路如图 11-10 所示。

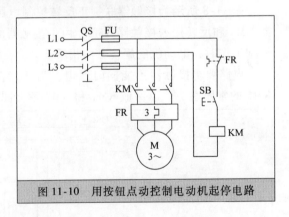

图 11-10 用按钮点动控制电动机起停电路

168

★★★ 11.11 接触器联锁的点动和长动正反转控制电路 ★★★

接触器联锁的点动和长动正反转控制电路如图 11-11 所示,复合按钮 SB3、SB5 分别为正、反转点动按钮,由于它们的动断触头分别与正、反转接触器 KM1、KM2 的自锁触头相串联,因此操作点动按钮 SB3、SB5 时,接触器 KM1、KM2 的自锁支路被切断,自锁触头不起作用,只有点动功能。

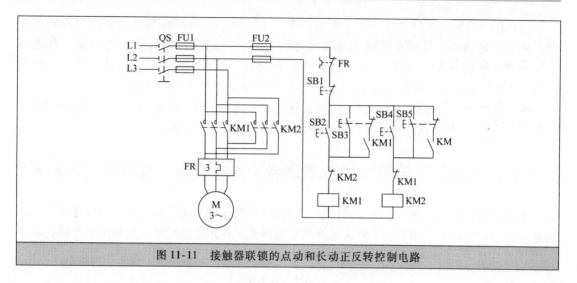

图 11-11　接触器联锁的点动和长动正反转控制电路

按钮 SB2、SB4 分别为正、反转起动按钮，SB1 为停止按钮。

★★★　11.12　单线远程正反转控制电路　★★★

在需要离电动机较远的场所控制电动机的起停或正反转运行，架设一根导线，就可完成电动机起停和正反转的控制过程，单线远程正反转控制电路如图 11-12 所示。

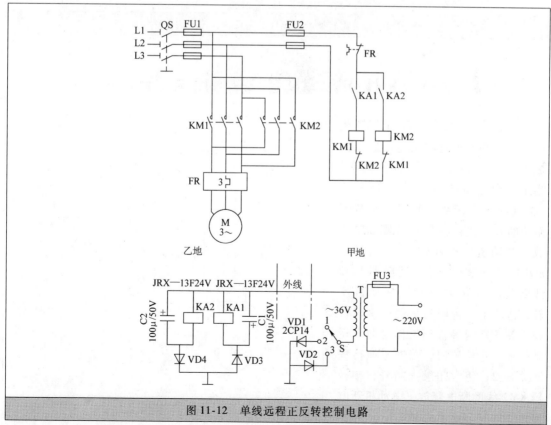

169

图 11-12　单线远程正反转控制电路

用户在甲地拨动多挡开关 S，当拨到位置 "1" 时，乙地的电动机停止；当拨到位置 "2" 时，乙地的电动机因交流电 36V 通过 VD1，再经过地线、大地使 VD3 导通，继电器 KA1 吸合，接触器 KM1 动作，电动机开始正转运行；当拨到位置 "3" 时，此时二极管 VD2、VD4 导通，继电器 KA2 吸合，这时 KM2 得电吸合，电动机反转运行。

此电路简单，并可在需要远距离控制电动机时节约大量导线。继电器 KA 可选用 JRX—13F，根据线路长短，降压多少，可选用继电器线圈电压 12V 或 24V。

★★★　11.13　用转换开关预选的正反转起停控制电路　★★★

大家知道，要使三相异步电动机反转，只需将引向电动机定子的三相电源线中的任意两根导线对调一下即可。图 11-13 所示电路是利用开关 S 先预选正反转，然后用单个按钮控制起停，主电路未画。

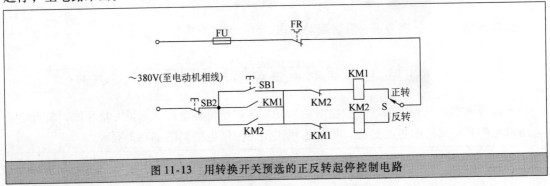

图 11-13　用转换开关预选的正反转起停控制电路

★★★　11.14　自动往返控制电路　★★★

按下 SB2，接触器 KM1 线圈获电动作，电动机起动正转，通过机械传动装置拖动工作台向左运动；当工作台上的挡铁碰撞行程开关 SQ1（固定在床身上）时，其常闭触头断开，接触器 KM1 线圈断电释放，电动机断电停转；与此同时，SQ1 的常开触头闭合，接触器 KM2 线圈获电动作并自锁，电动机反转，拖动工作台向右运动；这时行程开关 SQ1 复原。当工作台向右运动行至一定位置时，挡铁碰撞行程开关 SQ2，使常闭触头断开，接触器 KM2 线圈断电释放，电动机断电停转，同时 SQ2 常开触头闭合，接

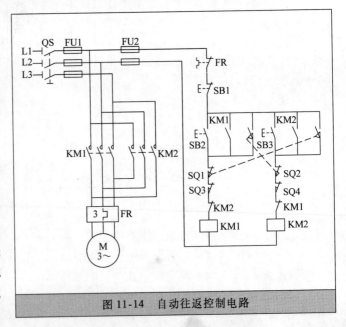

图 11-14　自动往返控制电路

170

通 KM1 线圈线路，电动机又开始正转。这样往复循环，直到工作完毕。按下停止按钮 SB1，电动机停转，工作台停止运动。另外，还有两个行程开关 SQ3、SQ4 安装在工作台往返运动的方向上，它们处于工作台正常的往返行程之外，起终端保护作用，以防 SQ1、SQ2 失效，造成事故，电路如图11-14所示。

★★★　11.15　单线远程控制电动机起停电路　★★★

当远地控制电动机起动、停止时，为了节省导线，可以采用单根导线控制的电动机起停电路，单线远程控制电动机起停电路如图11-15所示。

本地控制：合上电源开关 QS，按下起动按钮 SB1，接触器 KM 得电吸合并自锁，电动机 M 起动运转。按下停止按钮 SB2，电动机停止运转。安装连接时，本地控制按钮按一般常规控制电路连接，只是在本地停止按钮前串联两只灯泡。

远地控制：合上电源开关，当需要远地起动电动机时，按下远程控制按钮 SB3，远地的 L1 相电源给交流接触器 KM 线圈供电，KM 吸合，电动机起动运转，放松按钮 SB3，本地 L1 相电源通过两只灯泡

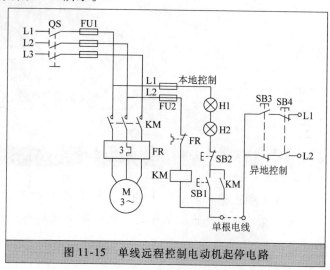

图 11-15　单线远程控制电动机起停电路

继续给交流接触器 KM 供电。远地停车时，按下按钮 SB4，KM 线圈两端都为 L2 相电源，同相时，KM 释放，电动机停止运行。

在正常运行时，KM 线圈与两只 220V 的电灯泡串联，灯泡功率可根据接触器的规格型号来确定。经过实验，CDC10—40 型的交流接触器的线圈，可用功率为 60W 的两只灯泡相串联，即能使 40A 的交流接触器线圈可靠吸合。如果是大于 40A 的交流接触器，应适当增大灯泡功率。在正常工作时，两只灯泡不亮，在远地按下停车按钮 SB4 时，灯泡会瞬间亮一下，这也可作为停车指示灯。

此电路都应接在同一的三相四线制电力系统中。安装时要注意电源相序。

★★★　11.16　能发出起停信号的控制电路　★★★

一些大型的机械设备，靠电动机传动的运动部件移动范围很大，故开车前都需发出开车信号，经过一段时间再起动电动机，以便告知工作人员及维修人员远离设备，图11-16 所示电路可实现自动发出开车信号这一功能。

需要开车时，按下开车按钮 SB2，继电器 KA 得电吸合并自锁，其常开触头闭合，电铃和灯光均发出开车信号，此时时间继电器 KT 也同时得电，经过 1min 后（时间可根据需要调整），KT 常开触头延时闭合，接触器 KM 线圈获电，KM 主触头闭合，常开辅助触头自

171

锁，电动机 M 开始运转，同时由于 KM 的吸合，其常闭触头又断开了 KA 和 KT，电铃和灯泡失电停止工作。

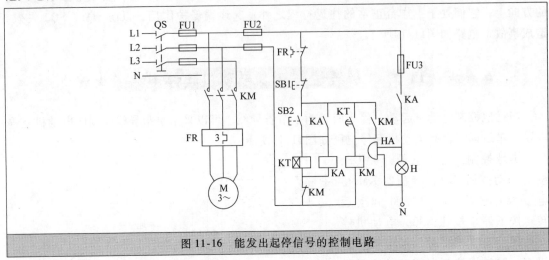

图 11-16　能发出起停信号的控制电路

★★★　11.17　两台电动机按顺序起动同时停止的控制电路　★★★

某些生产机械有两台以上的电动机，因它们所起的作用各不相同，有时必须按一定的顺序起动，才能保证正常生产，两台电动机按顺序起动同时停止的控制电路如图 11-17 所示。

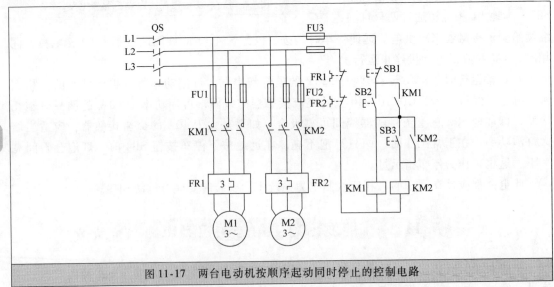

图 11-17　两台电动机按顺序起动同时停止的控制电路

按下 SB2，接触器 KM1 获电吸合并自锁，其主触头闭合，电动机 M1 起动运转。KM1 的自锁触头闭合，为 KM2 得电做准备。若接着按下 SB3，则接触器 KM2 获电吸合并自锁，电动机 M2 起动运转。

按下 SB1，接触器 KM1 和 KM2 均失电释放，电动机 M1 和 M2 同时停转。

★★★　11.18　两台电动机按顺序起动分开停止的控制电路　★★★

两台电动机在按顺序起动运转后，第二台电动机就不再受限制于第一台电动机。也就是说，第二台电动机必须在第一台电动机起动后才能起动，但当第一台电动机停转后，第二台电动机仍能保持运转。本例电路能实现这一要求，两台电动机按顺序起动分开停止的控制电路如图 11-18 所示。

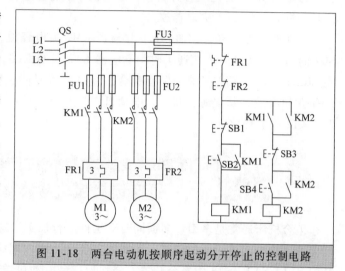

图 11-18　两台电动机按顺序起动分开停止的控制电路

按下 SB2，接触器 KM1 获电吸合并自锁，其主触头闭合，电动机 M1 起动运转，KM1 的常开触头作为先决条件串联在接触器 KM2 线圈控制电路中，保证 M1 起动后 M2 才能起动。按下 SB4，接触器 KM2 获电吸合并自锁，电动机 M2 起动运转。

按下 SB1，接触器 KM1 断电释放，其主触头断开，电动机 M1 停止运转，由于 KM2 的常开辅助触头并联在 KM1 常开辅助触头的两端，所以在接触器 KM1 断电释放，M1 停转后，M2 仍能保持运转。需要 M2 停车时，按下 SB3，接触器 KM2 断电释放，其主触头断开，电动机 M2 停止运转。

★★★　11.19　两条运输原料传送带的电气控制电路　★★★

有两条传送带，分别由两台电动机拖动，在拖动第一条传送带的电动机 M1 先行起动后，经过一段时间后，拖动第二条传送带的电动机 M2 自动起动；在电动机 M2 停车后，再经过一段时间，电动机 M1 自动停车，两条运输原料传送带的电气控制电路如图 11-19 所示。

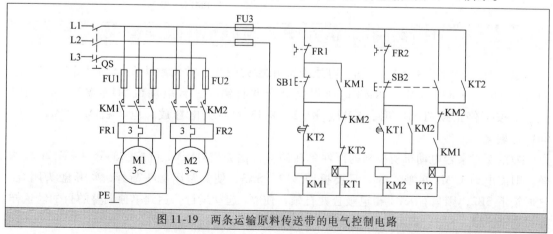

图 11-19　两条运输原料传送带的电气控制电路

起动时，按下按钮 SB1，接触器 KM1 和时间继电器 KT1 得电吸合，KM1 主触头闭合，辅助触头自锁，电动机 M1 起动运转。经过一段时间，时间继电器 KT1 延时闭合的触头闭合，接触器 KM2 得电吸合并自锁，电动机 M2 起动运转。KM2 串联在 KT1 线圈回路中的常闭触头断开，使 KT1 失电释放。

停车时，按下复合按钮 SB2，接触器 KM2 失电释放，其主触头断开，电动机 M2 停转。SB2 的另一触头闭合，接通了时间继电器 KT2 线圈回路，KT2 得电吸合，其瞬动触头闭合，在 SB2 放松后，KT2 线圈仍保持吸合。经过一段时间，KT2 延时断开的触头断开，接触器 KM1 失电释放，其主触头断开，电动机 M1 停转。同时，KM1 的常开触头断开 KT2 线圈回路，KT2 失电释放。

★★★ 11.20 多台电动机可同时起动又可有选择起动的控制电路 ★★★

组合机床通常是多刀、多面同时对工件进行加工，这样就要求多台电动机同时起动，而且要求这些电动机能单独调整。本例为三台电动机可同时起动又可有选择起动的控制电路。其中 SA1、SA2、SA3 为复合开关，分别为三台电动机单独工作的调整开关，多台电动机可同时起动又可有选择起动的控制电路如图 11-20 所示。

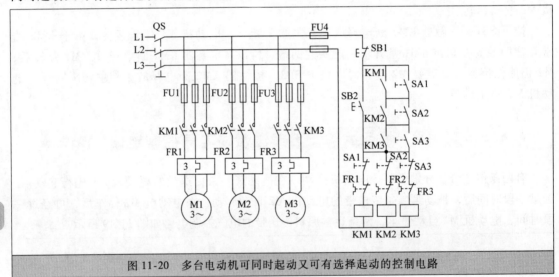

图 11-20　多台电动机可同时起动又可有选择起动的控制电路

起动时，复合开关 SA1～SA3 均处于常开触头断开、常闭触头闭合的状态。按下起动按钮 SB2，KM1、KM2、KM3 同时得电吸合并自锁，三台电动机 M1、M2、M3 同时起动。按下停止按钮 SB1 时，KM1、KM2、KM3 同时失电释放，电动机 M1、M2、M3 同时停转。

如果要对某台电动机所控制的部件单独调整，比如，对 KM1 所控制的部件要作单独调整，即需电动机 M1 单独工作，只要扳动 SA2、SA3，使其常闭触头断开，常开触头闭合，这时按下 SB2，则只有 KM1 得电吸合并自锁，使 M1 起动运行，达到单独调整的目的。这样经过选择 SA1～SA3，即可选择使用哪一台电动机。

★★★　11.21　HZ5 系列组合开关应用电路　★★★

用 HZ5 系列组合开关控制三相异步电动机完成正反转转换接线，如图 11-21a 所示。

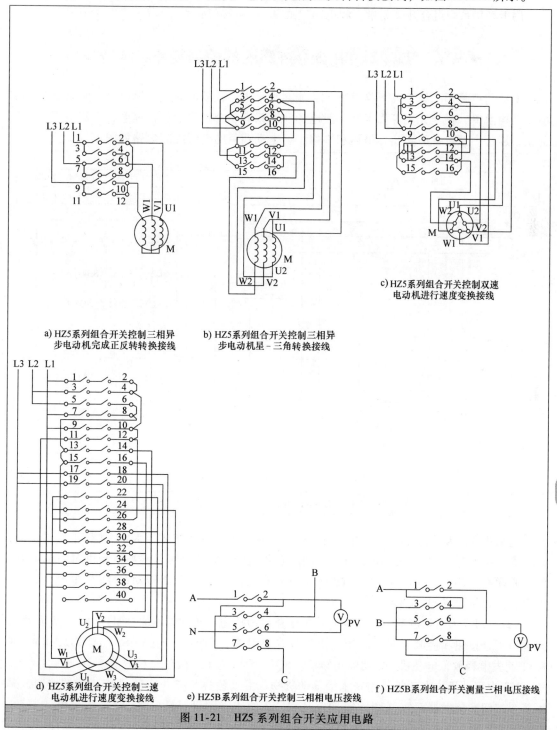

a) HZ5系列组合开关控制三相异
步电动机完成正反转转换接线

b) HZ5系列组合开关控制三相异
步电动机星-三角转换接线

c) HZ5系列组合开关控制双速
电动机进行速度变换接线

d) HZ5系列组合开关控制三速
电动机进行速度变换接线

e) HZ5B系列组合开关控制三相相电压接线

f) HZ5B系列组合开关测量三相电压接线

图 11-21　HZ5 系列组合开关应用电路

用 HZ5 系列组合开关控制三相异步电动机星-三角转换接线如图 11-21b 所示。

用 HZ5 系列组合开关控制双速电动机进行速度变换接线如图11-21c所示。

用 HZ5 系列组合开关控制三速电动机进行速度变换接线如图11-21d所示。

用 HZ5B 系列组合开关控制三相相电压接线如图 11-21e 所示。

用 HZ5B 系列组合开关测量三相电压接线如图 11-21f 所示。

★★★　11.22　电动葫芦的电气控制电路　★★★

电动葫芦是用来提升或下降重物,并能在水平方向移动的起重运输机械。它具有起重量小、结构简单、操作方便等优点。一般电动葫芦只有一个恒定的运行速度,广泛应用于工矿企业中进行小型设备的安装、吊运和维修中,电动葫芦的电气控制电路如图 11-22 所示。

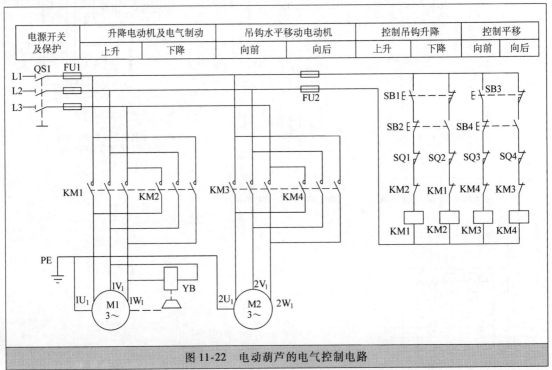

图 11-22　电动葫芦的电气控制电路

电动机 M1 为吊钩升降电动机,用来提升货物,由接触器 KM1、KM2 进行正反转控制,以实现吊钩升降。YB 为吊钩电动机 M1 的电磁制动器,它的线圈两端与电动机 M1 的两相电源线并联在一起,当 M1 得电时,YB 也得电并松闸,让电动机 M 转动;M1 失电时,YB 也失电,靠弹簧力将 M1 制动。

SB1、SB2 为吊钩电动机 M1 的正反向复合起动按钮,正向接触器 KM1、KM2 线圈线路间采用复合按钮和接触器双重联锁。由于无自锁触头,因此松开按钮 SB1 或 SB2,KM1 或 KM2 就失电释放,电动机 M1 就停止转动。SQ1、SQ2 为上下限位行程开关。

M2 为移动机构电动机,用来水平移动货物,由接触器 KM3、KM4 进行正反转控制,采用复合按钮和接触器双重联锁,实现电动机 M2 的水平移动,M2 停止时不需要电磁制动,控制电路中设有限位开关 SQ3、SQ4 进行限位保护,防止电动葫芦移位时超出允许行程。

11.23　用8挡按钮操作的行车控制

在城镇、乡镇企业工厂里，行车是起吊重物的重要工具之一。图11-23画出了一般行车用8挡按钮操作控制电路。其中总开、总停为一般交流接触器连接方法，图中上、下、左、右、前、后控制电路为点动，对应的交流接触器为 KM3、KM4、KM5、KM6、KM7、KM8，并且电路中附加有限位开关以及换相互锁电路。

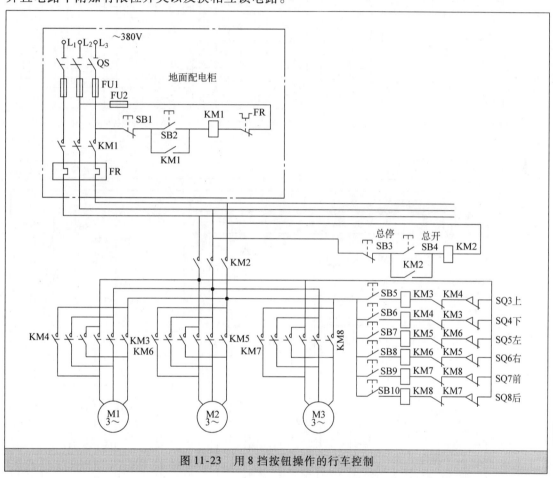

图11-23　用8挡按钮操作的行车控制

11.24　10t桥式起重机的电气控制电路

桥式起重机是一种用来吊起和下放重物，以及在固定范围内装卸、搬运物料的起重机械，广泛应用于工矿企业、车站、码头、港口、仓库、建筑工地等场所，是现代化生产不可缺少的机械设备，10t桥式起重机的电气控制电路如图11-24所示。

图中有4台绕线转子电动机，即提升电动机 M1、小车电动机 M2、大车电动机 M3 和 M4，R1～R4 是4台电动机的调速电阻。电动机转速由3只凸轮控制器控制：QM1 控制 M1，QM2 控制 M2，QM3 控制 M3 和 M4。停车制动分别由制动器 YB1、YB4 进行。

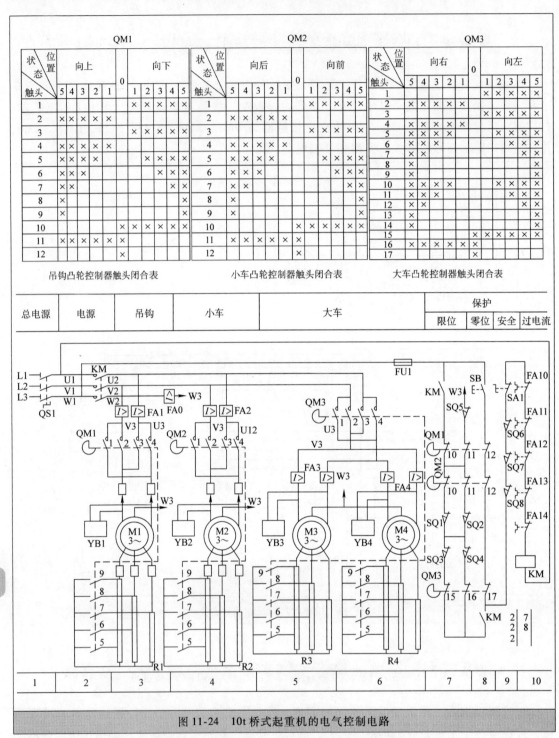

吊钩凸轮控制器触头闭合表 (QM1)

状态/位置 触头	向上 5	4	3	2	1	0	向下 1	2	3	4	5
1							×	×	×	×	×
2	×	×	×	×	×						
3								×	×	×	×
4	×	×	×	×	×						
5	×	×	×	×	×						
6									×	×	×
7											×
8											×
9											×
10							×	×	×		
11	×	×	×	×	×						
12							×				

小车凸轮控制器触头闭合表 (QM2)

状态/位置 触头	向后 5	4	3	2	1	0	向前 1	2	3	4	5
1							×	×	×	×	×
2	×	×	×	×	×						
3								×	×	×	×
4	×	×	×	×	×						
5	×	×	×	×	×						
6									×	×	×
7											×
8											×
9											×
10							×	×			
11											×
12											×

大车凸轮控制器触头闭合表 (QM3)

状态/位置 触头	向右 5	4	3	2	1	0	向左 1	2	3	4	5
1							×	×	×	×	×
2							×				
3								×	×	×	×
4	×	×	×	×	×						
5	×	×	×	×	×						
6											×
7											×
8											×
9											×
10											×
11											×
12											×
13											×
14	×	×	×	×	×						
15	×	×	×	×	×						
16	×	×	×	×	×						
17							×				

总电源	电源	吊钩	小车	大车	保护			
					限位	零位	安全	过电流

1	2	3	4	5	6	7	8	9	10

图 11-24　10t 桥式起重机的电气控制电路

三相电源经刀开关 QS1、接触器 KM 的主触头和过电流继电器 FA0 ~ FA4 的线圈送到各凸轮控制器和电动机的定子。

扳动 QM1 ~ QM3 中的任一个,它的 4 副主触头能控制电动机的正、反转,中间 5 副触头能短接转子电阻,以调节电动机的转速,大车电动机、小车电动机和提升电动机的转向和转速都能得到控制。

　　M2 是小车电动机，R2 是调速电阻，YB2 是制动电磁铁，KM 是接触器，FA0 与 FA2 是过电流继电器，SQ6 是门开关的安全保护，SA1 是紧急停开关，SB 是起动按钮。QM2 为 KTJ1-50/1 型凸轮控制器，其中上面 4 副常开触头（1~4）用来控制电动机的正反转，下面 5 副常开触头（5~9）用来切换电动机的转子电阻，以起动和调节电动机的转速，最后 1 副常开触头 12 作零位保护用（此触头只有在零位时才接通），另两个触头（10、11）分别与两个终端限位开关 SQ3 和 SQ4 串联，作终端保护用。触头 10 只有在零位和正转（向前）时是接通的，触头 11 只有在零位和反转（向后）时是接通的。

　　如果门开关 SQ6 和紧急开关 SA1 是闭合的，控制器放在零位，合上电源开关 QS1 后，按下起动按钮 SB，接触器 KM 得电吸合并自锁。自锁回路有两条，分别由控制器触头 10 和 SQ3 以及触头 11 和 SQ4 组成。三相电源中有一相直接接电动机定子绕组。若将控制器放到正转 1 挡，触头 1、3、10 闭合（此时 KM 仅经 SQ3、触头 10 和自锁触头通电），定子绕组通电，制动电磁铁 YB2 将制动器打开，转子接入全部电阻，电动机起动工作在最低转速挡。当控制器放在正转 2、3、4、5 各挡时，触头 5~9 逐个闭合，依次短接转子电阻，电动机运转速度越来越快。

　　将控制器放在反转各挡时，情况与放在正转各挡时相似（KM 经触头 11 及限位开关 SQ4 自锁）。

　　在运行中，若终端限位开关 SQ3 或 SQ4 被撞开，则 KM 线圈断电，电动机和制动电磁铁同时断电，制动器在强力弹簧下对电动机制动，迅速停车。若要重新起动电动机，必须先将凸轮控制器置零位，再按按钮 SB，然后将控制器扳到反方向，电动机反向起动退出极限位置。

　　图 11-24 中坐标 7~10 是保护柜的电气原理图。当 3 台电动机的控制器都置于零位时，坐标 8 上的 3 个零位保护触头 QM1（12）、QM2（12）、QM3（17）都接通。当急停开关 SA1、舱口安全开关 SQ6、横梁栏杆门安全开关 SQ7、SQ8 和过电流继电器的常闭触头 FA0~FA4 在闭合位置时，起动条件满足。这时按下按钮 SB 后，接触器 KM 得电，其主触头接通主电路，其辅助触头与终端限位开关触头（SQ1~SQ5）及控制器的触头 ［QM1（10）和 QM1（11）、QM2（10）和 QM2（11）、QM3（15）和 QM3（16）］ 串联后形成自锁环节。因此，松开 SB 或控制器离开零位都不会使 KM 释放。

179

★★★　11.25　自耦减压起动器电路　★★★

　　自耦减压起动是笼型异步电动机起动方法之一。它具有结构紧凑，不受电动机绕组接线方式限制的优点，还可按容许的起动电流和所需要的起动转矩选用不同的变压器电压抽头，故适用于容量较大的电动机。

　　工作原理如图 11-25 所示：起动电动机时，将刀柄推向起动位置，此时三相交流电源通过自耦变压器与电动机相连接。待起动完毕后，把刀柄打向运行位置切除自耦变压器，使电动机直接接到三相电源上，电动机正常运转。此时吸合线圈 KV 得电吸合，通过联锁机构保持刀柄在运行位置。停转时，可按下按钮 SB 即可。

　　自耦变压器二次侧设有多个抽头，可输出不同的电压。一般自耦变压器二次电压是一次的 40%、65%、80% 等，可根据起动转矩需要选用。

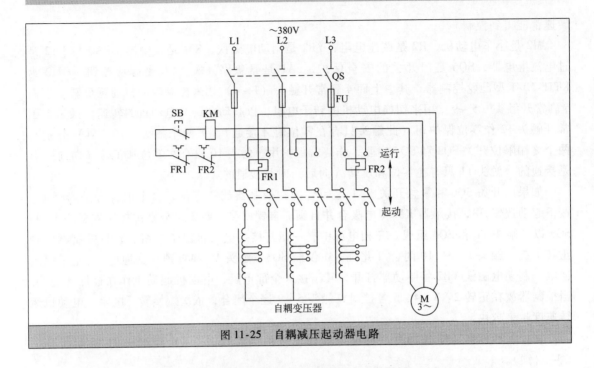

图 11-25　自耦减压起动器电路

★★★　11. 26　QX1 型手动控制丫-△减压起动电路　★★★

丫－△减压起动的特点是操作方便、电路结构简单，起动电流是直接起动时的 1/3。丫－△减压起动只适用于电动机在空载或轻载情况下起动，图 11-26 所示为 QX1 型手动丫－△减压起动器电路。

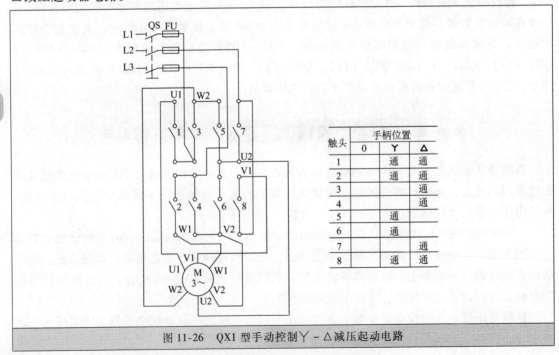

触头	手柄位置		
	0	丫	△
1		通	通
2		通	通
3			通
4			通
5		通	
6		通	
7			通
8		通	通

图 11-26　QX1 型手动控制丫－△减压起动电路

图中，L1、L2 和 L3 接三相电源，U1、V2、W1、U2、V2 和 W2 接电动机。当手柄转到"0"位时，8 副触片都断开，电动机断电不运转；当手柄转到"丫"位置时，1、2、5、6、8 触片闭合，3、4、7 触片断开，电动机定子绕组接成星形减压起动；当电动机转速上升到一定值时，将手柄扳到"△"位置，这时 1、2、3、4、7、8 触片接通，5、6 触片断开，电动机定子绕组接成三角形正常运行。

★★★　11.27　XJ01 型自动补偿减压起动控制柜电路　★★★

工矿、企业、乡镇工厂在需要自动控制起动的场合，常采用 XJ01 型自动起动补偿器。主要有自耦变压器、交流接触器、中间继电器、时间继电器和控制按钮等组成。

XJ01 型自动起动补偿器工作原理如图 11-27 所示：接通电源，灯 I 亮，按下起动按钮 SB1，KM1 线圈得电，KM1 主触头闭合，电动机减压起动。KM1 闭合自锁，灯 II 亮。KM1 常闭触头断开，灯 I 灭，KT 得电，其常开触头延时闭合，KA 线圈获电，KA 常闭触头断开，KM1 断电，KM1 常开触头断开。同时 KA 常开触头闭合，KM2 线圈得电，KM2 主触头闭合，电动机全电压运行，其 KM2 常开触头闭合，灯 III 亮。

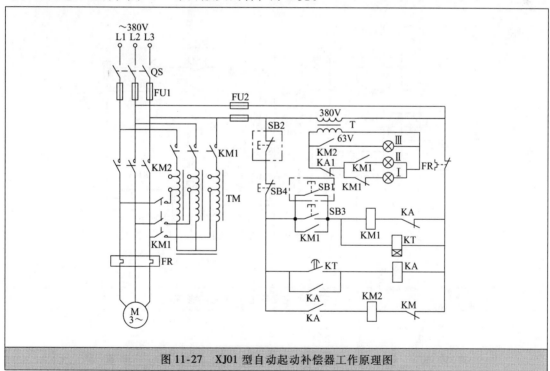

图 11-27　XJ01 型自动起动补偿器工作原理图

★★★　11.28　75kW 电动机起动配电柜电路　★★★

功率较大的电动机也可采用配套的配电柜来满足起动的要求，如图 11-28 所示，是 75kW 电动机起动配电柜的电路。这种起动器具有自动操作功能和手动操作功能两种。自动操作时，合上电源开关，绿色指示灯亮，按下按钮 SB1 时，KM3 和时间继电器 KT 得电吸合，同时 KM3 常开触头闭合，KM2 也吸合，松开按钮 SB1，KM3 自保触头继续接通 KM3、KM2、KT 线圈回路，保持继续吸合。这时，电源电压便通过自耦变压器降压后接入电动机，使电动机减压起动，经过一定时间，KT 时间继电器动作，使 KT 延时常开触头闭合，中间继电器 KA 得电吸合，并自锁。由于 KA 的吸合，断开了 KM3、KM2、KT 的通电线圈使它们释放复位，同时在 KM3、KM2 释放后，其控制常闭触头闭合，接通 KM1 接触器，KM1 接触器便投入电动机运行状态，电动机在全电压下运行。同时黄灯（起动指示灯）熄灭，红灯（运行指示灯）亮，当需停止电动机运行时，可按下停止按钮 SB2，电动机即停止工作。电路中按钮 SB3 为手动直接投入运行按钮，它的作用是当时间继电器失灵，不能自动投入运行时，可先按下自动按钮 SB1，等电动机达到额定转速接近同步转速时，即电流表的指针逐渐下降到接近电动机额定电流时，再按下按钮 SB3，便使电动机投入运行。这种配电柜可控制 14～75kW 的三相异步电动机。电路中的熔断器、热继电器及变压器与电动机容量也要配套使用。

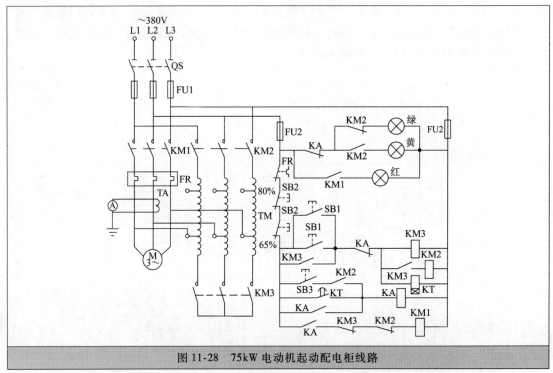

图 11-28　75kW 电动机起动配电柜线路

★★★　11.29　电磁闸瓦制动控制电路　★★★

在实际工作中，常常需要一些特殊场合应用的电动机在断电后立即停止转动，机械制动是利用机械装置使电动机在切断电源后迅速停转。采用比较普遍的机械制动设备是电磁闸瓦。电磁闸瓦主要由两部分组成，即制动电磁铁和闸瓦制动器。

电磁闸瓦制动控制电路如图 11-29 所示，按下按钮 SB2，接触器 KM 线圈获电动作，电动机通电。电磁闸瓦的线圈 YB 也通电，铁心吸引衔铁而闭合，同时衔铁克服弹簧拉力，迫使制动杠杆向上移动，从而使制动器的闸瓦与闸轮松开，电动机正常运转。按下停止按钮

SB1 之后，接触器 KM 线圈断电释放，电动机的电源被切断，电磁闸瓦的线圈也同时断电，衔铁释放，在弹簧拉力的作用下使闸瓦紧紧抱住闸轮，电动机就迅速被制动停转。

这种制动在起重机械上以及要求制动较严格的设备上被广泛采用。当重物吊到一定高处，线路突然发生故障断电时，电动机断电，电磁闸瓦线圈也断电，闸瓦立即抱住闸轮，使电动机迅速制动停转，从而可防止重物掉下。另外，也可利用这一点将重物停留在空中某个位置上。

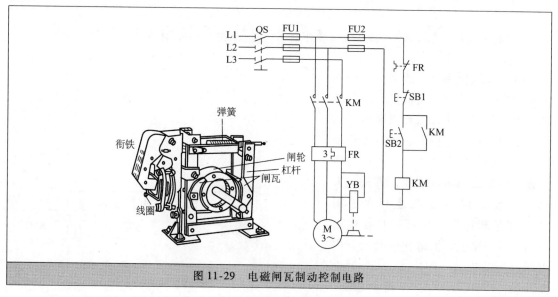

图 11-29　电磁闸瓦制动控制电路

★★★　11.30　单向运转全波整流能耗制动电路　★★★

单向运转全波整流能耗制动电路如图 11-30 所示，当按下起动按钮 SB2 时，接触器 KM1 获电吸合并自锁，其主触头闭合，电动机起动运行。

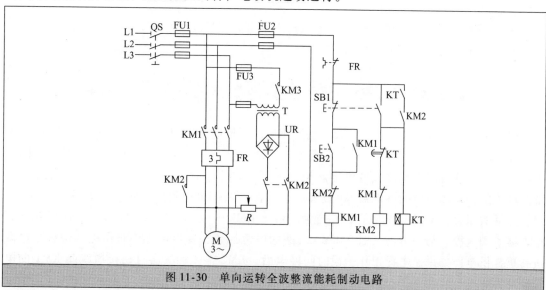

图 11-30　单向运转全波整流能耗制动电路

停车时，按下停止按钮 SB1，接触器 KM1 失电释放，其主触头断开，电动机断电做惯性运转，同时 KM1 常闭触头闭合，接触器 KM2 获电吸合，KM2 主触头和常开触头闭合，电动机绕组通入全波整流直流电进行制动。KM2 线圈获电同时，时间继电器 KT 也获电动作，其常开触头闭合，使 KM2 和 KT 线圈吸合并自锁，时间继电器 KT 延时断开触头延时动作。经过一定时间后，时间继电器延时断开触头断开，使接触器 KM2 失电释放，切断直流电源，制动结束。

★★★ 11.31 单相照明双路互备自投供电电路 ★★★

在重要地场所里，照明一般是不允许停电的，例如大型商场、公共场所、变电所等，这就需要双路电源供电。如果把双路电源安装成自动切换投入，就会节省大量人力去操心切换一组停电造成的断电现象，省去人力值班，达到自动控制之目的。图 11-31 是单相照明双路互备自投供电电路，当一路电源因故停电时，备用电源能自动投入。图中 S1、S2 为小型开关，KM1、KM2 为交流接触器。工作时，先合上开关 S1，交流接触器 KM1 吸合，由 1 号电源供电。然后合上开关 S2，因 KM1、KM2 互锁，此时 KM2 不会吸合，2 号电源处于备用状态。如果 1 号电源因故断电，交流接触器 KM1 释放，其常闭触头闭合，

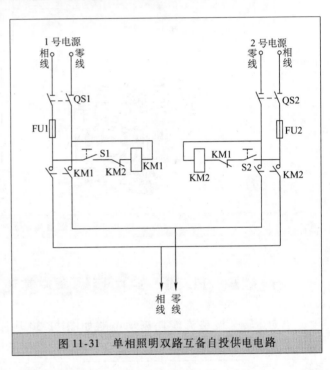

图 11-31 单相照明双路互备自投供电电路

接通 KM2 线圈电路，KM2 吸合，2 号电源投入供电。在操作中也可以先合上开关 S2，后合上开关 S1，使 1 号电源为备用电源。

★★★ 11.32 双路三相电源自投电路 ★★★

图 11-32 所示是一双路三相自投电路，用电时可同时合上刀开关 QS1 和 QS2，KM1 得电吸合，同时，时间继电器 KT 也得电，但由于 KM1 的吸合，KM1 常闭触头又断开了时间继电器的电源，这时甲电源向负载供电。当甲电源因故停电时，KM1 接触器释放，这时 KM1 常闭触头闭合，接通时间继电器 KT 线圈上的电源，时间继电器经延时数秒钟后，使 KT 延时常开触头闭合，KM2 得电吸合，并自锁。由于 KM2 的吸合，其常闭触头一方面断开延时继电器线圈电源，另一方面又断开 KM1 线圈的电源回路，使甲电源停止供电，保证乙电源进行正常供电。如果乙电源工作一段时间停电后，KM2 常闭触头会自动接通线圈 KM1 的电源，换为甲电源供电。

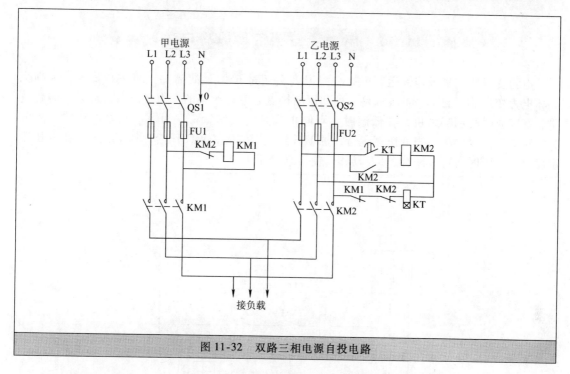

图 11-32　双路三相电源自投电路

接触器应根据负载大小选定；时间继电器可选用 0~60s 的时间继电器。

★★★　11.33　自动节水电路　★★★

在某些缺水的地方加装一台自动节水器尤为实用，图 11-33 所示是一台自动节水器，当水缸中的水位处在检测电极 B 以下时，IC 的②脚为低电平，IC 导通，继电器 K 得电吸合，K 的触头①—②接通，电磁阀 YV 得电放水。当水缸水位到达检测电极 A 的最低端时，电极 A—E 导通，IC 的②脚为高电平，IC 截止，K 失电，K 的触头①—②断开，YV 停止注水。K 的触头③—④闭合，接通电极 A、B。当水缸的水用到 A 极低端以下，由于 A、B 两极经 K 触头③—④接通，使 IC 的②脚仍为高电平，IC 保持截止状态。直至水位低于 B 极最低端时，IC 导通，YV 才又进入放水状态。

185

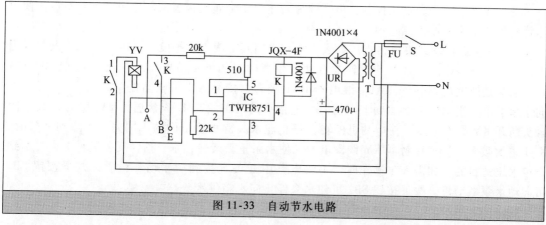

图 11-33　自动节水电路

★★★ 11.34 电力变压器自动风冷电路 ★★★

电力变压器在夏天连续运行时，自身温度会超过 65℃，故需加风机进行降温，否则会烧坏电力变压器。图 11-34 所示是一种利用电接点温度计改制的电力变压器自动风冷装置电路。在高温时起动吹风机；在低温时，则停止吹风机工作。WJ1 为电接点温度计的上限触头，WJ2 为下限触头。当变压器运行，温度升到上限值时，WJ1 闭合，风扇起动；当变压器温度降为下限时，WJ2 闭合，KA 动作，使风扇停止工作。

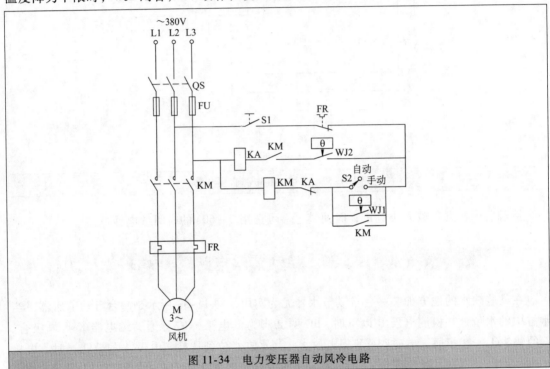

图 11-34　电力变压器自动风冷电路

★★★ 11.35 用电接点压力表做水位控制 ★★★

用电接点压力表做水位控制，可有效地防止由于金属电极表面氧化引起导电不良，使晶体管液位控制器失控。

如图 11-35 所示，将电接点压力表安装在水箱底部附近，把电接点压力表的三根引线引出，接入此电路中。当开关 S 拨到"自动"位置时，如果水箱里面液面处于下限时，电接点动触头接通继电器线圈 KA1，继电器 KA1 吸合，接触 KM 得电动作，电动机水泵运转，向水箱供水，当水位液面达到上限值时，电接点的动触头与 KA2 接通，KA2 吸合，其常闭触头断开 KM 线圈回路，使电动机停转，停止注水。待水箱里面的水用完，下降到下限时，KA1 再次吸合，接通接触器 KM 线圈电源，使水泵重新运转抽水，这样反复进行下去，达到自控水位的目的。如需人工操作时，可将电路中开关 S 拨到"手动"位置，按下按钮 SB1 可起动水泵电动机。按下按钮 SB2 可使水泵停止向水箱供水。

电路中 KA1、KA2 继电器线圈电压为 380V。

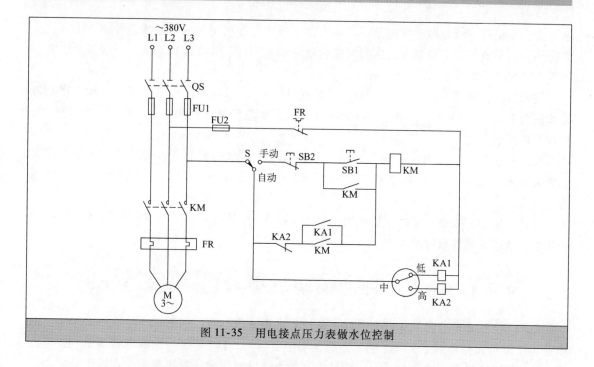

图 11-35 用电接点压力表做水位控制

★★★ 11.36 UQK-2 型浮球液位变送器接线电路 ★★★

UQK-2 型浮球液位变送器，可用于多种场合的开口及有压容器内进行液面连续检查，该仪表用不锈钢材料制造，耐腐蚀性强，适用范围广，具有结构简单、工作可靠、不受被测介质电性性能的影响，无泡沫造成虚假液位的现象。

UQK-2 型浮球液位变送器工作原理：仪表由接线盒、导管、磁性浮球及挡圈组成，导管内装有磁敏器件和电阻骨架板，UQK-2 型浮球液位变送器外形结构如图 11-36a 所示。当

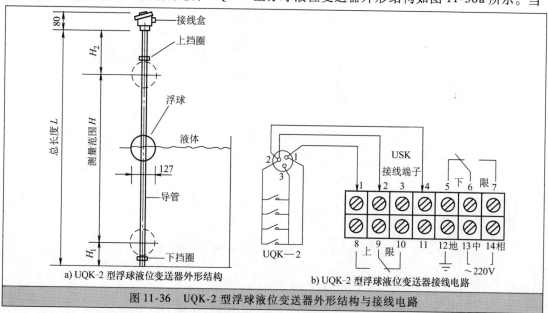

a) UQK-2 型浮球液位变送器外形结构 b) UQK-2 型浮球液位变送器接线电路

图 11-36 UQK-2 型浮球液位变送器外形结构与接线电路

液面发生变化时，浮球沿导管随液面升降，由浮球磁场作用下导管内磁敏器件依次闭合，从而得到正比于液位的电阻信号，实行对液位的连续检测，UQK-2型浮球液位变送器接线电路如图11-36b所示。

技术指标：测量范围：0~4~7m；误差范围：±10~20mm；环境温度：-10~150℃；工作压力不小于0.6MPa；介质黏度不小于1.25st；测量区域：1500m上下两端；安装形式：垂直于液面。

安装与接线：该仪表应垂直于液面安装，以减少浮球的阻力，在导管 H_2 段用U形卡紧固在容器壁上，离壁距离不小于200mm以上，仪表 L 超过3m时，应考虑上下两端固定。

该仪表采用三线制，三根导线的电阻应不大于5Ω，并且相互之差不大于0.05Ω，注意：该仪表不能在强磁场条件下工作。

★★★　11.37　全自动水位控制水箱放水电路　★★★

图11-37所示是一种晶体管全自动水位控制水箱放水电路。当水箱水位高于c点时，晶体管VT2基极接高电位，VT1、VT2导通，继电器KA1得电动作，使继电器KA2也吸合，因此接触器KM吸合，电动机运行，带动水泵抽水。此时，水位虽下降至c点以下，但由于继电器KA1触头闭合，故仍能使VT1、VT2导通，水泵继续抽水。只有当水位下降到b点以下时，VT1、VT2才截止，继电器KA1失电释放，致使水箱无水时停止向外抽水。当水箱水位上升到c点时，再重复上述过程。变压器选用50V·A行灯变压器，为保护继电器KA1触头不被烧坏，加了一个中间继电器。在使用中，如维修自动水位控制电路可把开关拨到手动位置，这样可暂时用手动操作起停电动机。

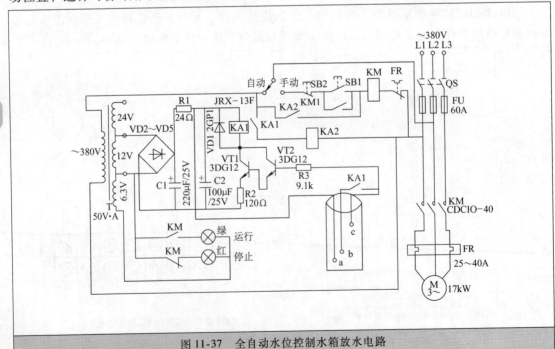

图11-37　全自动水位控制水箱放水电路

★★★ 11.38 一种高位停低位开的自动控制电路 ★★★

用电接点压力表（温度表）可组成高位停低位开的自动控制电路，它可用于自动控制水位、压力、温度等，例如，热力站送热暖水进行供暖，测得温度达到高值时停止送热暖水，温度低到一定设定值时，电动机重新自动起动进行供热暖水，达到自动控制目的。水位也同理，能达到测量仪表在高位时，电动机停止运行，低位时，电动机自动起动，另外电路还可通过钮子开关手动切换为"自动"与"手动"位置，操作十分方便，举一反三，可组合出各种自动控制电路，图11-38所示是一种高位停低位开的自动控制电路。

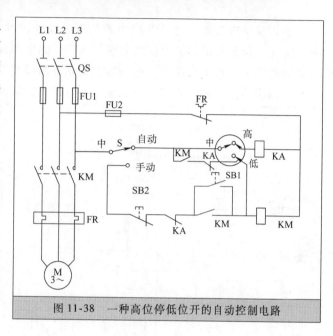

图 11-38 一种高位停低位开的自动控制电路

★★★ 11.39 电流型漏电保护器 ★★★

电流型漏电保护器如图 11-39 所示。在正常情况下，通过零序电流互感器的一次电流为零时，二次感应电流也为零，无输出信号。当用电设备绝缘损坏发生漏电时，如果人接触带电部分，人体通过大地形成回路，电流互感器的二次侧将感应出信号来。当信号电流达到漏电动作电流值时，便会通过漏电脱扣器使开关迅速自动断开电源，起到漏电保护作用，从而保证人身安全。

这种电流型漏电保护器分为二极、三极、四极等规格。采用漏电保护器要经常检查漏电保护器在漏电时动作是否可靠，

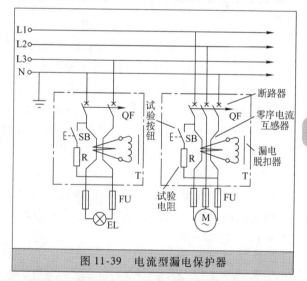

图 11-39 电流型漏电保护器

漏电保护器通常都安装有试验按钮，在电源回路中串接一个与人体阻值差不多的对地电阻，按下按钮，便会从负载相线经按钮通过电阻回到零线，这时模拟人体触电，达到人体通过电流后，内部小型灵敏继电器应能可靠动作，联动自动开关跳闸，断开供电电源。

189

★★★　11.40　电能表的防雷接线电路　★★★

避雷装置应装在架空线进户内的低压进线处，对电能表和低压电气设备可产生避雷保护，它是将每只避雷器的上桩头分别与进户后的电源线相连接，而下桩头则互相连接后接于避雷器地线上。对于火花间隙避雷器和氧化锌阀型避雷器，接线电路大致相同，也是一头与三相电源相连接，另一头连在一起接地，电能表的防雷接线电路如图11-40a、b所示。

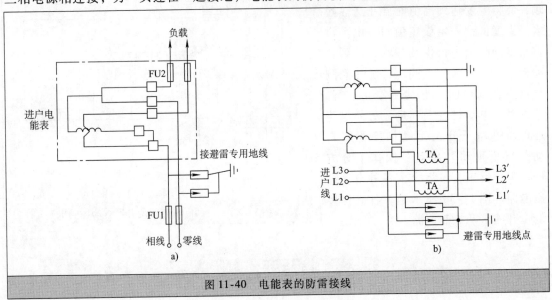

图 11-40　电能表的防雷接线

使用避雷器装置时应注意以下几点：

1）在每年雷雨季节来到之前安装避雷器，安装完毕应检查接线是否正确可靠。避雷器需做一次预防试验，验收合格后方可投入使用。

2）在雷电梅雨季节，电工人员要经常检查避雷器外部有无被雷电火花烧伤的痕迹、外壳有无裂纹等现象，如发现损坏，要及时更换。

3）避雷接地线在雷雨季节到来之前要进行测试，接地电阻应小于4Ω。

4）雷雨季节后应将避雷器退出运行。

5）农村避雷器接地线不可太长。在农村的山区，雷雨季节，电气设备遭受雷击的机会很多，需在低压架空线路上加装避雷器，而加装后的避雷器接地线却不度太长，特别是在山坡上，因线路太长、土壤电阻增大，起不到避雷的效果，应使接地电阻小于4Ω。

★★★　11.41　单相跳入式电能表的接线　★★★

电能表是测量用电器用电量的一种仪表，它可测量用电器的有功功率。

它的接线方法是，电能表电流线圈1端接电网相线，2接用电器相线，3接电网N线进入线，4接用电器N线。总之，1、3进线，2、4出线后进入用户，如图11-41所示。

电能表的额定电压为 220V 时，电流规格为 1（2）A 时，选用负载为最小功率 11W，最大功率 440W，否则造成电能表度数计费不准或超载时烧坏电能表。以此类推，如电能表为 2.5（5）A 时，选用负载为 27.5～1100W；如电能表为 5（10）A 时，选用负载为 55～2200W；如电能表为 30（60）A 时，选用负载为 330～13200W；如电能表为 60（120）A 时，选用负载则为 660～26400W。

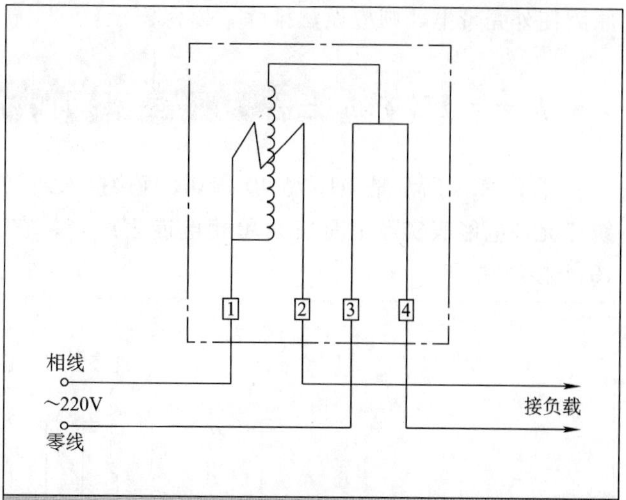

电能表安装时的注意事项：

1）检查表罩上所加铅封是否完整。

图 11-41 单相跳入式电能表的接线

2）电能表应安装在干燥、稳固的地方，避免阳光直射，忌湿、热、霉、烟、尘、砂及腐蚀性气体。位置要装得正，如有明显倾斜，容易造成计度不准、停走或空走等毛病。电能表可挂得高些，但要便于抄表。

3）电能表应安装在涂有防潮漆的木制底盘或塑料底盘上。在盘的凸面上，用木螺钉或机制螺钉固定电能表。电能表的电源引入线和引出线可通过盘的背面（凹面）穿入盘的正面后进行接线，也可以在盘面上走明线，用塑料线卡固定整齐。

4）必须按接线图接线，同时注意拧紧螺钉和紧固一下接线盒内的小钩子。

★★★ 11.42 单相电能表测有功功率顺入接线 ★★★

图 11-42 所示是一种单相电能表测有功功率的顺入接线方法。目前这种方法较少见，多用于老式电能表。提供这种电路供有老式电能表的客户参考。它是由接线端子 1、2 进线，3、4 出线，电源的相线必须接接线端子 1 上。

电能表使用时的注意事项：

1）电能表装好后，合上闸刀，开亮电灯，转盘即从左向右转动。

2）关灯后，转盘有时还在微微转动，如不超过一整圈，属正常现象。如超过一整圈后继续转动，试断开"3"、"4"两根线（指跳入式电能表接线），若不再连续转动，则说明电路上有毛病；如仍转动不停，就说明电能表不正常，需要检修。

3）电能表内有交流磁场存在，金属罩壳上产生感应电流是正常现象，不会费电，也不影响安全和正确计数。若因其他

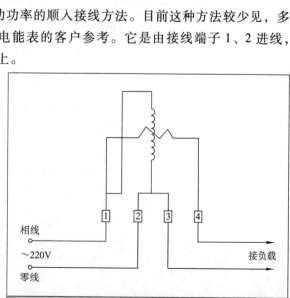

图 11-42 单相电能表测有功功率顺入接线

191

原因使外壳带电，则应设法排除，以保安全。

★★★　11.43　三种 DT8 型三相四线制电能表接线方法　★★★

图 11-43a 所示是 DT8 型 40～80A 直接接入式三相四线制有功电能表接线电路。三相四线三元件电能表实际上是三只单相电能表组合，它有三个电流线圈和三个电压线圈。它有 10 个接线端子。

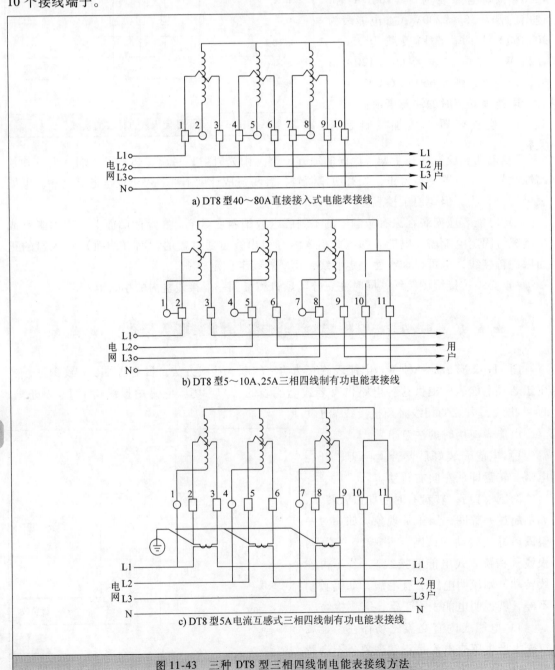

a) DT8 型 40～80A 直接接入式电能表接线

b) DT8 型 5～10A、25A 三相四线制有功电能表接线

c) DT8 型 5A 电流互感式三相四线制有功电能表接线

图 11-43　三种 DT8 型三相四线制电能表接线方法

图 11-43b 为 DT8 型 5 ~ 10A、25A 三相四线制有功电能表接线，它有 11 个接线端子。接线时，应按照相序及端钮上所标的线号接线，接线端子标号为 1、4、7、10 为进线，3、6、9、11 为出线。所接负载应在额定负载的 5% ~ 150%。

图 11-43c 是 DT8 型 5A 电流互感式三相四线制有功电能表接线，电能表应按相序接入。电能表经电流互感器接入后，计数器的读数需乘互感器感应比率才等于实际电度数。例如，电流互感器的感应比率为 200/5A，那么电能表读数再乘以互感器的感应比率才是实际用电能数。

三相电能表使用中的注意事项：

1）电能表使用的负载应在额定负载的 5% ~ 150%，例如，80A 电能表可在 4 ~ 120A 范围内使用。

2）电能表运转时转盘从左向右，切断三相电流后，转盘还会微微转动，但不超过一整转，转盘即停止转动。

3）电能表的计数器均具有五位读数，标牌窗口的形式分为一红格、全黑格和全黑格 ×10 三种。当计数器指示值为 38225 时，一红格的表示为 3822.5kW·h。全黑格的表示为 38225kW·h，全黑格 ×10 的表示为 382250kW·h。

193

第**12**章

电工实用电路

★★★ 12.1 带指示灯的电动机起动停止电路 ★★★

带指示灯的电动机起动停止电路在工作生产中是最常见的一种控制电路，它具有单方向控制电动机起停功能，并有自锁、短路保护和过载动作保护作用。带指示灯的电动机起动停止电路如图 12-1 所示，其中图 a 为带指示灯的电动机起动停止电路图，b 为实物连接图。

其工作原理是，当起动电动机时，合上电源开关 QF，按下起动按钮 SB1，接触器 KM 线圈获电，KM 主触头闭合，使电动机 M 运转；松开 SB1，由于接触器 KM 常开辅助触头闭合自锁，控制电路仍保持接通，电动机 M 继续运转。停止时，按下 SB2，接触器 KM 线圈断电，KM 主触头断开，电动机 M 停转。

★★★ 12.2 一台西普 STR 软起动器控制两台电动机电路 ★★★

一台西普软起动器控制两台电动机是指电动机一开一备，并不是指同时开机，而是开一台，另一台作备用。

如图 12-2 所示，为一台西普 STR 软起动器控制两台电动机电路，图中 S 为转换开关。S 往上，则 KM1 动作，为起动电动机 M1 做准备，指示灯 HL1 亮、HL2 灭；S 往下则 KM1 不工作，KM2 工作，指示灯 HL2 亮、HL1 灭。

电动机工作之前，根据需要切换转换开关 S，然后在 STR 的操作键盘上按动 RUN 键起动电动机，按动 STOP 键则停止。JOG 是点动按钮，可根据需要自行设置安装。

★★★ 12.3 变频调速电动机正转控制电路 ★★★

图 12-3 所示为变频调速电动机正转控制电路，它由主电路和控制电路组成。主电路包括断路器 QF、交流接触器 KM 的主触头、变频器内置的 AC/DC/AC 转换电路以及三相交流电动机 M 等。控制电路包括 SA、SB1、SB2，交流接触器 KM 的线圈和辅助触头以及频率给定电路等。

电路中，变频器的过热保护触头用 KF 表示。10V 电压由变频器 UF 提供，RP 为频率给定信号电位器，频率给定信号通过调节其滑动触头得到。

当需要工作时合上电源开关 QF，电路输入端得电进入备用状态。按下控制按钮 SB2 后，电流依次经过 V11→KF→SB1→SB2→KM 线圈→W11，接触器的线圈得电吸合，它的一组常开触头闭合自锁，另一组常开触头也闭合，为操作旋转开关 SA 做好准备。同时，接触器主

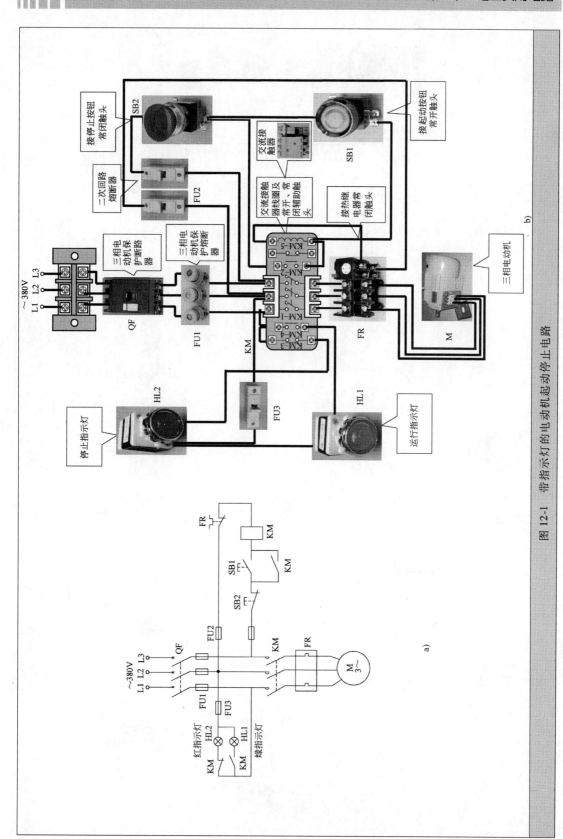

图 12-1 带指示灯的电动机起动停止电路

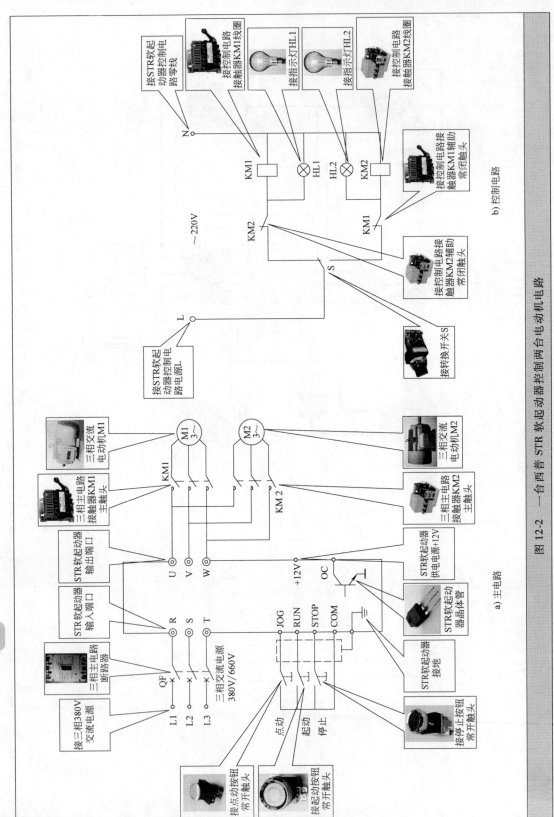

图 12-2　一台西普 STR 软起动器控制两台电动机电路

触头闭合，变频器进入热备用状态。

操作旋转开关 SA，变频器起动运行，电动机工作在变频调速状态。变频器可按厂方设定的参数值运行，也可按用户给定的参数条件运行。

在使用过程中应注意以下几点：

1) 变频器的接线必须严格按产品上标注的符号对号入座，R、S、T 是变频器的电源线输入端，接电源线；U、V、W 是变频器的输出端，接交流电动机。一旦将电源进线误接到 U、V、W 端上，将电动机误接到 R、S、T 端上，必将引起相间短路而烧坏变频器。

2) 模拟量的控制线所用的屏蔽线，应接到变频器的公共端（COM），但不要接到变频器的接地端或地。

3) 控制线不要与主电路的导线交叉，无法回避时可采取垂直交叉方式布线。控制线与主电路的导线的间距应大于 100mm。

4) 变频器有一个接地端，用户应将这个端子与地相接。如果多台变频器一起使用，则每台设备必须分别与地相接，不得串联后再与地相接。

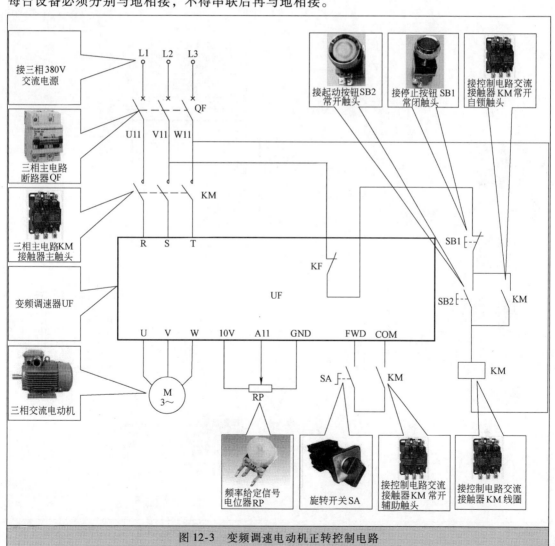

图 12-3　变频调速电动机正转控制电路

12.4 采用 JYB714 型电子式液位继电器控制 220V 单相电动机进行供水的自动控制电路

★★★ ★★★

供水、排水应用电路在电工工作中也是常见的应用电路之一，过去它广泛应用于工业生产中，但随着近年来高层建筑的不断增多，大型住宅社区也需二次供水，另外有些城市地下污水的排水也用到排水自动控制，这些方面都应用到了电动机自动控制供、排水电路。下面分别介绍几种电动机常用供、排水控制电路，供电工朋友根据自己实际工作需求选用和维修。

采用 JYB714 型电子式液位继电器控制 220V 单相电动机进行供水的自动控制电路及接线说明如图 12-4 所示。电路中 1、8 接 220V 电源；2、3 接内部继电器常开触头；5 接高水位 H 电极；6 接中水位 M 电极；7 接低水位 L 电极。

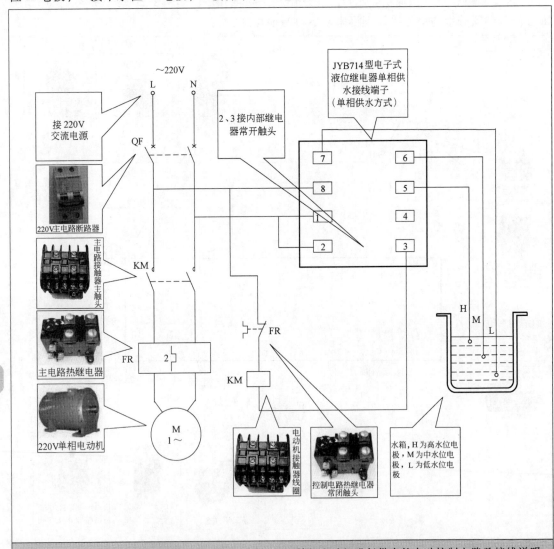

图 12-4 采用 JYB714 型电子式液位继电器控制 220V 单相电动机进行供水的自动控制电路及接线说明

198

12.5　采用 JYB714 型电子式液位继电器控制 380V 三相电动机进行供水的自动控制电路

★★★　　　★★★

在很多场合需要水泵向水塔供水；也有很多地方，需要潜水泵或水泵向外排水，完成无人值守自动控制。这时，通常采用 JYB714 系列电子式液位继电器来进行控制。它工作可靠，接线简单方便。

采用 JYB714 型电子式液位继电器控制 380V 三相电动机进行供水的自动控制电路及接线说明如图 12-5 所示。电路中 1、8 接 380V 电源，2、3 接内部继电器常开触头，5 接高水位 H 电极，6 接中水位 M 电极，7 接低水位 L 电极。

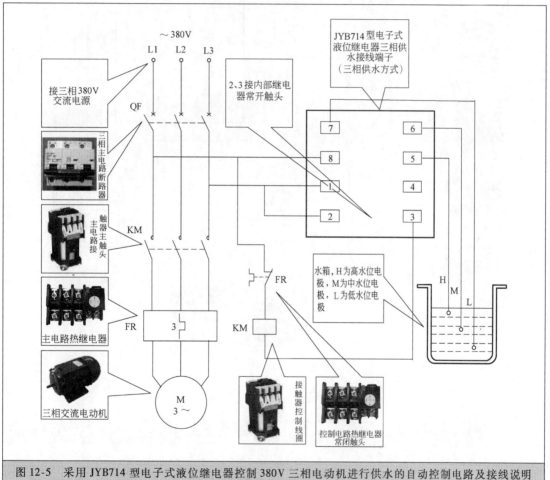

图 12-5　采用 JYB714 型电子式液位继电器控制 380V 三相电动机进行供水的自动控制电路及接线说明

199

12.6　采用 JYB714 型电子式液位继电器控制 220V 单相电动机进行排水的自动控制电路

★★★　　　★★★

采用 JYB714 型电子式液位继电器控制 220V 单相电动机进行排水的自动控制电路及接

线说明如图 12-6 所示。电路中 1、8 接 220V 电源，3、4 接内部继电器常闭触头，5 接高水位 H 电极，6 接中水位 M 电极，7 接低水位 L 电极。

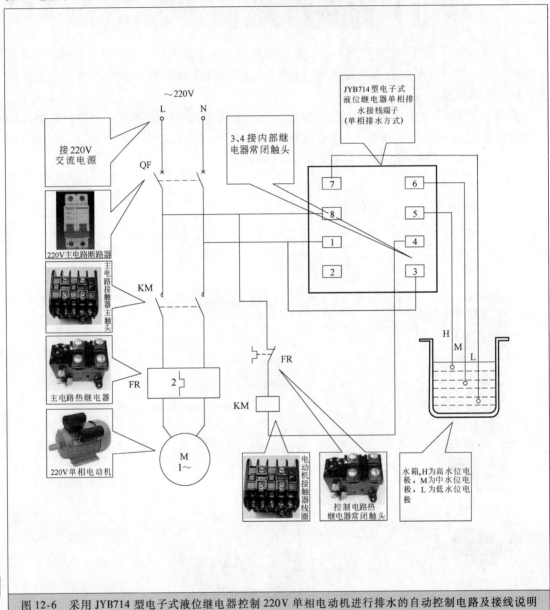

图 12-6　采用 JYB714 型电子式液位继电器控制 220V 单相电动机进行排水的自动控制电路及接线说明

12.7　采用 JYB714 型电子式液位继电器控制 380V 三相电动机进行排水的自动控制电路

★★★　　　　　　　　　　　　　　　　　　　★★★

采用 JYB714 型电子式液位继电器控制 380V 三相电动机进行排水的自动控制电路及接线说明如图 12-7 所示。电路中 1、8 接 380V 电源，3、4 接内部继电器常闭触头，5 接高水位 H 电极，6 接中水位 M 电极，7 接低水位 L 电极。

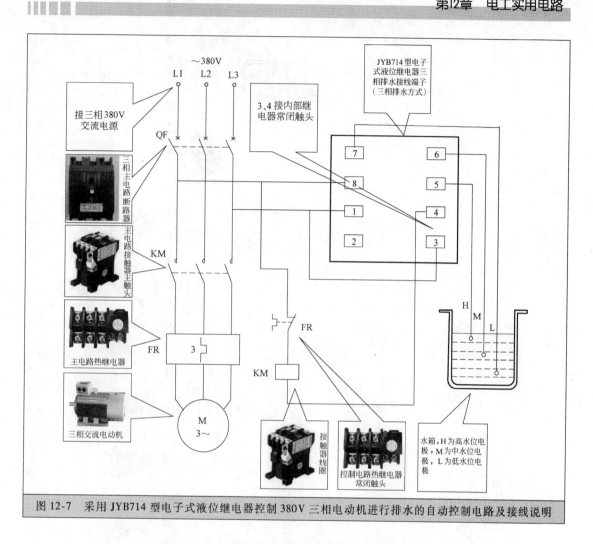

图 12-7 采用 JYB714 型电子式液位继电器控制 380V 三相电动机进行排水的自动控制电路及接线说明

12.8 具有手动操作定时、自动控制功能的供水控制电路 ★★★

★★★

目前，水位控制电路多种多样，下面介绍一种具有手动操作定时、自动控制功能的供水控制电路，它采用了 JYB714 型液位继电器完成液位控制，有手动定时停止功能，电路如图 12-8 所示。

在手动起动、停止及定时控制操作过程中，首先先把手动、自动转换开关 SA 拨到手动位置使 1、5 接通，按下起动按钮 SB2，得电延时的时间继电器 KT 线圈得电吸合且 KT 开始延时，而 KT 瞬动常开触头 11-13 闭合，交流接触器 KM 线圈得电吸合，电动机水泵得电工作运转。

在 KT 延时时间内，如需要手动停止电动机运行，按下停止按钮 SB1 即可。

另外，电动机手动起动运转后，可按照预先设定的时间进行自动定时控制，经 KT 延时后，KT 得电延时断开的常闭触头 9-11 断开，切断交流接触器 KM、得电延时时间继电器 KT 线圈电源。KM、KT 线圈断电释放，电动机停止运转。

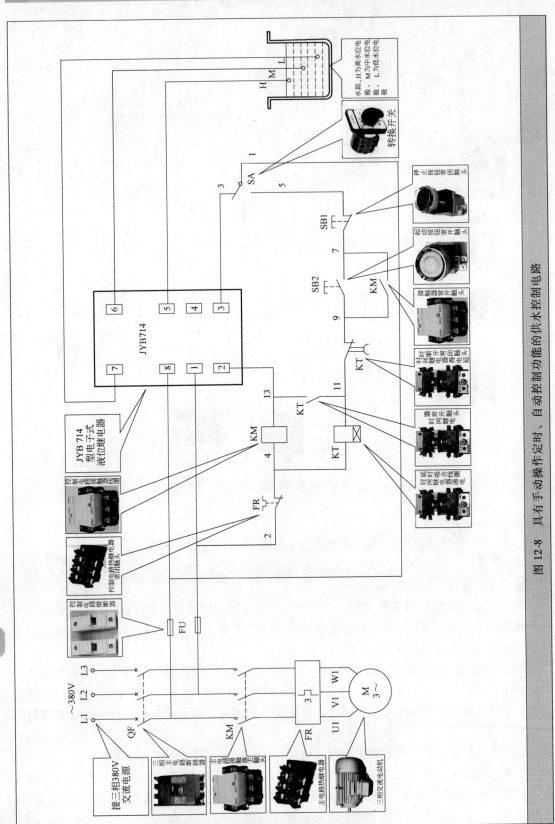

图 12-8 具有手动操作定时、自动控制功能的供水控制电路

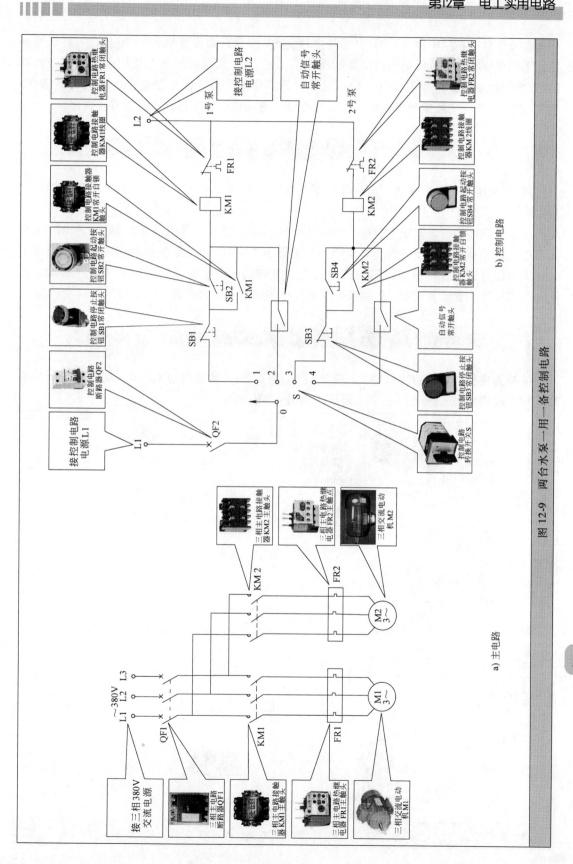

图 12-9 两台水泵一用一备控制电路

b) 控制电路

a) 主电路

在液位自动控制中，将手动/自动转换开关 SA 拨至自动位置使 1、3 闭合。当蓄水池水位处于低水位时，液位继电器内部继电器动作，其 2、3 脚内部常开触头闭合，交流接触器 KM 线圈得电吸合，电动机得电运行；当水位升到高水位后，液位继电器内部继电器动作，其 2、3 脚断开，交流接触器 KM 线圈断电释放，电动机停止工作，水泵便停止供水。

★★★ 12.9 两台水泵一用一备控制电路 ★★★

图 12-9 所示是两台水泵一用一备控制电路，该电路可应用于供水、排水工程或消防工程中。

工作中当转换开关置于 0 位时，切断所有控制电路电源；当挡位开关置于 1 位时，1 号泵可以进行手动操作起动、停止；当挡位开关置于 2 位时，1 号泵可以通过外接电接点压力表送来的信号进行自动控制；当挡位开关置于 3 位时，2 号泵可以进行手动操作起动、停止；当挡位开关置于 4 位时，2 号泵可以通过外接电接点压力表送来的信号进行自动控制。

★★★ 12.10 三端固定稳压电源电路 ★★★

三端固定稳压电源由变压器 T、整流桥 VD1～VD4、滤波电容 C1 和三端固定稳压集成块组成，固定输出 15V 电压，不可调整，如图 12-10 所示。

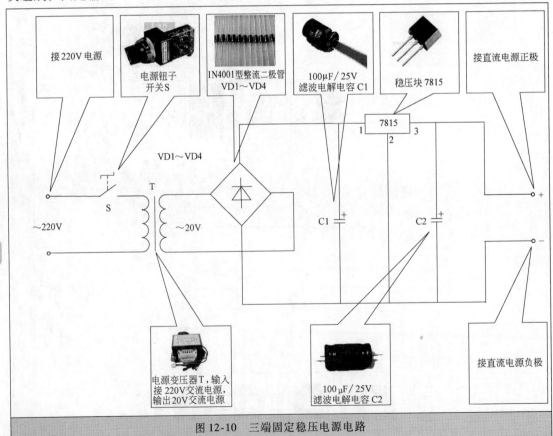

图 12-10 三端固定稳压电源电路

不同稳压块的输入和输出电压等参数是不同的，读者在选用时一定要注意。

几种不同的稳压块参数见表 12-1。

表 12-1　几种不同的稳压块参数

型号	7805	7812	7815	7818	7824	7905	7912	7915
输入电压/V	10	19	23	26	33	−10	−19	−23
输出电压/V	5	12	15	18	24	−5	−12	−15
静态电流/mA	8	8	8	8	8	2	3	3
短路电流/A	2.2	2.2	2.1	2.1	2.1	2.5	2.5	2.2
压差/V	2	2	2	2	2	2	2	2

★★★　12.11　开关稳压电源电路　★★★

图 12-11 所示是串联式开关稳压电源的结构，T 为电源变压器；VD1 ~ VD4 组成整流桥，C1、C2 为滤波电容；VT 是开关管，工作状态受控于基极控制脉冲信号 U_k，控制脉冲信号 U_k 来自控制电路，控制电路受控于输出电压 U_o；VS 是续流二极管，L 是扼流电感。

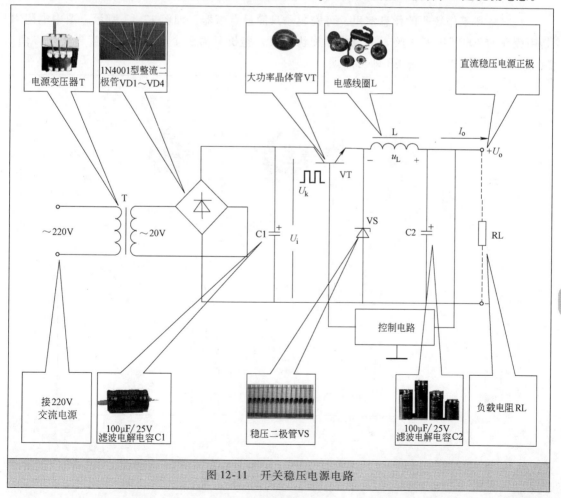

图 12-11　开关稳压电源电路

开关电源的核心部分是一个工作在开关状态的逆变器，它可以把直流电流逆变为高频脉冲电流。当电源接通时，U_i 输入。此时 U_o 小于上限允许值 U_{omax}，经控制电路作用，开关管基极的控制脉冲信号 U_k 为高电平，VT 处于饱和导通状态。U_i 经 VT、L 向 C2 充电，形成输出电流 I_o 和输出电压 U_o。

U_o 随着时间的延续而升高，当上升到上限允许值 U_{omax} 时，经控制电路作用，开关管基极的控制脉冲信号 U_k 为低电平，VT 处于截止状态。由于扼流电感 L 中的电流不能突变，L 产生自感电压 u_L（u_L 的极性如图中所示）；续流二极管 VS 因正偏而导通，U_L 经 RL、VS 续流，同时 C2 放电；从而保持了开关管截止期间负载电流的连续，但电流、电压是逐渐减小的。

当下降到下限允许值 U_{omin} 时，经控制电路作用，U_k 为高电平，VT 处于饱和导通状态。C2 又被充电，此时续流二极管 VS 因反偏而截止，U_o 再次上升。当 U_o 上升到 U_{omax} 时，控制脉冲信号 U_k 变为低电平。如此反复，电路处于开关状态，使输出电压 U_o 始终保持在允许的 $U_{omin} \sim U_{omax}$ 之间波动，波动的范围一般在 mV 量级，从而达到稳压的目的。

★★★　　12.12　简易低压安全点烟器　★★★

在家庭和工作场所的休息室里，可安装一只简易点烟器，如图 12-12 所示。图中电阻 R 是用废弃的 300W 电熨斗丝 2cm 绕成螺旋状制成，整机只需三个元件，经济实惠使用方便。吸烟时，只需要按下按钮 SB 即可点烟。

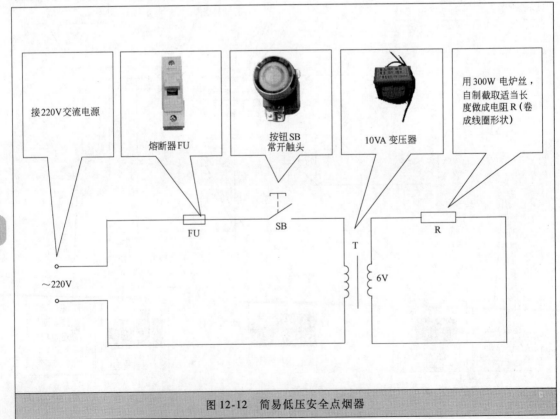

图 12-12　简易低压安全点烟器

★★★　　12.13　　自制可调的低压电褥子电路　　★★★

电褥子采用低电压供电很安全。制作低压电褥子时应有一个低压变压器，它可把 220V 电压降为 15V、18V、24V 等，变压器功率为 100W 左右。

电褥子的制作方法是，找两张比棉垫稍小的牛皮纸和纸板，用长度为 20m、直径为 0.25mm 的 2Q 或 Q2 型漆包线，在纸板上绕成如图 12-13 所示的形状，并用棉线把漆包线固定好。绕完后应测量一下电阻，约为 10Ω。再用另一张纸板盖住并黏合在一起。用电线与两头接好，焊牢引出，并设法把线头固定防止折断。使用时将它铺在棉垫与棉毯之间，改变电压的高低就可调节电褥子的温度，电路如图 12-13 所示。

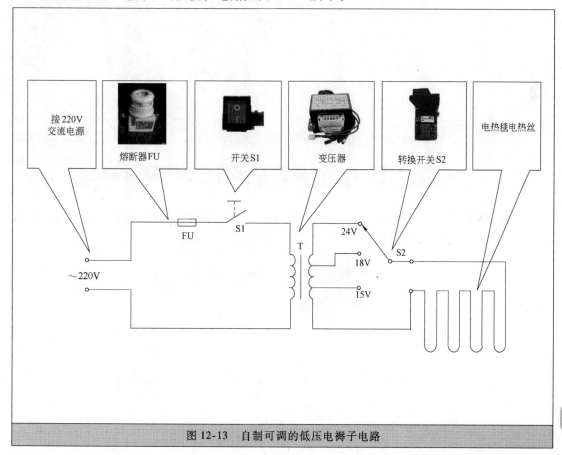

图 12-13　自制可调的低压电褥子电路

★★★　　12.14　　给纽扣电池充电　　★★★

图 12-14 是一种最简单的纽扣电池充电方法，将两节 1 号电池串联，再串联一只数千欧的电位器和一只万用表，量程拨到电流挡 50mA。充电开始时，调电位器，将充电电流调到 25mA。当充电电流降至几毫安时，证明充电完毕。电池需放置一天后，观察电池不漏液不变形，即可继续使用。

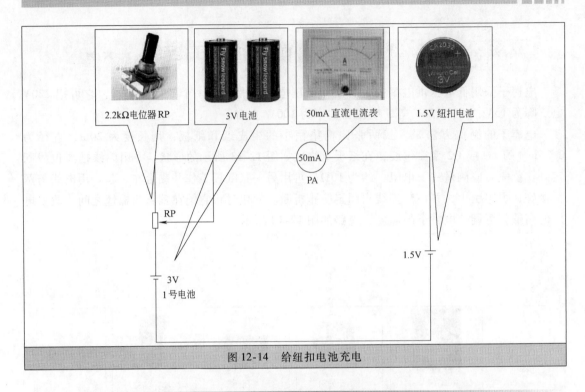

2.2kΩ电位器RP　　3V电池　　50mA直流电流表　　1.5V纽扣电池

50mA
PA

RP

1.5V

3V
1号电池

图 12-14　给纽扣电池充电

★★★　12.15　熔断器断路监视器　★★★

图 12-15 所示是一种简易的熔断器断路监视器。当家用电器熔断器熔断后，发光二极管发亮，指示熔丝已断。电路中 2CP11 型二极管为保护发光二极管所加。

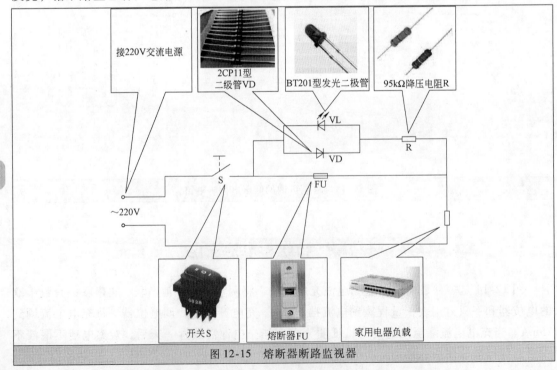

接220V交流电源　　2CP11型二级管VD　　BT201型发光二极管　　95kΩ降压电阻R

VL

VD

R

S

FU

~220V

开关S　　熔断器FU　　家用电器负载

图 12-15　熔断器断路监视器

图 12-16 是一种简单的应急照明灯的原理图。当电力系统供电正常时，VD2 单相半波整流使继电器 KA 通电，常开触头 1、2 接通，VD1 半波整流电路经熔断器向 12V 蓄电池充电待用。一旦交流供电停止，继电器断电释放，常闭触头 2、3 接通。12V、15W 应急灯由 12V 蓄电池供电照明。待电力系统恢复供电后，继电器 KA 重新吸合，应急照明灯熄灭，蓄电池恢复充电待用状态。

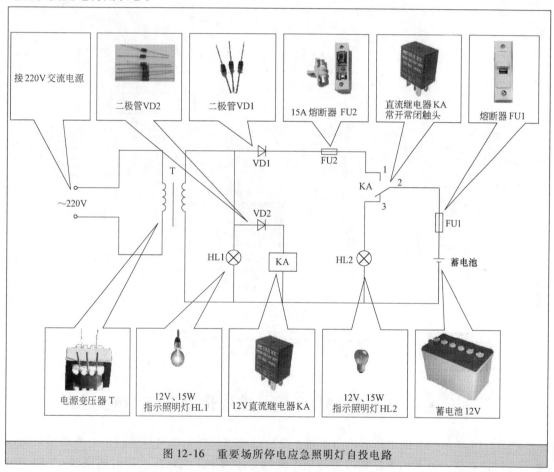

图 12-16　重要场所停电应急照明灯自投电路

★★★　12.17　简易晶闸管温度自动控制　★★★

图 12-17 是一种晶闸管温度自动控制电路。当温度较低，温度计两个探针断开时，晶闸管导通，电热器通电，开始加热。当温度达到所需要值时，温度计上两个探针被水银柱接通，使晶闸管门极和阴极短路，晶闸管截止，从而断开电热器，电热器停止加热。

电路中 R 阻值由调试来确定，一般使温度计两探针断开时，晶闸管完全导通，在探针短接时，流过 R 上的电流以不太大为好。

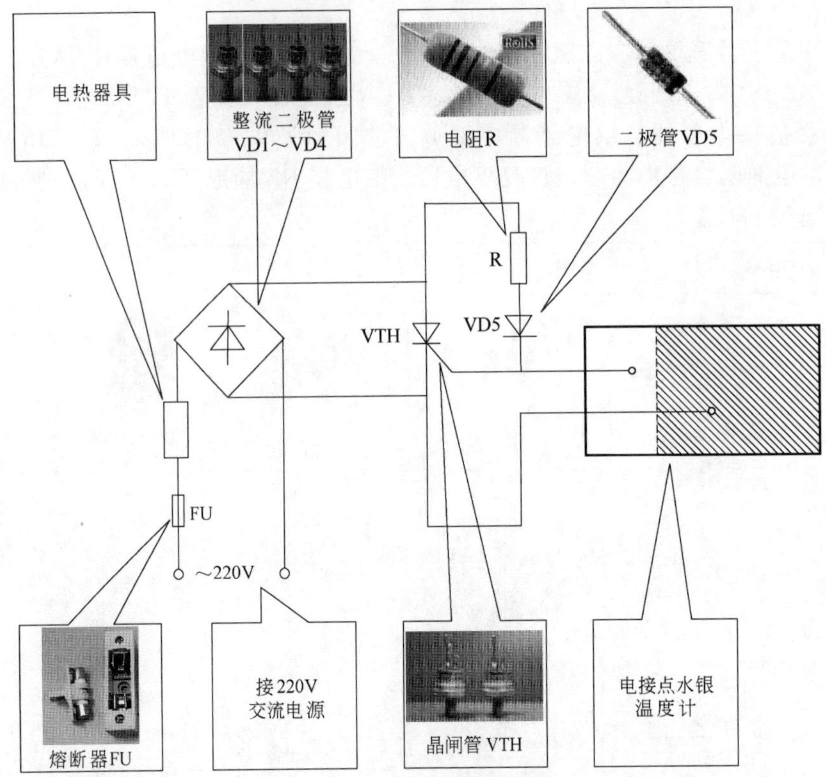

图 12-17　简易晶闸管温度自动控制

★★★　12.18　市电电压偏离指示器　★★★

　　图 12-18 所示是市电电压偏离指示器，电路的特点是在电源电压的每个正半周接通指示器，而且是在某一固定的电压幅度等于动作阈值时才接通。当电压的瞬时值降到 0V 时，电路断开，这样可以消除滞后现象，提高了指示的精确性。

　　电路的输入端具有由二极管 VD1 和稳压二极管 VS 构成的电压限制器，其后面有三个并联的指示器：第一个指示器由 R1 和 VL1 组成，作为电源指示灯；其余两个指示器由电压分压器、双向二极管及与它串联的发光二极管组成，它们组成阈值电路，直接指示电压的偏离。用电位器 RP1 调节电源电压下降的下限阈值；当上升 5% 时，用 RP2 调节电源电压上升的上限阈值。如果交流电压处于额定值，VL1、VL2 发亮；当电源电压下降时，VL2 发亮；当电源电压升高时，VL1、VL2、VL3 都发亮。以此告知使用者电源电压的偏离情况。

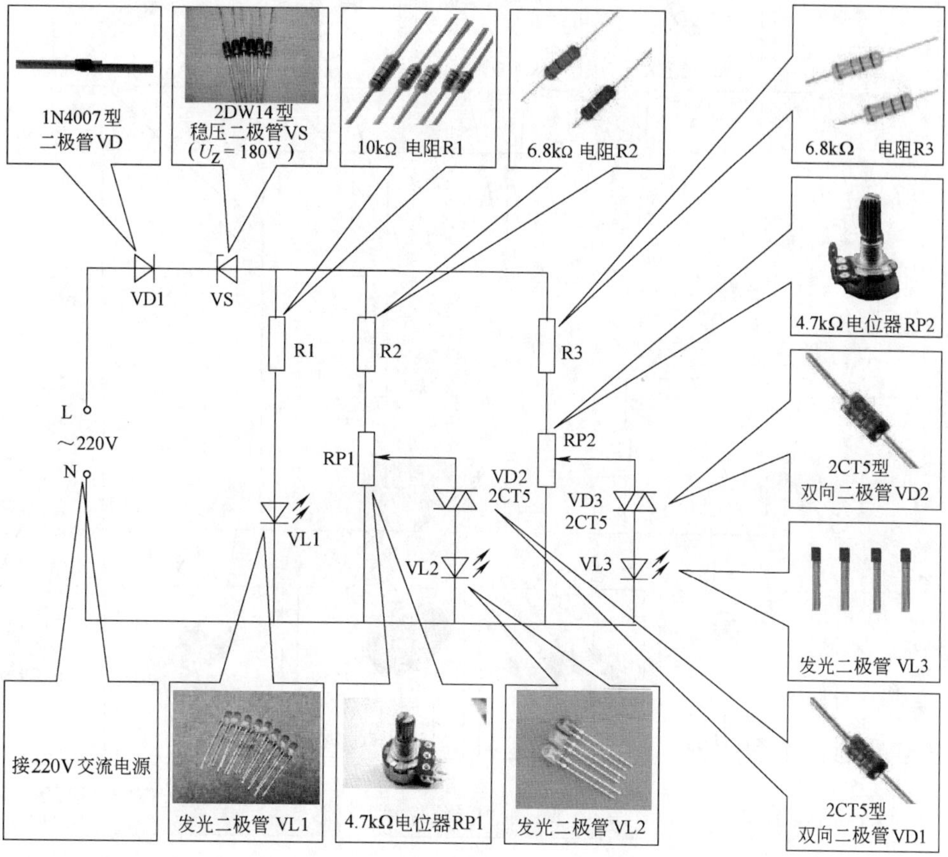

图 12-18 市电电压偏离指示器

★★★ 12.19 墙内导线探测仪电路 ★★★

图 12-19 所示是墙内导线探测仪电路，墙内导线探测仪能够在墙壁表面精确地查找电线的位置、走向，电路简单实用。

TX 是感应片，在交流导线附近感应出交流信号，送至结型 N 沟道场效应晶体管 VT1 的栅极。VT1 对交流信号有半波整流和放大作用，无信号时，VT1 的漏极输出高电平，VT2、VT3 均截止，VL 不发光。

在信号的负半周，使 VT1 的栅极相对于源极更负，所以 VT1 输出仍为高电平，VL 不发光；而在信号的正半周，VT1 输出低电平，VT2、VT3 导通，VL 发光。R2、R3 和 C 为 VT1 加偏压，提高检测的灵敏度。

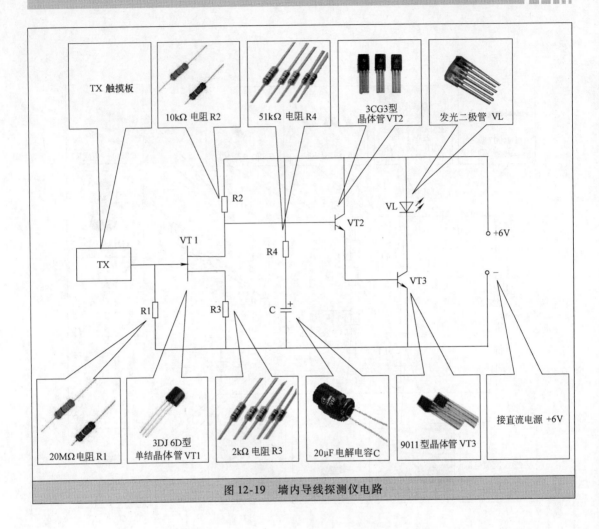

TX 触摸板

10kΩ 电阻 R2

51kΩ 电阻 R4

3CG3型
晶体管 VT2

发光二极管 VL

R2

VT 1

TX

VT2

VL

+6V

R4

VT3

R1

R3

C

−

20MΩ 电阻 R1

3DJ 6D型
单结晶体管 VT1

2kΩ 电阻 R3

20μF 电解电容 C

9011型晶体管 VT3

接直流电源 +6V

图 12-19　墙内导线探测仪电路

第13章

电梯设备

★ ★ ★　　13.1　电梯基础知识　★ ★ ★

★13.1.1　电梯的型号

电梯型号的含义如下：

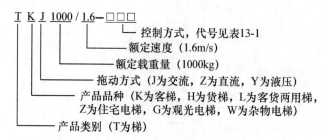

T K J 1000 / 1.6 — □ □ □
- 控制方式，代号见表13-1
- 额定速度（1.6m/s）
- 额定载重量（1000kg）
- 拖动方式（J为交流，Z为直流，Y为液压）
- 产品品种（K为客梯，H为货梯，L为客货两用梯，Z为住宅电梯，G为观光电梯，W为杂物电梯）
- 产品类别（T为梯）

表13-1　电梯的控制方式代号表

代　号	代 表 汉 字	控 制 方 式
SZ	手、自	手柄开关控制，自动门
SS	手、手	手柄开关控制，手动门
AZ	按、自	按钮控制，自动门
AS	按、手	按钮控制，手动门
XH	信号	信号控制
JX	集选	集选控制
BL	并联	并联控制
QK	群控	梯群控制
WJX	微集选	微电脑集选控制

★13.1.2　电梯的基本结构

电梯可分为直升电梯和自动扶梯。直升电梯（以下简称电梯）的基本结构如图13-1所示。电梯最基本的部分是载物的轿厢，轿厢由钢丝绳牵引沿井道内的导轨运行，电梯的动力是电动机，为了电梯的使用和安全还要有许多辅助设施。

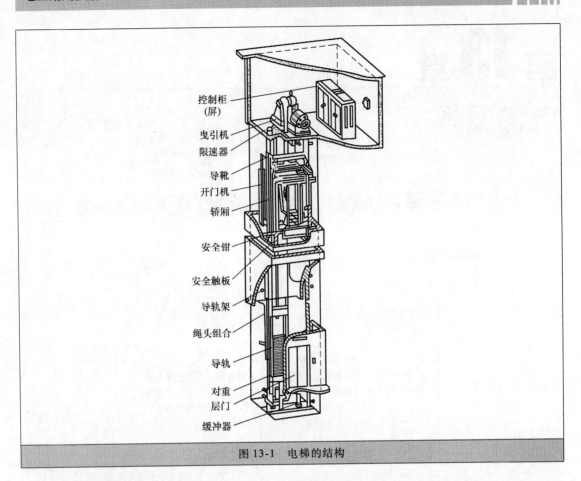

控制柜(屏)
曳引机
限速器
导靴
开门机
轿厢
安全钳
安全触板
导轨架
绳头组合
导轨
对重
层门
缓冲器

图 13-1　电梯的结构

1. 曳引系统

曳引系统是电梯动力的提供和传递设备。曳引系统由曳引机、曳引钢丝绳、导向轮、反绳轮等组成。

1）曳引机。曳引机由电动机、制动器和减速箱等组成，是电梯运行的动力，也是电梯的主要部件之一。电梯的载荷、运行速度等主要参数取决于曳引机的电动机功率和转速。

2）曳引钢丝绳。曳引钢丝绳的两端分别与轿厢和对重固定，中间缠绕在曳引轮上，在曳引机的带动下，钢丝绳借助它与曳引轮间的摩擦力传递动力，使轿厢和对重在垂直的方向上作相反的升降运动。

3）导向轮。导向轮是安装在曳引机机架或承重梁上的定滑轮，通过它将曳引钢丝绳向外偏后引向对重。

4）反绳轮。反绳轮是指设置在轿厢顶、对重顶部的动滑轮和设置在机房的定滑轮组。通过曳引绳绕过反绳轮可确定不同的曳引比。

2. 导向系统

在电梯正常运行时，导向系统限制轿厢和对重的自由度，使轿厢和对重严格按照垂直线作升降运动。导向系统由导轨架、导轨和导靴组成。

1）导轨架。导轨架固定在电梯井道壁上，上面固定导轨，用扁钢或角钢制成。

2）导轨。导轨是为电梯轿厢和对重提供导向的构件。在井道中确定轿厢和对重的相互位置，所以导轨又分为轿厢导轨和对重导轨。

3）导靴。导靴是引导轿厢和对重沿导轨运行的装置，固定在轿厢架和对重架上，运行时导靴夹住导轨，保证轿厢和对重沿导轨作升降运动。导靴的结构如图13-2所示。

3. 轿厢

轿厢是载客或载物的厢体，是电梯的工作部分，由轿厢架和轿厢体组成。轿厢靠轿厢架上的上下四个导靴，沿着导轨作垂直升降运动。

1）轿厢架。轿厢架是固定轿厢体的承重构架，由上梁、立柱、底梁等组成，曳引钢丝绳和导靴都安装在轿厢架上。

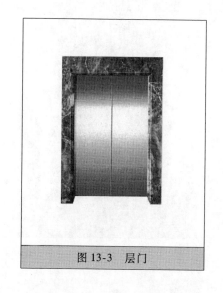

图13-2　导靴

2）轿厢体。轿厢体是电梯的工作容体，由于载客或载物的不同要求，设计成不同尺寸和不同结构。轿厢体由轿厢底、轿厢壁、轿厢顶和轿厢门组成，一般为封闭式结构。

4. 门系统

电梯上有两重门，随轿厢运动的是轿厢门，装在每个楼层的是层门，在门上有开关机和门锁，在两道门没有关闭时，电梯不能运行。

1）轿厢门。轿厢门是设在轿厢入口的门，由门、门导轨架、轿厢地坎等组成，可分为中分式、双折式、左开门或右开门等多种形式。

2）层门。层门是设在层站入口的门，又称厅门，如图13-3所示。层门设有机构，只有当轿厢停稳在某层位置上时，该层门才自动打开，只有门扇关闭后，电梯才能起动。

5. 重量平衡系统

重量平衡装置是保证电梯在运行中平衡和舒适的一个重要装置，包括对重装置和平衡补偿装置，其作用在于平衡轿厢重量，在电梯运行时借助于对重的重量抵消轿厢自重及50%左右的额定载荷，以改善曳引机工作性能。重量平衡系统如图13-4所示。

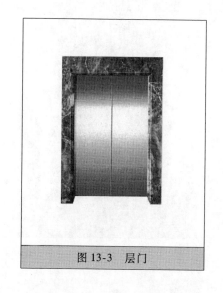

图13-3　层门

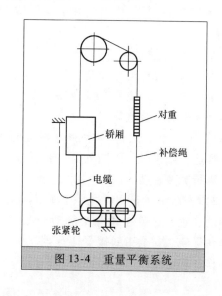

图13-4　重量平衡系统

215

1）对重。对重由对重架和对重块组成，其重量与轿厢满载时的重量成一定比例。对重装置由曳引绳经曳引轮与轿厢相连接，对重与轿厢作相反运动，一升一降，当轿厢升至顶端时对重到达底端。

2）平衡补偿装置。平衡补偿装置用于在高层电梯中，补偿轿厢与对重侧曳引绳长度变化对电梯平衡设计的影响。平衡补偿装置悬挂在对重和轿厢的下面，在电梯上下运行时，其长度的变化正好与曳引绳相反，这样就起到平衡的补偿作用，保证对重起到相对平衡的作用。

6. 电力拖动系统

电力拖动系统由曳引电动机、速度控制装置和供电系统组成。

1）曳引电动机。曳引电动机是电梯的动力源。交流电梯用交流电动机，直流电梯用直流电动机。

2）速度控制装置。速度控制装置在交流调速电梯和直流电梯中，为调速装置提供电梯速度信号，一般安装在曳引电动机尾部。

3）供电系统。供电系统是为电梯的电动机提供电源的装置，电梯的电力要专线专供。

7. 电气控制系统

电梯的运行状态控制由电气控制系统实行操纵和控制，由操纵装置、位置显示装置、选层器等组成。

1）操纵装置。操纵装置对电梯的运行实行操纵，即轿厢内的按钮操纵箱或手柄开关箱和厅门口的召唤按钮箱。

2）位置显示装置。位置显示装置以灯光数字显示电梯所在楼层，以箭头显示电梯运行方向。

3）选层器。选层器安装在机房内，是模拟电梯运行状态，向电气控制系统发出相应电信号的装置。用于客梯电气控制系统的选层器具有楼层指示器的功能外，还具有自动消除轿厢内指令登记信号，根据内外指令登记信号，自动确定电梯的运行方向，到达预定停靠站时提前一定距离向控制系统发出减速信号和提前开门信号，有的还能发出到站平层停靠信号等功能。

8. 安全保护系统

为了保证电梯运行安全，在电梯上装了多种安全保护装置，主要有限速器、安全钳、缓冲器、端站保护装置等。

1）限速器。限速器检测电梯运行速度，当电梯运行超速时，限速器可以带动安全钳对轿厢进行减速制动。

2）安全钳。安全钳是一套轿厢向下运行的制动装置，安装在轿厢架和对重架的两侧，夹持住导轨。安全钳能接受限速器操纵，以机械动作，将轿厢强行制停在导轨上。

图 13-5　自动扶梯

3）缓冲器。缓冲器是放在电梯井道底坑中的弹簧或液压件，是电梯极限位置的安全装置。当电梯超越底层时，轿厢或对重撞击缓冲器，由缓冲器吸收或消耗电梯的能量，从而使轿厢或对重安全减速直至停止。

4）端站保护装置。端站保护装置是一组防止电梯超越上、下端站的开关，能在轿厢或对重碰到缓冲器前，切断总电源。

自动扶梯又称滚梯，主要用于连续运送大量的人流，由驱动装置、梯级、扶手装置、牵引链条、梯路导轨系统等部分组成，如图 13-5 所示。

★★★　13.2　电梯的使用和运行　★★★

★13.2.1　电梯的使用

电梯停靠的楼层叫做层站，每层楼都可以有一个层站，在每个层门侧面设有呼叫按钮，如图 13-6 所示。按呼叫按钮请求电梯停靠并示明运行方向，按钮内有指示灯。层门上方有电梯运行显示，显示轿厢所在楼层及运行方向。

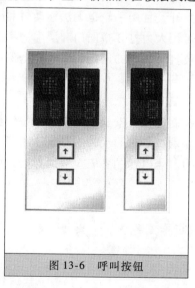

图 13-6　呼叫按钮

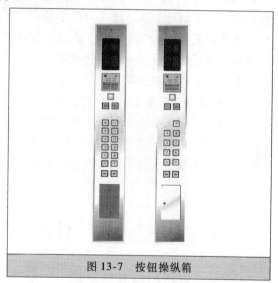

图 13-7　按钮操纵箱

进入轿厢后，轿厢门侧有按钮操纵箱，使用按钮选择目的楼层。轿厢门自动开闭，但也可以通过按钮开、关门。电梯能准确地在指令登记的层站平层，平层后自动开门，并在平层时消去该层站的指令响应灯。按钮箱上可以显示电梯运行方向及当前停靠楼层，并设有紧急开关、照明开关、报警开关等控制开关。按钮操纵箱如图 13-7 所示。

★13.2.2　电梯紧急事故处理

1. 电梯运行中突然停车

电梯在行驶中突然发生停车时，轿厢内人员应保持镇静，切勿盲目行动打开轿厢。应先用警铃、电话等联系设备维修人员，由维修人员在机房设法移动轿厢至附近层站，再由专职人员进行处理。

217

电梯运行中突然停车，轿厢处于平层区域时，操作人员应将安全开关断开，用人力打开轿厢门和层门，让乘客撤离。

若轿厢停在两层楼之间的位置时，操作人员应配合维修人员采取以下紧急措施：

1）告知轿厢内的人员，保持镇静。

2）切断总电源开关。

3）维修人员在机房盘车时应由两人以上严格按紧急盘车操作程序进行。一人将摇手手柄装在电动机轴的方头上，握住它并缓慢转动。有的电梯在电动机轴上装有飞轮，而不用摇手柄，则直接用手转动飞轮来移动轿厢，另一人使用专用的工具来放松制动器。

4）两人配合工作，摇转手柄时，放松制动器。不摇转手柄时，加上制动器，将轿厢谨慎移到最近的方便出口。采用手动开门时，可将轿厢移到门正常开启处，在用力开启时，要注意可能有使轿厢门和层门分别打开的特殊装置。

5）在开门时，要确保曳引机处在制动状态，轿厢移动到位后，要将手柄拆下。

6）故障未完全排除时，切勿使用电梯。

2. 电梯安全钳动作

如遇电梯安全钳动作，操作人员应用报警装置或电话通知维修人员，看是否可用慢速将电梯向上开至就近层站，撤离乘客后检修。如无法向上开，且用手轮也无法移动轿厢时，操作人员应首先将安全开关断开，而后，如在平层区域可用人力打开轿厢门和层门，将乘客撤离轿厢，如不在平层区域，则打开安全窗，由维修人员打开相应的层门，采取安全保护措施后组织乘客有秩序地撤离。

3. 电梯发生严重的冲顶和撞底

如果电梯因某些原因失去控制或发生超速而无法控制，按下安全开关或急停按钮也无法停止时，乘客应保持镇静，切勿打开轿厢门企图跳出轿厢。如时间允许，可以手扶轿壁，提起脚跟，膝盖弯曲以减小轿厢冲顶或撞底带来的冲击力。当电梯的各安全装置自动发生作用使电梯停止后，乘客可以有序撤离。

★★★ 13.3 电梯的保养、维护和检修 ★★★

★13.3.1 电梯的经常性巡视

电梯的经常性巡视内容包括：

1）检查曳引电动机的油色、油位、温升、声音是否正常，有无噪声和异味，有无振动和漏油，做好电动机外部卫生。曳引机的外形如图 13-8 所示。

2）检查减速器油位、油色，测试减速器外部温度，听齿轮摩擦声是否正常、有无噪声和异味、有无振动和漏油。

3）各种指示仪表的指示是否正确，各接触器、继电器动作是否正常，有无异味及异常声响。

4）变压器、电阻器、电抗器温度是否正常，有无过热现象和过热痕迹。

图 13-8 曳引机的外形

5）制动器线圈是否过热，制动器绳轮上有无油污。

6）制动时闸瓦与制动轮接触是否平衡，有无剧烈跳振和颤动。

7）闸瓦有无断裂、磨损后余量是否超限。

8）电动机集电环和发电机换向器接触情况是否正常，有无火花，转动有无异常声响和振动。

9）注意检查曳引钢丝绳有无断丝绳股，并做好记录。

10）检查轿顶轮、导向轮和对重轮的转动情况，绳头装置是否滑动。

11）限速器和安全钳的连接以及润滑情况是否正常。

12）控制柜中各开关接触头是否良好。

13）机房温度、清洁情况。机房内不准堆放易燃、易爆和腐蚀性物品，消防器材齐全好用，并应保持机房内清洁卫生。

14）机房电话应畅通。照明良好，指示、标示牌准确无误。盘车轮、开闸板子应固定悬挂于明显位置。

★13.3.2　电梯的例行检查

例行检查是定期对电梯用看、摸、听、嗅等方法对电梯外观的检查保养方法。具体项目和检查内容见表13-2。

表13-2　电梯的例行检查项目和内容

项　目	具　体　内　容
轿厢和各层层门按钮及指示灯	检查各按钮外观正常，触头正常，按钮动作灵活，指示灯外形无损坏，灯泡无烧坏
层门及门套情况	层门及门套清洁无变形，上下间隙一致，指示灯正常，开关门灵活，无碰撞杂音，速度合适
轿厢装置与照明	轿厢无变形，轿壁无损；轿厢内照明正常，紧急照明正常；超载指示、警铃及通信设施正常，风扇正常
机房状态检查	门及门锁合格，机房内有足够照明，通风防尘设备完好，无漏雨现象；各控制框内设备运行正常；制动器灵活可靠；闸瓦无油污；减速箱油适量、无污染、无漏油；限速器转动灵活，无异常声响；曳引轮槽与钢丝绳接触正常不打滑；盘车工具齐全并挂在明显处；机房内应急照明正常
主电路接触器	检查触头烧蚀情况，触头间隙、接触情况正常
轿顶检查	36V检视灯工作应正常，各操作开关有效；轿厢门及各层门导轨、地坎滑槽清洁、无油渍，轿顶清洁无杂物
底坑状态检查	照明正常，急停开关有效，无积水和垃圾。缓冲器工作正常，各限位开关碰轮转动正常；张绳轮离地距离合适，超载装置动作有效
运行状态	电梯运行时，各部分无不正常声响

★13.3.3　电梯的定期保养

1. 周保养

周保养的内容包括：

1）检查抱闸间隙，要求两侧闸瓦同时松开，间隙小于0.7mm且间隙均匀，间隙过大时应予调整，紧固连接螺栓。

2）检查各主要安全装置的工作情况，发现问题及时处理。

3）检查并调整电梯的平层装置。

4）检查曳引、安全、极限开关及钢丝绳的工作和连接情况是否正常。

5）检查轿厢内各项设备的完好性和可靠性。轿厢的外形如图 13-9 所示。

图 13-9　轿厢的外形

2. 月保养

月保养的内容包括：

1）对电梯的减速器和各安全保护装置作一次仔细的检查，发现问题及时处理。

2）检查井道设施和自动门机构。

3）检查轿厢顶轮、导向轮的滑动轴承间隙。

4）对各润滑部位进行一次检查，进行加油或补油。

3. 季保养

季保养的内容包括：

1）对电梯的各传动部分（曳引机、导向轮、曳引绳、轿厢顶轮、导靴、门传动系统）进行全面检查，并进行必要的调整与维修。

2）对各安全装置（电磁制动器、限速器、张紧装置、安全钳等）进行必要的调整。

3）对电气控制系统（接触器、继电器、熔断器、行程开关、电阻器等元件及接线端子）进行工作情况检查，清除各元件上的灰尘和油污。

4. 年保养

年度保养是对电梯进行全面的综合性检查、修理和调整，对电梯的机械、电气、各安全装置的现状、主要零部件的磨损情况进行详细检查，修配或调换老化失效、严重磨损、平时不易更换或因疲劳而降低性能的部件，并测量电器的绝缘电阻值和接地装置的接地电阻值，结合年检对电梯的供电线路进行检查、修复、改造，使电梯有一个良好的状态。

★13.3.4　电梯的常见故障及排除方法

电梯的常见故障及排除方法见表 13-3。

表 13-3　电梯的常见故障及排除方法

故障现象	可能的原因	排除方法
电梯不能关门	1. 关门按钮接触不良 2. 门电动机或关门继电器损坏 3. 关门限位开关损坏或未复位 4. 关门安全触板位置不当 5. 关门继电器线圈串接的触头接触不良 6. 关门指令继电器串接的常闭触头未接通 7. 门机系统皮带打滑	1. 修整触头或更换按钮 2. 检修或更换门电动机或关门继电器 3. 更换限位开关 4. 调整触板 5. 修理触头 6. 检修有关电气线路或修整触头 7. 调换或张紧门机系统皮带

(续)

故障现象	可能的原因	排除方法
电梯不能开门	1. 关门继电器不吸合,开门继电器常吸合,开门终端限位开关不断开 2. 光电、机械安全触板开关接触不良 3. 开门按钮没复位 4. 关门接触器不释放 5. 开门电动机损坏	1. 修复开、关门终端限位开关,检查修理或更换开、关门继电器 2. 检查修理安全触板开关 3. 修理开门按钮,使其灵活无阻滞 4. 修理关门接触器,使其自动释放 5. 检修开门电动机
电梯不能选择要去的层站	1. 电梯处于检修状态 2. 选层定向线路有断路处 3. 选层按钮接触不良 4. 选层器上该层记忆消号触头接触不良	1. 检修开关未复位,应恢复 2. 将断路或接触不良处修复 3. 修理触头或更换按钮 4. 修磨触头,清理积垢
电梯突然停止运行	1. 供电电源停电 2. 控制电源熔丝熔断或控制开关跳闸 3. 门刀碰住门滚轮使钩子锁断开,引起控制电路断电 4. 安全开关动作 5. 平层感应器干簧管触头烧死,表现为一换速就停车	1. 检查停电原因,若停电时间过长,可采取解救措施 2. 更换电源熔丝 3. 调整门刀与门滚轮位置 4. 查明故障原因,排除后方可恢复 5. 更换干簧管
电梯冲顶或撞底	1. 端站减速磁性开关失灵 2. 平衡系数不匹配 3. 钢丝绳与曳引轮绳槽严重磨损或钢丝绳外表油脂过多 4. 制动器闸瓦间隙太大或制动器弹簧的压力太小 5. 上、下极限开关位置装配有误 6. 上、下极限开关动作不灵或损坏	1. 更换端站减速磁性开关 2. 对于新安装的电梯出现冲顶或撞底故障时,应核查供货清单的对重数量以及每块的重量,同时做额定载重的运行试验和超载试验 3. 如果磨损严重,应更换绳轮和钢丝绳,如果未磨损,应清洗绳槽和钢丝绳 4. 检查制动器工作状况,调整闸瓦间隙 5. 调整上、下极限开关位置 6. 更换上、下极限开关
电梯平层误差过大	1. 轿厢过载 2. 制动器未完全松闸或调整不当 3. 制动器制动带严重磨损 4. 平层传感器与隔磁板相对位置不当	1. 严禁超载 2. 调整制动器 3. 更换制动带 4. 调整平层传感器与隔磁板相对位置
电梯只能上行,不能下行	1. 下行机械缓速开关接触不良 2. 下行方向接触器线圈串接的触头接触不良	1. 修整触头或更换行程开关 2. 修整触头,使其接触良好
电梯运行中不应答与运行方向一致的厅外召唤信号	1. 轿底满载开关误动作 2. 轿厢内操纵箱上的专用开关或控制屏上的专用开关未断开 3. 电脑印制板中的软件系统出现"封锁"信号	1. 检查或更换轿底开关 2. 断开操纵箱或控制屏上的专用开关 3. 用专用分析仪检查软件指令是否失落某条指令,如有此问题则应重写 EPROM 中的程序指令
电梯只能在上、下两端站停车	1. 中间层站的上、下行减速磁性开关或光电开关损坏 2. 软件选层器无超前步进信号	1. 更换损坏的开关 2. 重写 EPROM 中程序指令

（续）

故障现象	可能的原因	排除方法
电梯下行时突然掣停	1. 限速器失效 2. 限速器钢丝绳松动 3. 导轨直线度偏差与安全钳楔块间隙过小,引起摩擦阻力,致使误动作	1. 更换限速器 2. 更换钢丝绳,并调整其张紧力,确保运行中无跳动 3. 去除污垢并加油润滑,保证运转灵活
电梯关门后不能运行	1. 内外门锁电气触头未接通 2. 运行方向接触器不工作 3. 安全保护电路不通	1. 检查和清洁门锁电气触头 2. 检修各接触器 3. 检查安全保护电路并修复
电梯运行时,轿厢内听到有摩擦声或碰击声	1. 由于平衡链和补偿绳装配位置不妥,造成擦碰轿壁 2. 轿顶与轿壁、轿壁与轿底、轿架与轿顶、轿架下梁与轿底之间防振消音装置脱落 3. 平衡链与下梁连接处未加减振橡皮予以消音或连接处未加隔振装置 4. 随行电缆未消除应力,产生扭曲,容易擦碰轿壁 5. 导靴与导轨间隙过大 6. 导靴有节奏性地与导轨拼接处擦碰或有其他异物擦碰 7. 导靴靴衬严重磨损 8. 滚轮式导靴轴承磨损 9. 导轨润滑不良 10. 轿厢壁等部分固定螺栓松动 11. 安全钳拉杆防晃器与导轨摩擦	1. 调整平衡链和补偿绳的装配位置,使其适当 2. 检查各防振消音装置,并调整、更换橡皮垫块 3. 检查轿架下梁悬挂平衡链的隔振装置连接是否可靠,若松动或已损坏应更换 4. 检查随行电缆,若扭曲,应垂直悬挂以消除应力 5. 调整导靴与导轨间隙 6. 更换导靴衬垫,清除异物 7. 更换靴衬 8. 更换轴承 9. 清洗导轨或加润滑油 10. 紧固螺栓 11. 调整防晃器
主熔丝经常烧断	1. 熔丝容量小、压接松、接触不良 2. 极限开关或电源总开关动、静触头接触不良 3. 电梯起动、制动时间过长 4. 电动机发生故障 5. 制动器打不开	1. 选择适当的熔丝,并压好、压牢 2. 检查修理或更换 3. 调整起动、制动时间 4. 检查修理 5. 检查修理
个别信号灯不亮	1. 灯丝烧断 2. 电路接点断开或接触不良	1. 更换灯泡 2. 检查电路,紧固接点
轿厢门或层门有麻电感	1. 电路漏电 2. 轿厢门或层门接地线断开或接触不良 3. 接零系统零线或重复接地线断开	1. 检查电路绝缘电阻,其阻值不应低于 $0.5M\Omega$ 2. 检查接地线接地电阻,其阻值不应大于 4Ω 3. 检查并接好
关门时夹人	1. 安全触板微动开关接触不良,使电枢两端电压高且不能改变 2. 微动开关短路 3. 安全触板传动机构损坏	1. 排除故障或更换微动开关 2. 检查电路,排除短路点 3. 更换损坏零件
电梯起动困难,运动速度降低	1. 制动器未打开或松闸间隙小 2. 电源电压太低或断相 3. 电动机发生故障 4. 导靴位置不垂直 5. 减速器润滑不良或蜗杆副径向间隙小产生胶合现象 6. 导轨松动,导轨接头处发生错位,阻力增大甚至导靴不能通过	1. 检查调整制动器 2. 检查电源接点及电压。紧固各触头,电压不超过规定值 $\pm10\%$ 3. 检查电动机 4. 检查调整导靴 5. 按规定加注润滑油,或调整轴承 6. 校正导轨

第14章

弱电系统

★★★　14.1　有线电视系统　★★★

有线电视也叫电缆电视（CATV），它是相对于无线电视而言的一种新型电视传播方式，是从无线电视发展而来的。有线电视较无线电视具有容量大，节目套数多，图像质量高，不受无线电视频道拥挤和干扰的限制，又有开展多功能服务的优势，深受广大用户的喜爱。

★14.1.1　有线电视系统的组成

有线电视系统原理图如图14-1所示。有线电视系统主要由三部分组成，即前端信号源接收与前端设备系统（简称前端系统）、干线传输系统和分配系统组成。

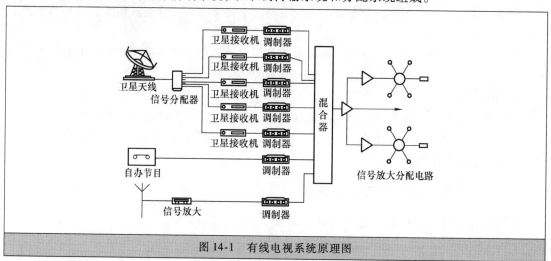

图 14-1　有线电视系统原理图

1. 前端系统

前端系统是有线电视系统最重要的组成部分，这是因为前端信号质量不好，则后面其他部分是难以补救的。

前端系统主要功能是进行信号的接收和处理。这种处理包括信号的接收、放大、信号频率的配置、干扰信号的抑制、信号频谱分量的控制、信号的编码等。对于交互式电视系统还要有加密装置、PC管理和调制解调设备等。

2. 干线传输系统

干线传输系统的功能是控制信号传输过程中的衰变程度。干线放大器的增益应正好抵消电缆的衰减，既不放大也不减小。

干线设备除了干线放大器外，还有电源，电流通过型分支器、分配器，干线电视电缆等。对于长距离传输的干线系统还要采用光缆传输设备，即光发射机、光分波器、光合波器、光接收机、光缆等。

3. 分配系统

分配系统的功能是将电视信号通过电缆分配到每个用户，在分配过程中需保证每个用户的信号质量，即用户能选择到所需要的频道和准确无误地解密或解码。对于双向电缆电视还需要将上行信号正确地传输到前端。

分配系统的主要设备有分配放大器、分支分配器、用户终端和机上变换器。对于双向电缆电视系统还有调制解调器和数据终端等设备。

★14.1.2　有线电视使用的器材

1. 光缆与电缆

光缆与电缆均是有线电视系统的主要传输线，目前主要采用光缆与电缆混合传输的有线电视系统。

2. 分支器

分支器通常用于较高电平的馈电干线中，它能以较小的插入损耗从干线中取出部分信号供给住宅楼或用户，即通过分支器将电视信号中一小部分从分支端输出，大部分功率继续沿干线传输。按支路数的不同，分支器有一分支器、二分支器、三分支器和四分支器等多种。

3. 分配器

分配器把主路信号分成两路或多路电平相等的支路输出，所以分配器是在干线和支线的末端。分配器有二分配器、三分配器、四分配器等多种。

4. 用户终端盒

用户终端盒是有线电视系统与用户电视机相连的部件。用户终端盒上有一个进线口，一个用户插座。用户插座有时是两个插口，其中一个输出电视信号，接用户电视机；另一个是FM接口，用来接调频收音机。

★14.1.3　有线电视连接与卫星接收

有线电视连接与卫星接收见表14-1。

表14-1　有线电视连接与卫星接收

名称	图示	说明
75Ω同轴电缆线	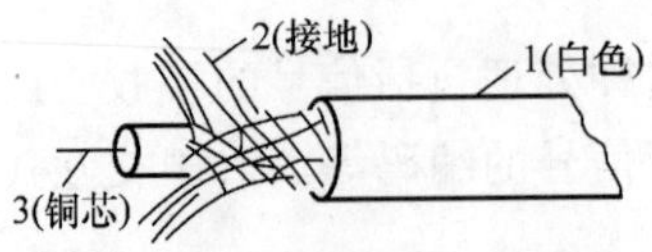 2(接地)　1(白色) 3(铜芯) 1—外皮　2—屏蔽线　3—信号线	1. 根据电视机位置,确定用线总长度 2. 根据线材的明敷或暗敷方式敷线 3. 安装连接插座,屏蔽线接"地"

（续）

名称	图示	说明
分支器	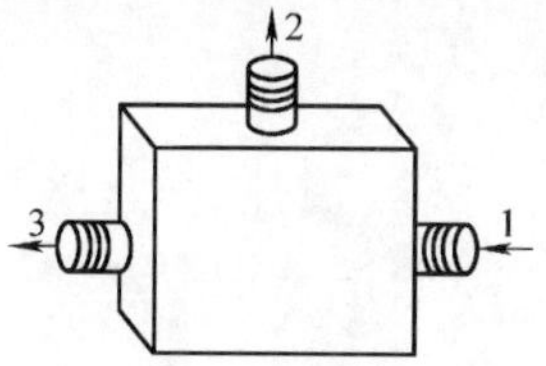	图中"1"为来自上一用户的有线总线，"3"为送至下一用户的有线总线，"2"为送至用户室内的有线总线
分配器	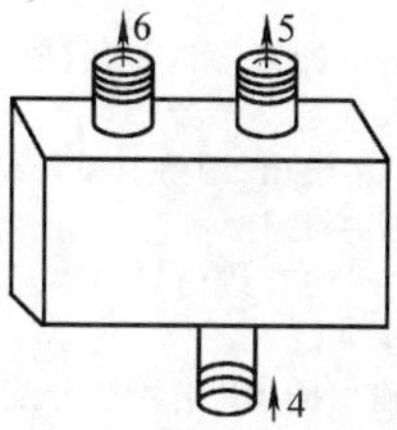	图中"4"连接室内总线，"5"、"6"分别接电视机 A 和电视机 B
用户盒	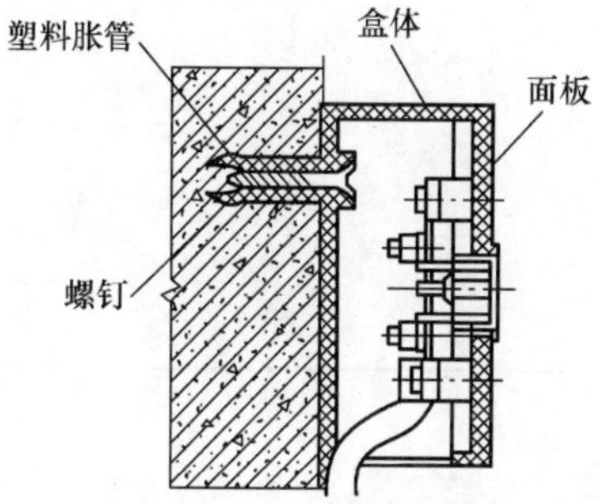	用户盒的安装高度应与室内电源插座齐平且靠近插座。电视机和用户盒的连接采用特性阻抗为 75Ω 的同轴电缆，长度不宜超过 3m
连接插头插座	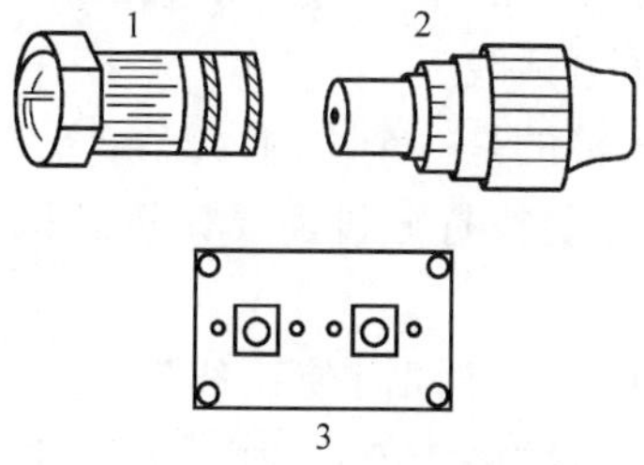	1. 图中"1"为全金属针式螺纹连接头，与分配器、放大器进行连接 2. "2"为塑料插头式连接头，一般与壁座和电视机进行连接 3. "3"为室内总线终端的接线壁座，信号线接座芯，屏蔽线接座芯"地"
卫星接收天线	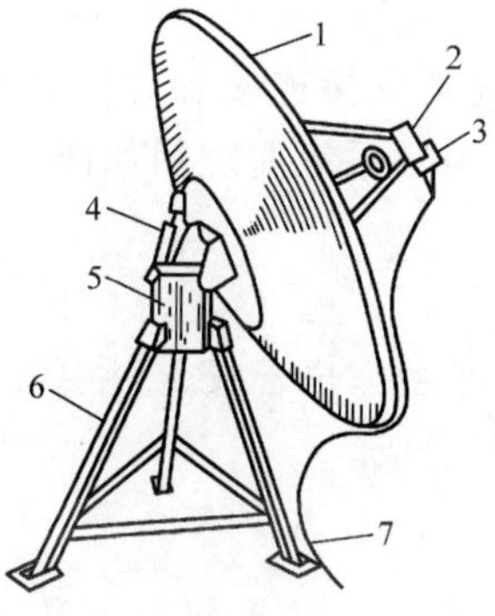	1. 先固定支架"6" 2. 将天线馈线"7"与高频头"3"连接 3. 将馈源"2"、高频头"3"装在天线"1"中心反射支架上 4. 调试仰角"4"和方位角"5"，使接收效果至最佳

（续）

名称	图示	说明
有线电视与卫星天线接收安装	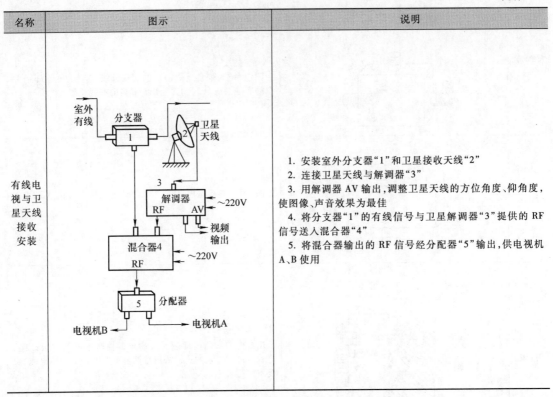	1. 安装室外分支器"1"和卫星接收天线"2" 2. 连接卫星天线与解调器"3" 3. 用解调器 AV 输出,调整卫星天线的方位角度、仰角度,使图像、声音效果为最佳 4. 将分支器"1"的有线信号与卫星解调器"3"提供的 RF 信号送入混合器"4" 5. 将混合器输出的 RF 信号经分配器"5"输出,供电视机 A、B 使用

★★★　14.2　电话系统　★★★

电话系统是一对一的,两部电话要想通话,就必须拥有唯一的一条电话线。因此电话系统中导线的数量非常多,有一部电话机就必须有一条电话线。

与电话机连接的是电话交换机。如果与交换机连接的是一个小的内部系统,这台交换机被称为总机,与它连接的电话机被称为分机。要从外线拨打分机需要先拨总机号,再拨分机号。

交换机之间的线路是公用线路,由于各部电话不会都同时使用线路,因此公用线路的数量要比电话机的门数少得多,一般只有电话机门数的10%左右。由于这些线路是公用的,就会出现没有空闲线路的情况,这就是占线。

如果建筑物内没有交换机,那么进入建筑物的就是直接连接各部电话机的线路,建筑物内有多少部电话机,就需要有多少条线路引入。电话系统原理图如图 14-2所示。

★14.2.1　电话通信线路的组成

电话通信线路从进户管线一直到用户出线口,一般由进户管线、交接设备或总配线设备、上升电缆管线、楼层电缆管线和配线设备等几部分组成。

1. 进户管线

进户管线又分为地下进户和外墙进户两种方式。

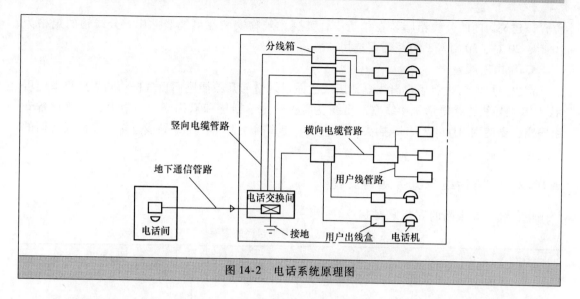

图 14-2　电话系统原理图

1）地下进户。这种方式是为了美观要求而将管线转入地下。如果建筑物设有地下层，地下进户管直接进入地下层，采用进户直管。如果建筑物没有地下层，地下进户管只能直接引入设在底层的配线设备间或分线箱，这时采用进户弯管。

2）外墙进户。这种方式是在建筑物二层预埋进户管至配线设备间或配线箱内，适合于架空或挂墙的电缆进线。

2. 交接设备或总配线设备

交接设备或总配线设备是引入电缆进户后的终端设备，有设置与不设置用户交换机两种情况。如设置用户交换机，则采用总配线箱或总配线架；如不设用户交换机，则常用交接箱或交接间。交接设备宜装在建筑物的一、二层，如有地下室，且较干燥、通风，也可考虑设置在地下室。

3. 上升电缆管路

上升电缆管路有上升管路、上升房和竖井三种类型。

4. 配线设备

配线设备包括电缆、电缆接头箱、过路箱、分线箱（盒）、用户出线盒等。

★14.2.2　系统使用的器材

1. 电缆

电话系统的干线使用电话电缆，室外埋地敷设用铠装电缆，架空敷设用钢丝绳悬挂电缆或自带钢丝绳的电缆，室内使用普通电缆。常用电缆有 HYA 型综合护层塑料绝缘电缆和 HPVV 型铜芯全聚氯乙烯电缆。电缆的对数从 5 对到 2400 对，线芯直径为 0.5mm、0.4mm。

2. 电话线

电话线是连接用户电话机的导线，通常是 RVB 型塑料并行软导线或 RVS 型双绞线，要求高的系统用 HPW 型并行线。

3. 分线箱

电话系统干线电缆与进户连接要使用电话分线箱。电话分线箱按要求安装在需要分线的位置，建筑物内的分线箱暗装在楼道中，高层建筑物安装在电缆竖井中，分线箱的规格为10对、20对、30对等，可按需要选用。

4. 用户出线盒

室内用户安装暗装用户出线盒，出线盒面板规格与开关插座面板规格相同。用户室内可用 RVB 型导线连接电话机接线盒。出线盒面板分为单插座和双插座，面板上为通信设备专用插座，要使用 RJ11 或 RJ45 插头与之连接。使用插座型面板时，导线直接接在面板背面的接线螺钉上。

★14.2.3 电话线与宽带网的安装

电话线与宽带网的安装见表14-2。

表 14-2　电话线与宽带网的安装

名称	图　　示	说　　明
电话电缆布线	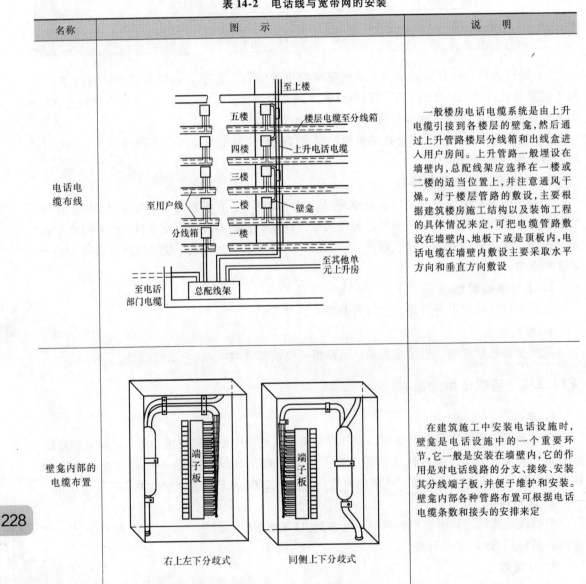	一般楼房电话电缆系统是由上升电缆引接到各楼层的壁龛，然后通过上升管路楼层分线箱和出线盒进入用户房间。上升管路一般埋设在墙壁内，总配线架应选择在一楼或二楼的适当位置上，并注意通风干燥。对于楼层管路的敷设，主要根据建筑楼房施工结构以及装饰工程的具体情况来定，可把电缆管路敷设在墙壁内、地板下或是顶板内，电话电缆在墙壁内敷设主要采取水平方向和垂直方向敷设
壁龛内部的电缆布置		在建筑施工中安装电话设施时，壁龛是电话设施中的一个重要环节，它一般是安装在墙壁内，它的作用是对电话线路的分支、接续、安装其分线端子板，并便于维护和安装。壁龛内部各种管路布置可根据电话电缆条数和接头的安排来定

（续）

名称	图示	说明
壁龛的安装	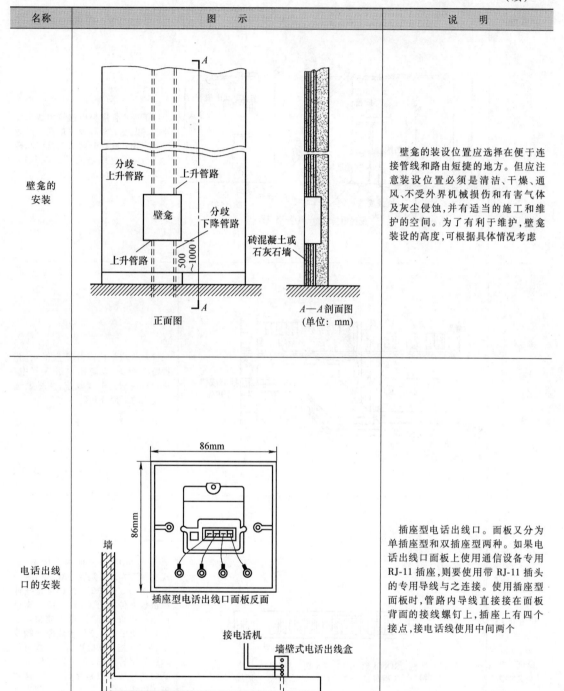	壁龛的装设位置应选择在便于连接管线和路由短捷的地方。但应注意装设位置必须是清洁、干燥、通风、不受外界机械损伤和有害气体及灰尘侵蚀,并有适当的施工和维护的空间。为了有利于维护,壁龛装设的高度,可根据具体情况考虑
电话出线口的安装		插座型电话出线口。面板又分为单插座型和双插座型两种。如果电话出线口面板上使用通信设备专用 RJ-11 插座,则要使用带 RJ-11 插头的专用导线与之连接。使用插座型面板时,管路内导线直接接在面板背面的接线螺钉上,插座上有四个接点,接电话线使用中间两个

（续）

名 称	图 示	说 明
电话线由地下进户	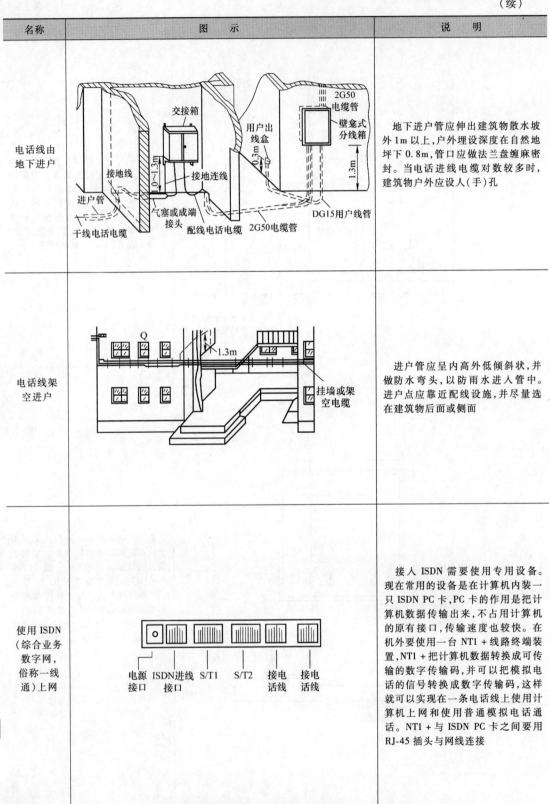	地下进户管应伸出建筑物散水坡外1m以上，户外埋设深度在自然地坪下0.8m，管口应做法兰盘缠麻密封。当电话进线电缆对数较多时，建筑物户外应设人（手）孔
电话线架空进户		进户管应呈内高外低倾斜状，并做防水弯头，以防雨水进入管中。进户点应靠近配线设施，并尽量选在建筑物后面或侧面
使用ISDN（综合业务数字网，俗称一线通）上网		接入ISDN需要使用专用设备。现在常用的设备是在计算机内装一只ISDN PC卡，PC卡的作用是把计算机数据传输出来，不占用计算机的原有接口，传输速度也较快。在机外要使用一台NT1+线路终端装置，NT1+把计算机数据转换成可传输的数字传输码，并可以把模拟电话的信号转换成数字传输码，这样就可以实现在一条电话线上使用计算机上网和使用普通模拟电话通话。NT1+与ISDN PC卡之间要用RJ-45插头与网线连接

（续）

名称	图　示	说　明
使用 ADSL（非对称数字线路）上网	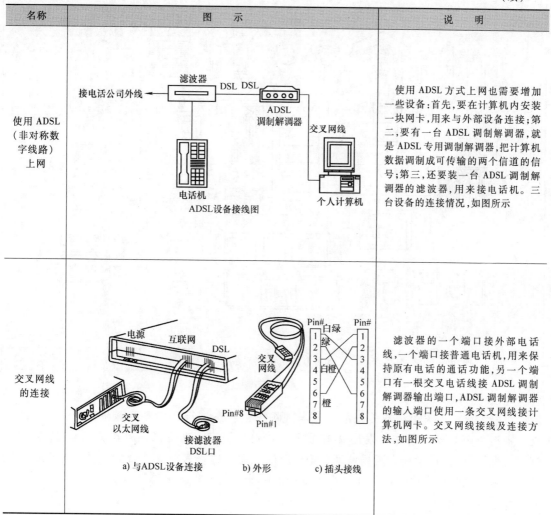	使用 ADSL 方式上网也需要增加一些设备：首先，要在计算机内安装一块网卡，用来与外部设备连接；第二，要有一台 ADSL 调制解调器，就是 ADSL 专用调制解调器，把计算机数据调制成可传输的两个信道的信号；第三，还要装一台 ADSL 调制解调器的滤波器，用来接电话机。三台设备的连接情况，如图所示
交叉网线的连接		滤波器的一个端口接外部电话线，一个端口接普通电话机，用来保持原有电话的通话功能，另一个端口有一根交叉电话线接 ADSL 调制解调器输出端口，ADSL 调制解调器的输入端口使用一条交叉网线接计算机网卡。交叉网线接线及连接方法，如图所示

★★★　14.3　火灾自动报警控制系统　★★★

★14.3.1　火灾自动报警控制系统的主要构成

将火灾自动报警装置和自动灭火装置按实际需要有机地组合起来，配以先进的通信、控制技术，就构成了火灾自动报警控制系统。火灾自动报警控制系统实物示意图如图 14-3 所示。

火灾自动报警控制系统主要由探测、报警和控制三部分组成。

1. 火灾探测部分

火灾探测部分主要由火灾探测器组成，是火灾的检测元件。火灾探测器通过对火灾现场在火灾初期发出的烟雾、燃烧气体、温升、火焰等的探测，将探测到的火情信号转化为火警电信号，然后送入报警系统。

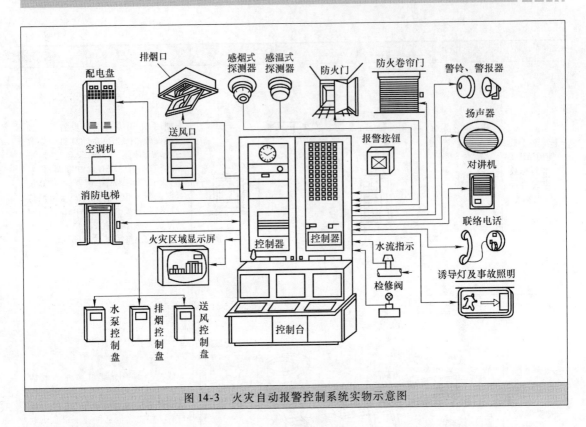

图 14-3 火灾自动报警控制系统实物示意图

2. 报警系统

报警系统将火灾探测器传来的信息与现场正常状态进行比较，经确认已着火或即将着火，则指令声光显示动作，发出音响报警（警铃、警笛、高音扬声器等）、声光报警（警灯、闪烁灯等），显示火灾现场地址，记录时间，通知值班人员立即查看火情并采取相应的扑灭措施，通知火灾广播机工作，火灾专用电话开通向消防队报警等。

3. 控制系统

控制系统接到火警数据并处理后，向相应的控制点发出控制信号，并发出提示声光信号，经过设于现场的执行器（继电器、接触器、电磁阀等）控制各种消防设备，如起动消防泵、喷淋水、喷射灭火剂等消防灭火设备；起动排烟机、关闭隔火门；关闭空调，将电梯迫降，打开人员疏散指示灯，切断非消防电源等。

★14.3.2　火灾探测器的使用和安装

1. 火灾探测器的类型

火灾探测器是整个报警系统的检测单元。火灾探测器根据不同的探测方法和原理，可分为感烟式、感温式、感光式、可燃气体式和复合式探测器等类型。

（1）感烟式火灾探测器

感烟式火灾探测器是当火灾发生时，利用所产生的烟雾，通过烟雾敏感检测元件检测并发出报警信号的装置，按敏感元件分为离子感烟式和光电感烟式两种。

离子感烟式是利用火灾时烟雾进入感烟器电离室，烟雾吸收电子，使电离室的电流和电压发生变化，引起电路动作报警。

光电感烟式是利用烟雾对光线的遮挡使光线减弱，光电元件产生动作电流使电路动作报警。光电感烟式火灾探测器的外形如图14-4所示。

图14-4 光电感烟式火灾探测器的外形

火灾初起时首先要产生大量烟雾，因此，感烟式火灾探测器是在火灾报警系统中用得最多的一种探测器，除了个别不适于安装的位置外均可以使用。一般建筑物中大量安装的是感烟式探测器，探测器安装在天花板下面，每个探测器保护面积为 $75m^2$ 左右，安装高度不大于20m，要避开门、窗口、空调送风口等通风的地方。

（2）感温式火灾探测器

感温式火灾探测器是利用火灾时周围气温急剧升高，通过温度敏感元件使电路动作报警。常用的温度敏感元件有双金属片、低熔点合金、半导体热敏元件等。

感温式火灾探测器用于不适合使用感烟式火灾探测器的场所，但有些场合也不宜使用，如温度在0℃以下的场所，正常温度变化较大的场所，房间高度大于8m的场所，有可能产生阴燃火的场所。

（3）感光式火灾探测器

感光式火灾探测器又称火焰探测器，它是利用火灾发出的红外光线或紫外光线，作用于光电器件上使电路动作报警。

感光式火灾探测器适用于火灾时有强烈的火焰辐射的场所，无阴燃阶段火灾的场所，需要对火焰作出迅速反应的场所。

（4）可燃气体式火灾探测器

可燃气体式火灾探测器的外形如图14-5所示。它可检测建筑物内某些可燃气体，防止可燃气体泄漏造成火灾。

可燃气体式火灾探测器适用于散发可燃气体和可燃蒸汽的场所，如车库，煤气管道附近，发电机室等。

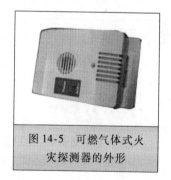

图14-5 可燃气体式火灾探测器的外形

（5）复合式火灾探测器

复合式火灾探测器把两种探测器组合起来，可以更准确地探测到火灾，如感温感烟型，感光感烟型。

2. 火灾探测器的选用

火灾探测器好比是火灾自动报警系统的"眼睛"，它能将火情信号转化为电信号，快速传到报警系统，发出警报，因此正确的选择探测器能有效地提高整个火灾自动报警控制系统的灵敏性和准确性。

选择火灾探测器时，应该了解防火区内可燃物的数量、性质、初期火灾形成和发展的特点、房间的大小和高度、环境特征和对安全的要求等，合理地选用不同类型的火灾探测器。火灾探测器的选用见表14-3。

3. 火灾探测器的安装要求

1）探测器至墙壁、梁的水平距离不应小于0.5m。

2）探测器周围0.5m内，不应有遮挡物。

233

表 14-3　火灾探测器的选用

类型		性能特点	适宜场所	不适宜场所
感烟式火灾探测器	离子式	灵敏度高,性能稳定,对阴燃火的反应最灵敏	1. 商场、饭店、旅馆、教学楼、办公楼的厅堂、卧室、办公室等 2. 电子计算机房、通信机房、电视电影放映室等 3. 楼梯、走廊、电梯机房等 4. 书库、档案库等 5. 有电气火灾危险的场所	1. 正常情况下有烟、蒸汽、粉尘、水雾的场所 2. 气流速度大于5m/s的场所 3. 相对湿度大于95%的场所 4. 有高频电磁干扰的场所
	光电式	灵敏度高,对湿热气流扰动大的场所适应性好		1. 可能产生黑烟 2. 大量积聚粉尘 3. 可能产生蒸汽和油雾 4. 在正常情况下有烟滞留 5. 存在高频电磁干扰
感温式火灾探测器		性能稳定,可靠性及环境适应性好	1. 相对湿度经常高于95% 2. 可能发生无烟火灾 3. 有大量粉尘 4. 经常有烟和蒸汽 5. 厨房、锅炉房、发电机房、茶炉房、烘干车间等 6. 汽车库 7. 吸烟室、小会议室等 8. 其他不宜安装感烟探测器的厅堂和公共场所	1. 有可能产生阴燃火 2. 房间净高大于8m 3. 温度在0℃以下(不宜选用定温火灾探测器) 4. 火灾危险性大,必须早期报警 5. 正常情况下温度变化较大(不宜选用差温火灾探测器)
感光式火灾探测器		对明火反应迅速,探测范围广	1. 火灾时有强烈的火焰辐射 2. 火灾时无阴燃阶段 3. 需要对火灾作出快速反应	1. 可能发生无焰火灾 2. 在火焰出现前有浓烟扩散 3. 探测器的镜头易被污染 4. 探测器的"视线"易被遮挡 5. 探测器易受阳光或其他光源直接或间接照射 6. 在正常情况下有明火作业以及X射线、弧光等影响
可燃气体式火灾探测器		探测能力强,价格低廉,适用范围广	散发可燃气体和可燃蒸汽的场所,如车库、煤气管道附近、发电机室	除适宜选用场所之外所有的场所
复合式火灾探测器		综合探测火灾时的烟雾温度信号,探测准确,可靠性高	装有联动装置系统、单一探测器不能确认火灾的场所	除适宜选用场所之外所有的场所

3）在设有空调系统的房间内,探测器至空调送风口的水平距离不应小于1.5m,至多孔送风顶棚孔口的水平距离不应小于0.5m。

4）在宽度小于3m的内走廊顶棚上设置探测器时,宜居中布置。感温式探测器的安装间距不应超过10m,感烟式探测器的安装间距不应超过15m。探测器距端墙的距离不应大于探测器安装间距的一半。

5）探测器宜水平安装,当必须倾斜安装时,倾斜角不应大于45°。

6）探测器距光源距离应大于1m。

7）当建筑物的室内净空高度小于2.5m或房间面积在30m² 以下,且无侧面上送风的集中空调设备时,感烟式探测器宜设在顶棚中央偏向出口一侧。

8）电梯井、升降机井应在井顶设置感烟式探测器。当机房有足够大的开口,且机房内已设置感烟式探测器时,井顶可不设置探测器。敞井电梯、坡道等可按垂直距离每隔15m

设置一只探测器。

9）探测相对密度小于 1 的可燃性气体时，探测器应安装在环境的上部。探测相对密度大于 1 的可燃性气体时，探测器应安装在距地面 30cm 以下的地方。

★14.3.3 灭火系统

1. 消火栓灭火系统

消火栓灭火是建筑物内最基本和最常用的灭火方式。消火栓灭火系统由蓄水池、水泵、消火栓等组成，如图 14-6 所示。在建筑物各防火分区内均设置有消火栓箱，在消火栓箱内设置有消防按钮。灭火时用小锤敲击按钮的玻璃窗，玻璃打碎后，按钮不再被压下，即恢复常开的状态，从而通过控制电路起动消防泵。消防水泵起动后即可给灭火系统提供一定压力和流量的消防用水。

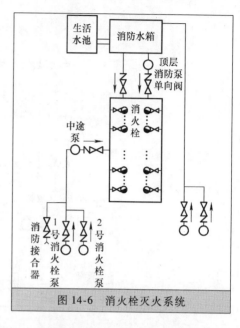

图 14-6 消火栓灭火系统

消火栓箱由水枪、水龙带、消火栓等组成，按安装方式可分为暗装消火栓箱、明装消火栓箱和半明装消火栓箱，如图 14-7 所示。室内消火栓箱应设在走道、楼梯附近等明显且易于取用的地点。消火栓箱应涂红色。消火栓口离地面高度为 1.1m，其出水方向宜向下或与设置消火栓的墙面成 90°角。

2. 自动喷淋水灭火系统

自动喷淋水灭火系统是应用较普遍的固定灭火系统，是解决建筑物早期自防自救的重要措施。自动喷淋水灭火系统的类型较多，主要有湿式喷水灭火系统、干式喷水灭火系统、预作用喷水灭火系统、雨淋灭火系统和水幕系统等。湿式喷水灭火系统是应用最广泛的自动喷水灭火系统，在室内温度不低于 4℃ 的场所，应用此系统特别合适。

图 14-7 半明装消火栓箱

（1）湿式自动喷水灭火系统

湿式自动喷水灭火系统由供水设施、闭式喷头、水流指示器、管网等组成，如图 14-8 所示。这种系统由于其供水管路和喷头内始终充满水，故称为湿式自动喷水灭火系统。

在建筑物的天花板下安装有玻璃泡式喷水喷头（见图 14-9），喷头口用玻璃泡堵住。玻璃泡内装有受热汽化的彩色液体，当发生火灾，室温升高到一定值时，液体汽化，把玻璃球胀碎，压力水通过爆裂的喷头自动喷向火灾现场，达到灭火目的。

235

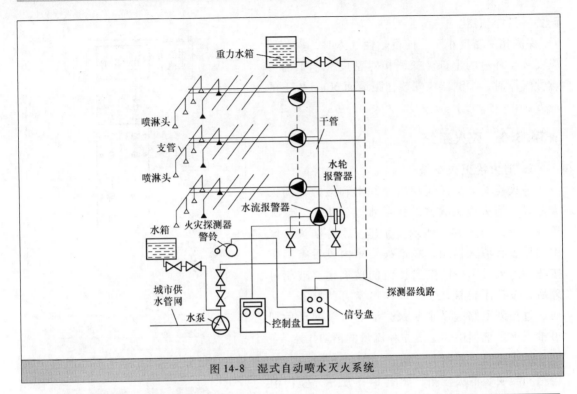

图 14-8　湿式自动喷水灭火系统

湿式自动喷水灭火系统因具有结构简单、工作可靠、灭火迅速等优点而得到广泛应用。但它不适合有冰冻的场所或温度超过 70℃ 的建筑物和场所。

（2）干式自动喷水灭火系统

干式自动喷水灭火系统与湿式自动喷水灭火系统的原理相同，区别在于采用干式报警阀，供水管道平时不充有压力水，而充有一定压力的气体。当灭火现场发生火灾时该系统的玻璃泡式喷水喷头爆裂，供水管道先经过排气充水过程，再实现火灾现场的自动灭火过程。

图 14-9　玻璃泡式喷水喷头

干式自动喷水灭火系统适用于环境温度在 4℃ 以下和 70℃ 以上而不宜采用湿式喷水灭火系统的地方，它能有效避免高温或低温水对系统的危害，但对于火灾可能发生蔓延速度较快的场所不适合采用此种系统。

3. 气体自动灭火系统

在不能用水灭火的场合如计算机房、档案室、配电室等，可选用不同的气体来进行灭火。常用的气体灭火剂有二氧化碳、四氯化碳、卤代烷等，由控制中心控制实施灭火。

常用的气体自动灭火系统有卤代烷灭火系统和二氧化碳灭火系统。

卤代烷灭火系统多使用 1211、1301、2402 等作为灭火剂，其中以 1301 应用最为广泛。

卤代烷灭火系统由贮存容器、容器阀、管道、管道附件及喷嘴等组成，如图 14-10 所示。火灾探测器探测到防护区火灾后，发出报警，同时将信号传到消防控制中心，监控设备起动联动装置，在延时 30s 后，自动起动灭火剂贮存容器，通过管网将灭火剂输送到着火区，从喷嘴喷出，将火扑灭。

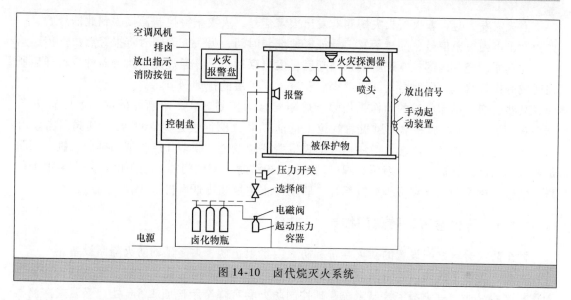

图 14-10　卤代烷灭火系统

卤代烷灭火系统适用于计算机房、图书档案室、文物资料贮藏室等场所，但卤代烷灭火系统不适于活泼金属、金属氢化物、有机过氧化物、硝酸纤维素、炸药等引发的火灾。

★14.3.4　防、排烟控制

防、排烟系统在整个消防联动系统中的作用非常重要，因为在火灾事故中造成的人身伤害，绝大部分是因为窒息的原因造成的。建筑物防烟设备的作用是防止烟气侵入安全疏散通道，而排烟设备的作用是消除烟气的大量积聚并防止烟气扩散到安全疏散通道。

防烟和排烟系统主要由防烟防火阀、防烟与排烟风机、管路、风口等组成，防、排烟系统的动作程序如图 14-11 所示。

237

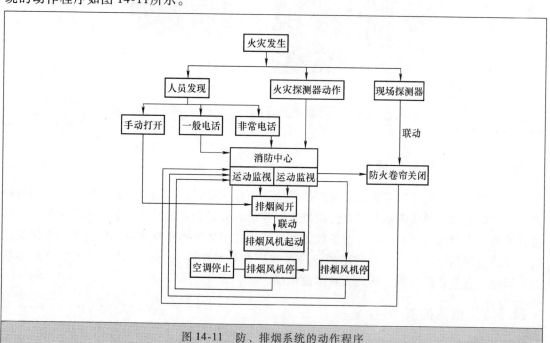

图 14-11　防、排烟系统的动作程序

当火灾发生时，着火层火灾探测器发出火警信号，火灾报警控制器接收到此信号后，一方面发出声光报警信号，并显示及记录报警地址和时间，另一方面同时将报警点数据传递给联动控制器，经其内部控制逻辑关系判断后，发出联动信号，通过配套执行器件自动开启所在区域的排烟风机，同时自动开启着火层及其上、下层的排烟阀口。

某些防烟和排烟阀口的动作采用温度熔断器自动控制方式，熔断器的动作温度有70℃和280℃两种。当防烟和排烟风机总管道上的防烟防火阀温度达到70℃时，其阀门自动开启，并作为报警信号，经输入模块输入火灾报警控制系统，联动开启防烟和排烟风机。当防烟和排烟风机总管道上的防烟防火阀温度达到280℃时，其阀门能自动关闭，并作为报警信号，经输入模块输入火灾报警控制系统，联动停止防烟和排烟风机。

★14.3.5 防火卷帘、防火门控制

两个防火分区之间设置的防火卷帘和防火门是阻止烟、火蔓延的防火隔断设备。

在疏散通道上的防火卷帘两侧应设感烟、感温式探测器组，在其任意一侧感烟式探测器动作报警后，通过火灾报警控制系统联动控制防火卷帘降至距地面1.5m处；感温式探测器动作报警后，经火灾报警控制系统联动控制其下降到底，此时关闭信号应送至消防控制室。作为防火分区分隔的防火卷帘，当任意一侧防火分区的火灾探测器动作后，防火卷帘应一次下降到底。防火卷帘两侧都应设置手动控制按钮及人工升、降装置，在探测器组误动作时，能强制开启防火卷帘。防火卷帘以及手动控制按钮如图14-12所示。

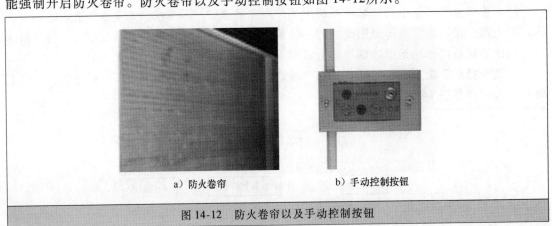

| a）防火卷帘 | b）手动控制按钮 |

图14-12　防火卷帘以及手动控制按钮

★14.3.6 火灾事故广播控制

火灾事故广播系统通常为独立的广播系统。该系统配置有专用的广播扩音机、广播控制盘、分路切换盒、音频传输网络及扬声器等。控制方式分为自动播音和手动播音两种。手动播音控制方式对系统调试和运行维护较方便。当火灾事故广播与建筑物内广播音响系统共用时，可通过联动模块将火灾疏散层的扬声器和广播音响扩音机等强制转入火灾事故广播状态，即停止背景音乐广播，播放火灾事故广播。

★14.3.7 电梯控制

若大楼内设有多部客梯和消防电梯，在发生火灾时，联动模块发出指令，不管客梯处于

任何状态，电梯的按钮将失去控制作用，客梯全部降到首层，客梯门自动打开，等梯内人员疏散后，自动切断客梯电源，同时将动作信号反馈至消防控制室。消防人员需要使用消防电梯时，可在电梯轿厢内使用专用的手动操纵盘来控制其运行。

★14.3.8　手动火灾报警按钮

图 14-13　手动火灾报警按钮

手动火灾报警按钮是人为确认火警的报警装置，它设置在经常有人员走动的地方，而且安装在明显且便于操作的部位。当人工确认发生火灾时，按下此报警按钮，向消防控制中心发出火警信号。手动火灾报警按钮如图 14-13 所示。

手动火灾报警按钮可手动复位取消报警，可多次重复使用，还具有电话通信功能，将话机插入通信插孔内，可与消防控制室直接通话联系。

手动火灾报警按钮应安装在墙上距地面高度为 1.5m 处，应有明显标志。报警区域内每个防火分区应至少设置 1 个手动火灾报警按钮，从一个防火分区内的任何位置到最邻近的一个手动火灾报警按钮的步行距离不应大于 30m。

第 **15** 章

低压电器及应用

★ ★ ★ 15.1 低压熔断器 ★ ★ ★

熔断器是一种广泛应用的最简单有效的保护电器之一。其主体是低熔点金属丝或金属薄片制成的熔体,串联在被保护的电路中。在正常情况下,熔体相当于一根导线,当发生短路或过载时,电流很大,熔体因过热熔化而切断电路。熔断器具有结构简单、价格低廉、使用和维护方便等优点。常用的低压熔断器有瓷插式、螺旋式、无填料封闭管式、有填料封闭管式等几种。

常用熔断器型号的含义如下:

```
                    R □□-□/□
           熔断器 ─┘││  │ │ │
      C: 瓷插式 ──┘│  │ │ └── 熔体额定电流
      L: 螺旋式 ───┘  │ └──── 熔断器额定电流
M: 无填料封闭管式 ───┘ └────── 设计序号
T: 有填料封闭管式 ──┘
      S: 快速 ──┘
```

★15.1.1 几种常用的熔断器

几种常用的熔断器见表 15-1。

表 15-1 几种常用的熔断器

名称	图 示	说 明
瓷插式熔断器	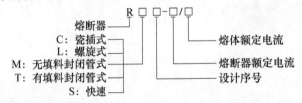	瓷插式熔断器广泛应用于照明电路及电动机控制电路中

（续）

名　称	图　示	说　明
螺旋式熔断器		螺旋式熔断器主要用于在电气线路中对电动机进行过电流及短路保护
有填料封闭管式熔断器	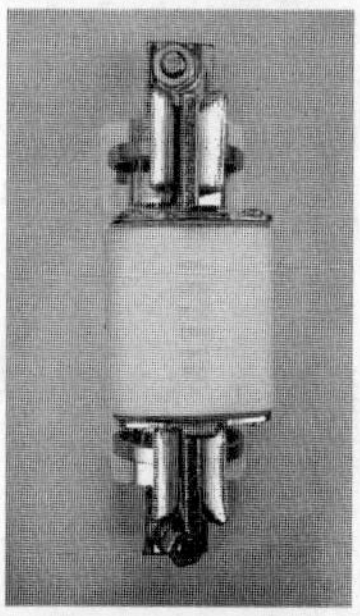	有填料封闭管式熔断器主要用于交流电压 380V 的电路，作为电路、电动机、变压器等过载和短路保护用
无填料封闭管式熔断器		无填料封闭管式熔断器主要用于交流电压 380V，额定电流在 1000A 以内的电路，起到低压配电线路及电气设备的过载、短路保护作用
羊角熔断器		羊角熔断器一般串接于电力线路的进户线上，作为线路过电流保护之用

★15.1.2　熔断器的选用

1）熔断器的类型应根据使用场合及安装条件进行选择。电网配电一般用管式熔断器；电动机保护一般用螺旋式熔断器；照明电路一般用瓷插式熔断器；保护晶闸管则应选择快速熔断器。

2）熔断器的额定电压必须大于或等于线路的电压。

3）熔断器的额定电流必须大于或等于所装熔体的额定电流。

4）合理选择熔体的额定电流。

① 对于变压器、电炉和照明等负载，熔体的额定电流应略大于电路负载的额定电流。

② 对于一台电动机负载的短路保护，熔体的额定电流应大于或等于 1.5～2.5 倍电动机

241

的额定电流。

③ 对几台电动机同时保护，熔体的额定电流应大于或等于其中最大容量的一台电动机的额定电流的 1.5 ~ 2.5 倍加上其余电动机额定电流的总和。

④ 对于减压起动的电动机，熔体的额定电流应等于或略大于电动机的额定电流。

★15.1.3　熔断器安装及使用的注意事项

1）安装时应保证熔体和触刀，以及触刀和触刀座之间接触紧密可靠，以免由于接触处发热，使熔体温度升高，发生误熔断。

2）安装熔体时必须保证接触良好，不允许有机械损伤，否则准确性将大大降低。

3）熔断器应安装在各相线上，三相四线制电源的中性线上不得安装熔断器，而单相两线制的零线上应安装熔断器。

4）瓷插式熔断器安装熔丝时，熔丝应顺着螺钉旋紧方向绕过去，同时应注意不要划伤熔丝，也不要把熔丝绷紧，以免减小熔丝截面积尺寸或绷断熔丝。

5）安装螺旋式熔断器时，必须注意将电源线接到瓷底座的下接线端（即低进高出的原则），以保证安全。

6）更换熔丝，必须先断开电源，一般不应带负载更换熔断器，以免发生危险。

7）更换熔体时，必须注意新熔体的规格尺寸、形状应与原熔体相同，不能随意更换。

★15.1.4　熔断器的常见故障及检修方法

熔断器的常见故障及检修方法见表 15-2。

表 15-2　熔断器的常见故障及检修方法

故障现象	产 生 原 因	检 修 方 法
熔丝或熔丝管、熔丝片换上后瞬间全部熔断	1. 电源负载线路短路或线路接线错误 2. 更换的熔丝过小，负载太大难以承受 3. 电动机负载过重，起动熔丝熔断，使电动机卡死	1. 接线错误应予更正，查出短路点，修复后再供电 2. 根据线路和负载情况重新计算熔丝的容量 3. 若查出电动机卡死，应检修机械部分使其恢复正常
熔丝更换后在压紧螺钉附近慢慢熔断	1. 接线桩头或压熔丝的螺钉锈死，压不紧熔丝或导线 2. 导线过细或负载过重 3. 铜铝连接时间过长，引起接触不良 4. 瓷插式熔断器插头与插座间接触不良 5. 熔丝规格过小，负载过重	1. 更换同型号的螺钉及垫片并重新压紧熔丝 2. 根据负载大小重新计算所用导线截面积，更换新导线 3. 去掉铜、铝接头处氧化层，重新压紧接触头 4. 把瓷插头的触头爪向内扳一点，使其能在插入插座后接触紧密，并且用砂布打磨瓷插式熔断器金属的所有接触面 5. 根据负载情况可更换大一号的熔丝
瓷插式熔断器破损	1. 瓷插式熔断器人为损坏 2. 瓷插式熔断器因电流过大引起发热，自身烧坏	1. 更换瓷插式熔断器 2. 更换瓷插式熔断器
螺旋式熔断器更换后不通电	1. 螺旋式熔断器未旋紧，引起接触不良 2. 螺旋式熔断器外壳底面接触不良，里面有尘屑或金属皮因熔断器熔断时熔坏脱落	1. 重新旋紧新换的熔丝 2. 更换同型号的熔断器外壳后装入适当熔丝芯重新旋紧

★★★　15.2　低压断路器　★★★

断路器具有多种保护功能，动作后不需要更换元器件，动作电流可根据需要调整，工作可靠、安装方便、分断能力较强，因此被广泛应用于各种动力配电设备的开关电源、总电源开关线路和机床设备中，低压断路器的外形如图 15-1 所示。

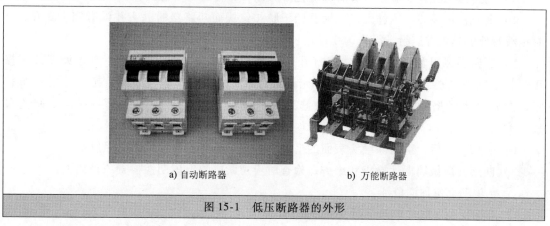

a) 自动断路器　　　　b) 万能断路器

图 15-1　低压断路器的外形

低压断路器的型号含义如下：

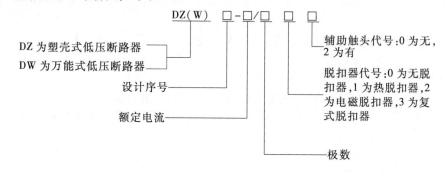

DZ 为塑壳式低压断路器

DW 为万能式低压断路器

设计序号

额定电流

极数

辅助触头代号:0 为无，2 为有

脱扣器代号:0 为无脱扣器,1 为热脱扣器,2 为电磁脱扣器,3 为复式脱扣器

★15.2.1　低压断路器的选用

1）根据电气装置的要求选定断路器的类型、极数以及脱扣器的类型、附件的种类和规格。

2）断路器的额定工作电压应大于或等于线路或设备的额定工作电压。对于配电电路来说，应注意区别是电源端保护还是负载端保护，电源端电压比负载端电压高出约 5%。

3）热脱扣器的额定电流应等于或稍大于电路工作电流。

4）根据实际需要，确定电磁脱扣器的额定电流和瞬时动作整定电流。

① 电磁脱扣器的额定电流只要等于或稍大于电路工作电流即可。

② 电磁脱扣器的瞬时动作整定电流：作为单台电动机的短路保护时，电磁脱扣器的整定电流为电动机起动电流的 1.35 倍（DW 系列断路器）或 1.7 倍（DZ 系列断路器）；作多台电动机的短路保护时，电磁脱扣器的整定电流为 1.3 倍最大一台电动机的起动电流再加上其余电动机的工作电流。

243

★15.2.2　低压断路器的安装、使用和维护

1）断路器的上接线端为进线端，下接线端为出线端，N 极为中性板，不允许倒装。

2）当低压断路器用作总开关或电动机的控制开关时，在断路器的电源进线侧必须加装隔离开关、刀开关或熔断器，作为明显的断开点。凡设有接地螺钉的产品，均应可靠接地。

3）断路器在过载或短路保护后，应先排除故障，再进行合闸操作。

4）断路器承载的电流过大，手柄已处于脱扣位置而断路器的触头并没有完全断开，此时负载端处于非正常运行，需人为切断电流，更换断路器。

5）断路器断开短路电流后，应打开断路器检查触头、操作机构。如触头完好，操作机构灵活，试验按钮操作可靠，则允许继续使用。若发现有弧烟痕迹，可用干布抹净；若弧触头已烧毛，可用细锉小心修整，但烧毛严重，则应更换断路器，以避免事故发生。

6）长期使用后，可清除触头表面的毛刺和金属颗粒，保持良好的电接触。

7）断路器应做周期性检查和维护，检查时应切断电源。周期性检查项目如下：

① 在传动部位加润滑油。

② 清除外壳表层尘埃；保持良好绝缘。

③ 清除灭弧室内壁和栅片上的金属颗粒和黑烟灰，保持良好的灭弧效果。如灭弧室损坏，断路器则不能继续使用。

★15.2.3　低压断路器的常见故障及检修方法

低压断路器的常见故障及检修方法见表 15-3。

表 15-3　低压断路器的常见故障及检修方法

故障现象	产生原因	检修方法
电动操作的断路器触头不能闭合	1. 电源电压与断路器所需电压不一致 2. 电动机操作定位开关不灵，操作机构损坏 3. 电磁铁拉杆行程不到位 4. 控制设备电路断路或元器件损坏	1. 应重新通入一致的电压 2. 重新校正定位机构，更换损坏机构 3. 更换拉杆 4. 重新接线，更换损坏的元器件
手动操作的断路器触头不能闭合	1. 断路器机械机构复位不好 2. 失电压脱扣器无电压或线圈烧毁 3. 储能弹簧变形，导致闭合力减弱 4. 弹簧的反作用力过大	1. 调整机械机构 2. 无电压时应通入电压，线圈烧毁应更换同型号线圈 3. 更换储能弹簧 4. 调整弹簧，减少反作用力
断路器有一相触头接触不上	1. 断路器一相连杆断裂 2. 操作机构一相卡死或损坏 3. 断路器连杆之间角度变大	1. 更换其中一相连杆 2. 检查机构卡死原因，更换损坏元件 3. 把连杆之间的角度调整至 170°为宜
断路器失电压脱扣器不能自动开关分断	1. 断路器机械机构卡死不灵活 2. 反力弹簧作用力变小	1. 重新装配断路器，使其机构灵活 2. 调整反力弹簧，使反作用力及储能力增大
断路器分励脱扣器不能使断路器分断	1. 电源电压与线圈电压不一致 2. 线圈烧毁 3. 脱扣器整定值不对 4. 电动开关机构螺钉未拧紧	1. 重新通入合适电压 2. 更换线圈 3. 重新整定脱扣器的整定值，使其动作准确 4. 紧固螺钉

（续）

故障现象	产生原因	检修方法
在起动电动机时断路器立刻分断	1. 负载电流瞬时过大 2. 过电流脱扣器瞬时整定值过小 3. 橡皮膜损坏	1. 处理超载的问题，然后恢复供电 2. 重新调整过电流脱扣器瞬时整定弹簧及螺钉，使其整定到合适位置 3. 更换橡皮膜
断路器在运行一段时间后自动分断	1. 较大容量的断路器电源进出线接头连接处松动，接触电阻大，在运行中发热，引起电流脱扣器动作 2. 过电流脱扣器延时整定值过小 3. 热元件损坏	1. 对于较大负荷的断路器，要松开电源进出线的固定螺钉，去掉接触杂质，把接线鼻重新压紧 2. 重新整定过电流值 3. 更换热元件，严重时要更换断路器
断路器噪声较大	1. 失电压脱扣器反力弹簧作用力过大 2. 线圈铁心接触面不洁或生锈 3. 短路环断裂或脱落	1. 重新调整失电压脱扣器弹簧压力 2. 用细砂纸打磨铁心接触面，涂上少许机油 3. 重新加装短路环
断路器辅助触头不通	1. 辅助触头卡死或脱落 2. 辅助触头不洁或接触不良 3. 辅助触头传动杆断裂或滚轮脱落	1. 重新拨正装好辅助触头机构 2. 把辅助触头清擦一次或用细砂纸打磨触头 3. 更换同型号的传动杆或滚轮
断路器在运行中温度过高	1. 通入断路器的主导线接触处未接紧，接触电阻过大 2. 断路器触头表面磨损严重或有杂质，接触面积减小 3. 触头压力降低	1. 重新检查主导线的接线鼻，并使导线在断路器上压紧 2. 用锉刀把触头打磨平整 3. 调整触头压力或更换弹簧
带半导体过电流脱扣的断路器，在正常运行时误动作	1. 周围有大型设备的磁场影响半导体脱扣开关，使其误动作 2. 半导体器件损坏	1. 仔细检查周围的大型电磁铁分断时磁场产生的影响，并尽可能使两者距离远些 2. 更换损坏的器件

★★★　15.3　交流接触器　★★★

交流接触器实际上是一种远控开关电器，在机床电器自动控制中用它来接通或断开正常工作状态下的主电路和控制电路，也可供远距离接通及分断线路之用，并可频繁地起动及控制交流电动机。

交流接触器的电磁线圈通入额定电压后，线圈中便产生磁场，将动铁心向下吸合，这时所有的主辅触头在衔铁的动作联动下全部闭合，常闭触头却随之断开。当线圈断电时，静铁心吸力消失，动铁心在弹簧力的反作用下复位，从而带动各个触头全部回复原位。交流接触器的外形如图 15-2 所示。

a) CJ20–25 交流接触器

b) CJT1–20 交流接触器

图 15-2　交流接触器的外形

CJ20 系列交流接触器的型号含义如下：

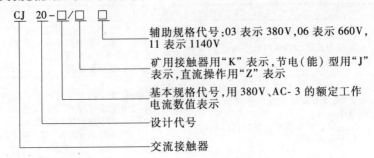

CJ20-□/□ □

辅助规格代号：03 表示 380V,06 表示 660V,
11 表示 1140V

矿用接触器用"K"表示,节电(能)型用"J"
表示,直流操作用"Z"表示

基本规格代号,用 380V、AC-3 的额定工作
电流数值表示

设计代号

交流接触器

CJT1 系列接触器的型号含义如下：

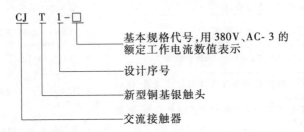

CJT1-□

基本规格代号,用 380V、AC-3 的
额定工作电流数值表示

设计序号

新型铜基银触头

交流接触器

★15.3.1 交流接触器的选用

1) 接触器类型的选择。根据电路中负载电流的种类来选择。即交流负载应选用交流接触器，直流负载应选用直流接触器。

2) 主触头额定电压和额定电流的选择。接触器主触头的额定电压应大于或等于负载电路的额定电压。主触头的额定电流应大于负载电路的额定电流。

3) 线圈电压的选择。交流线圈电压：36V、110V、127V、220V、380V；直流线圈电压：24V、48V、110V、220V、440V；从人身和设备安全角度考虑，线圈电压可选择低一些；但当控制电路简单，线圈功率较小时，为了节省变压器，可选 220V 或 380V。

4) 触头数量及触头类型的选择。通常接触器的触头数量应满足控制电路数的要求，触头类型应满足控制电路的功能要求。

5) 接触器主触头额定电流的选择。主触头额定电流应满足下面条件，即

$$I_{N主触头} \geqslant P_{N电动机} / [(1 \sim 1.4) U_{N电动机}]$$

若接触器控制的电动机起动或正反转频繁，一般将接触器主触头的额定电流降一级使用。

6) 接触器主触头额定电压的选择。使用时要求接触器主触头额定电压应大于或等于负载的额定电压。

7) 接触器操作频率的选择。操作频率是指接触器每小时的通断次数。当通断电流较大或通断频率过高时，会引起触头过热，甚至熔焊。操作频率若超过规定值，应选用额定电流大一级的接触器。

8) 接触器线圈额定电压的选择。接触器线圈的额定电压不一定等于主触头的额定电压，当电路简单、使用电器少时，可直接选用 380V 或 220V 电压的线圈，如电路较复杂、使用电器超过 5 个时，可选用 24V、48V 或 110V 电压的线圈。

★**15.3.2　交流接触器的安装、使用和维护**

1）接触器应垂直安装于直立的平面上，与垂直面的倾斜不超过5°。

2）接触器在主电路不通电的情况下通电操作数次确认无不正常现象后，方可投入运行。接触器的灭弧罩未装好之前，不得操作接触器。

3）接触器使用时，应进行经常和定期的检查与维修。经常清除表面污垢，尤其是进出线端相间的污垢。

4）接触器工作时，如发出较大的噪声，可用压缩空气或小毛刷清除衔铁极面上的尘垢。

5）使用中如发现接触器在切除控制电源后，衔铁有显著的释放延迟现象时，可将衔铁极面上的油垢擦净，即可恢复正常。

6）接触器的触头如受电弧烧黑或烧毛时，并不影响其性能，可以不必进行修理，否则，反而可能促使其提前损坏。但触头和灭弧罩如有松散的金属小颗粒应清除。

7）接触器的触头如因电弧烧损，以致厚薄不均时，可将桥形触头调换方向或相别，以延长其使用寿命。此时，应注意调整触头使之接触良好，每相下断点不同期接触的最大偏差不应超过0.3mm，并使每相触头的下断点较上断点滞后接触约0.5mm。

★**15.3.3　交流接触器的常见故障及检修方法**

接触器的常见故障及检修方法见表15-4。

表15-4　接触器的常见故障及检修方法

故障现象	产生原因	检修方法
接触器线圈过热或烧毁	1. 电源电压过高或过低 2. 操作接触器过于频繁 3. 环境温度过高使接触器难以散热或线圈在有腐蚀性气体或潮湿环境下工作 4. 接触器铁心端面不平,消剩磁气隙过大或有污垢 5. 接触器动铁心机械故障使其通电后不能吸上 6. 线圈有机械损伤或中间短路	1. 调整电压到正常值 2. 改变操作接触器的频度或更换合适的接触器 3. 改善工作环境 4. 清理擦拭接触器铁心端面,严重时更换铁心 5. 检查接触器机械部分动作不灵或卡死的原因,修复后如线圈烧毁应更换同型号线圈 6. 更换接触器线圈,排除造成接触器线圈机械损伤的故障
接触器触头熔焊	1. 接触器负载侧短路 2. 接触器触头超负载使用 3. 接触器触头质量太差发生熔焊 4. 触头表面有异物或有金属颗粒突起 5. 触头弹簧压力过小 6. 接触器线圈与通入线圈的电压线路接触不良,造成高频率的通断,使接触器瞬间多次吸合释放	1. 首先断电,用螺钉旋具把熔焊的触头分开,修整触头接触面,并排除短路故障 2. 更换容量大一级的接触器 3. 更换合格的高质量接触器 4. 清理触头表面 5. 重新调整好弹簧压力 6. 检查接触器线圈控制电路接触不良处,并修复

247

（续）

故障现象	产生原因	检修方法
接触器铁心吸合不上或不能完全吸合	1. 电源电压过低 2. 接触器控制电路有误或接不通电源 3. 接触器线圈断线或烧坏 4. 接触器衔铁机械部分不灵活或动触头卡住 5. 触头弹簧压力过大或超程过大	1. 调整电压达正常值 2. 更正接触器控制电路；更换损坏的电气元件 3. 更换线圈 4. 修理接触器机械故障，去除生锈，并在机械动作机构处加些润滑油；更换损坏零件 5. 按技术要求重新调整触头弹簧压力
接触器铁心释放缓慢或不能释放	1. 接触器铁心端面有油污造成释放缓慢 2. 反作用弹簧损坏，造成释放慢 3. 接触器铁心机械动作机构被卡住或生锈动作不灵活 4. 接触器触头熔焊造成不能释放	1. 取出动铁心，用棉布把两铁心端面油污擦净，重新装配好 2. 更换新的反作用弹簧 3. 修理或更换损坏零件；清除杂物与除锈 4. 用螺钉旋具把动静触头分开，并用钢锉修整触头表面
接触器相间短路	1. 接触器工作环境极差 2. 接触器灭弧罩损坏或脱落 3. 负载短路 4. 正反转接触器操作不当，加上联锁互锁不可靠，造成换向时两只接触器同时吸合	1. 改善工作环境 2. 重新选配接触器灭弧罩 3. 处理负载短路故障 4. 重新联锁换向接触器互锁电路，并改变操作方式，不能同时按下两只换向接触器起动按钮
接触器触头过热或灼伤	1. 接触器在环境温度过高的地方长期工作 2. 操作过于频繁或触头容量不够 3. 触头超程太小 4. 触头表面有杂质或不平 5. 触头弹簧压力过小 6. 三相触头不能同步接触 7. 负载侧短路	1. 改善工作环境 2. 尽可能减少操作频率或更换大一级容量的接触器 3. 重新调整触头超程或更换触头 4. 清理触头表面 5. 重新调整弹簧压力或更换新弹簧 6. 调整接触器三相动触头，使其同步接触静触头 7. 排除负载短路故障
接触器工作时噪声过大	1. 通入接触器线圈的电源电压过低 2. 铁心端面生锈或有杂物 3. 铁心吸合时歪斜或机械有卡住故障 4. 接触器铁心短路环断裂或脱掉 5. 铁心端面不平磨损严重 6. 接触器触头压力过大	1. 调整电压 2. 清理铁心端面 3. 重新装配、修理接触器机械动作机构 4. 焊接短路环并重新装上 5. 更换接触器铁心 6. 重新调整接触器弹簧压力，使其适当为止

★★★ 15.4 热继电器 ★★★

248

热继电器是由双金属片和围绕在双金属片外面的电阻丝组成。当电动机过载时，过载电流通过电路中的电阻丝,使电阻丝温度升高,这时双金属片受热膨胀,并弯向膨胀系数小的一面,通过绝缘导板推动常闭触头断开,从而切断所要保护的电器的电源回路。JR29-45 热继电器的外形如图 15-3 所示。

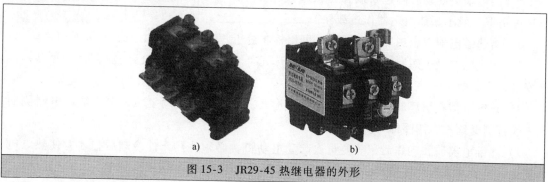

a)　　　　　　　　　b)

图 15-3　JR29-45 热继电器的外形

热继电器的型号含义为

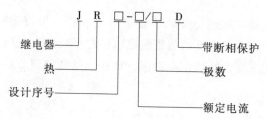

J R □-□/□　D

继电器 —— 　　　　　　 —— 带断相保护

热 —— 　　　　　　　　　 —— 极数

设计序号 —— 　　　　　　 —— 额定电流

★15.4.1　热继电器的选用

1) 热继电器的类型选用:一般轻载起动、长期工作的电动机或间断长期工作的电动机,选择两相结构的热继电器;当电源电压的均衡性和工作环境较差或较少有人照管的电动机,或多台电动机的功率差别较大,可选择三相结构的热继电器;而三角形联结的电动机,应选用带断相保护装置的热继电器。

2) 热继电器的额定电流选用:热继电器的额定电流应略大于电动机的额定电流。

3) 热继电器的型号选用:根据热继电器的额定电流应大于电动机的额定电流原则,查表确定热继电器的型号。

4) 热继电器的整定电流选用:一般将热继电器的整定电流调整到等于电动机的额定电流;对过载能力差的电动机,可将热元件整定值调整到电动机额定电流的 0.6 ~ 0.8 倍;对起动时间较长,拖动冲击性负载或不允许停车的电动机,热继电器的整定电流应调节到电动机额定电流的 1.1 ~ 1.15 倍。

★15.4.2　热继电器的安装、使用和维护

1) 必须选用与所保护的电动机额定电流相同的热继电器,如不符合,则将失去保护作用。

2) 热继电器除了接线螺钉外,其余螺钉均不得拧动,否则其保护特性即行改变。

3) 当热继电器与其他电器安装在一起时,应将它安装在其他电器的下方,以免其动作特性受到其他电器发热的影响。

4）热继电器的主电路连接导线不宜太粗，也不宜太细。如连接导线过细，轴向导热性差，热继电器可能提前动作；反之，连接导线太粗，轴向导热快，热继电器可能滞后动作。

5）当电动机起动时间过长或操作次数过于频繁时，会使热继电器误动作或烧坏电器，故这种情况一般不用热继电器作过载保护。

6）若热继电器双金属片出现锈斑，可用棉布蘸上汽油轻轻揩拭，切忌用砂纸打磨。

7）当主电路发生短路事故后，应检查发热元件和双金属片是否已经发生永久变形，若已变形，应更换。

8）热继电器在出厂时均调整为自动复位形式。如欲调为手动复位，可将热继电器侧面孔内螺钉倒退约三、四圈即可。

9）热继电器脱扣动作后，若要再次起动电动机，必须待热元件冷却后，才能使热继电器复位。一般自动复位需待 5min，手动复位需待 2min。

10）热继电器的整定电流必须按电动机的额定电流进行调整，在作调整时，绝对不允许弯折双金属片。

11）为使热继电器的整定电流与负载的额定电流相符，可以旋动调节旋钮，使所需的电流值对准白色箭头，旋钮上的电流值与整定电流值之间可能有所误差，可在实际使用时按情况略有偏转。如需用两刻度之间整定电流值，可按比例转动调节旋钮，并在实际使用时适当调整。

★15.4.3 热继电器的常见故障及检修方法

热继电器的常见故障及检修方法见表 15-5。

表 15-5 热继电器的常见故障及检修方法

故障现象	产生原因	检修方法
热继电器误动作	1. 选用热继电器规格不当或大负载选用热继电器电流值太小 2. 热继电器整定电流值偏低 3. 电动机起动电流过大，电动机起动时间过长 4. 反复在短时间内起动电动机，操作过于频繁 5. 连接热继电器主电路的导线过细、接触不良或主导线在热继电器接线端子上未压紧 6. 热继电器受到强烈的冲击振动	1. 更换热继电器，使它的额定值与电动机额定值相符 2. 调整热继电器整定值，使其正好与电动机的额定电流值相符合并对应 3. 减轻起动负载；电动机起动时间过长时，应将时间继电器调整的时间稍短些 4. 减少电动机起动次数 5. 更换连接热继电器主电路的导线，使其截面积符合电流要求；重新压紧热继电器主电路的导线端子 6. 改善热继电器使用环境
热继电器在超负载电流值时不动作	1. 热继电器动作电流值整定得过高 2. 动作二次触头有污垢造成短路 3. 热继电器烧坏 4. 热继电器动作机构卡死或导板脱出 5. 连接热继电器的主电路导线过粗	1. 重新调整热继电器电流值 2. 用酒精清洗热继电器的动作触头，更换损坏部件 3. 更换同型号的热继电器 4. 调整热继电器动作机构，并加以修理，如导板脱出，要重新放入并调整好 5. 更换成符合标准的导线

（续）

故障现象	产 生 原 因	检 修 方 法
热继电器烧坏	1. 热继电器在选择的规格上与实际负载电流不相配 2. 流过热继电器的电流严重超载或负载短路 3. 可能是操作电动机过于频繁 4. 热继电器动作机构不灵,使热元件长期超载而不能保护热继电器 5. 热继电器的主接线端子与电源线连接时有松动现象或氧化,线头接触不良引起发热烧坏	1. 热继电器的规格要选择适当 2. 检查电路故障,在排除短路故障后,更换合适的热继电器 3. 改变操作电动机方式,减少起动电动机次数 4. 更换动作灵敏的合格热继电器 5. 设法去掉接线头与热继电器接线端子的氧化层,并重新压紧热继电器的主接线

★★★　15.5　时间继电器　★★★

在电气配电设备应用中,为了达到自动控制电器动作的目的,常常用到一种延时开关——时间继电器。时间继电器是一种利用电磁原理或机械动作原理来延迟触头闭合或分断的自动控制器件。时间继电器的外形如图 15-4 所示。

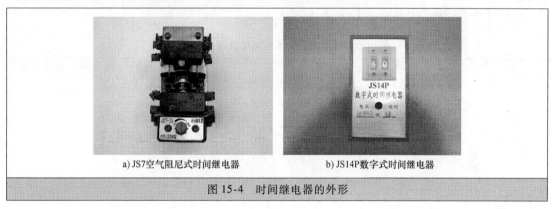

a) JS7空气阻尼式时间继电器　　　b) JS14P数字式时间继电器

图 15-4　时间继电器的外形

常用的 JS7-A 系列时间继电器的型号含义为

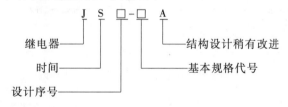

★15.5.1　时间继电器的选用

1）类型的选择。在要求延时范围大、延时准确度较高的场合,应选用电动式或电子式时间继电器。当延时精度要求不高、电源电压波动大的场合,可选用价格较低的电磁式或气囊式时间继电器。

2）线圈电压的选择。根据控制电路电压来选择时间继电器吸引线圈的电压。

3）延时方式的选择。时间继电器有通电延时和断电延时两种,应根据控制电路的要求来选择哪一种延时方式的时间继电器。

★15.5.2　时间继电器的安装使用和维护

1）必须按接线端子图正确接线，核对继电器额定电压与将接的电源电压是否相符，直流型注意电源极性。

2）对于晶体管时间继电器，延时刻度不表示实际延时值，仅供调整参考。若需精确的延时值，需在使用时先核对延时数值。

3）JS7-A系列时间继电器由于无刻度，故不能准确地调整延时时间，同时气室的进排气孔也有可能被尘埃堵住而影响延时的准确性，应经常清除灰尘及油污。

4）JS7-1A、JS7-2A系列时间继电器只要将电磁线圈部分转动180°即可将通电延时改为断电延时方式。

5）JS11-□1系列通电延时继电器，必须在分断离合器电磁铁线圈电源时才能调节延时值；而JS11-□2系列断电延时继电器，必须在接通离合器电磁铁线圈电源时才能调节延时值。

★15.5.3　时间继电器的常见故障及检修方法

时间继电器的常见故障及检修方法见表15-6。

表15-6　时间继电器的常见故障及检修方法

故障现象	产 生 原 因	检 修 方 法
延时触头不动作	1. 电磁铁线圈断线 2. 电源电压低于线圈额定电压很多 3. 电动式时间继电器的同步电动机线圈断线 4. 电动式时间继电器的棘爪无弹性，不能刹住棘齿 5. 电动式时间继电器游丝断裂	1. 更换线圈 2. 更换线圈或调高电源电压 3. 重绕电动机线圈，或调换同步电动机 4. 更换新的合格的棘爪 5. 更换游丝
延时时间缩短	1. 空气阻尼式时间继电器的气室装配不严，漏气 2. 空气阻尼式时间继电器的气室内橡皮薄膜损坏	1. 修理或调换气室 2. 更换橡皮薄膜
延时时间变长	1. 空气阻尼式时间继电器的气室内有灰尘，使气道阻塞 2. 电动式时间继电器的传动机构缺润滑油	1. 清除气室内灰尘，使气道畅通 2. 加入适量的润滑油

★★★　15.6　开启式负荷开关　★★★

开启式负荷开关不宜带负载接通或分断电路，但因其结构简单，价格低廉，常用作照明电路的电源开关，也可用于5.5kW以下三相异步电动机作不频繁起动和停止的控制。开启式负荷开关的外形如图15-5所示。

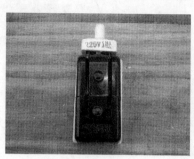

a) 10A 单相开启式负荷开关　　　　b) 15A 三相开启式负荷开关

图 15-5　开启式负荷开关的外形

应用较广泛的开启式负荷开关为 HK 系列，其型号的含义如下：

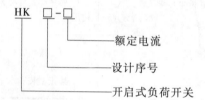

HK □-□

额定电流

设计序号

开启式负荷开关

★15.6.1　开启式负荷开关的选用

1）对于普通负载，选用的额定电压为 220V 或 250V，额定电流不小于电路最大工作电流，对于电动机，选用的额定电压为 380V 或 500V，额定电流为电动机额定电流的 3 倍。

2）在一般照明电路中，开启式负荷开关的额定电压大于或等于电路的额定电压，常选用 250V、220V。而额定电流等于或稍大于电路的额定电流，常选用 10A、15A、30A。

★15.6.2　开启式负荷开关的安装和使用注意事项

1）开启式负荷开关必须垂直安装在控制屏或开关板上，不能倒装，即接通状态时手柄朝上，否则有可能在分断状态时刀开关松动落下，造成误接通。

2）安装接线时，刀开关上桩头接电源，下桩头接负载。接线时进线和出线不能接反，否则在更换熔断丝时会发生触电事故。

3）操作开启式负荷开关时，不能带重负载，因为 HK1 系列开启式负荷开关不设专门的灭弧装置，它仅利用胶盖的遮护防止电弧灼伤。

4）如果要带一般性负载操作，动作应迅速，使电弧较快熄灭，一方面不易灼伤人手，另一方面也减少电弧对动触头和静夹座的损坏。

★15.6.3　开启式负荷开关的常见故障及检修方法

开启式负荷开关的常见故障及检修方法见表 15-7。

253

表 15-7　开启式负荷开关的常见故障及检修方法

故障现象	产　生　原　因	检　修　方　法
熔丝熔断	1. 刀开关下桩头所带的负载短路 2 刀开关下桩头负载过大 3 刀开关熔丝未压紧	1. 把刀开关拉下,找出电路的短路点,修复后,更换同型号的熔丝 2. 在刀开关容量允许范围内更换额定电流大一级的熔丝 3. 更换新垫片后用螺钉把熔丝压紧
开关烧坏,螺钉孔内沥青熔化	1. 刀片与底座插口接触不良 2. 开关压线固定螺钉未压紧 3. 刀片合闸时合得过浅 4. 开关容量与负载不配套过小 5. 负载端短路,引起开关短路或弧光短路	1. 在断开电源的情况下,用钳子修整开关底座口片,使其与刀片接触良好 2. 重新压紧固定螺钉 3. 改变操作方法,使每次合闸时用力把闸刀合到位 4. 在电路容量允许的情况下,更换额定电流大一级的开关 5. 更换同型号新开关,平时要注意,尽可能避免接触不良和短路事故的发生
开关漏电	1. 开关潮湿被雨淋浸蚀 2. 开关在油污、导电粉尘环境工作过久	1. 如受雨淋严重,要拆下开关进行烘干处理再装上使用 2. 如环境条件极差,要采用防护箱,把开关保护起来后再使用
拉闸后刀片及开关下桩头仍带电	1. 进线与出线上下接反 2. 开关倒装或水平安装	1. 更正接线方式,必须是上桩头接入电源进线,而下桩头接负载端 2. 禁止倒装和水平装设开启式负荷

★★★　15.7　封闭式负荷开关　★★★

封闭式负荷开关主要用于各种配电设备中手动不频繁接通和分断负载的电路。交流 380V、60A 及以下等级的封闭式负荷开关还可用作 15kW 及以下三相交流电动机的不频繁接通和分断控制。封闭式负荷开关的外形如图 15-6 所示。

a) HH4-30封闭式负荷开关　　　　b)HH3-400/3封闭式负荷开关

图 15-6　封闭式负荷开关的外形

常用封闭式负荷开关为 HH 系列,其型号的含义如下:

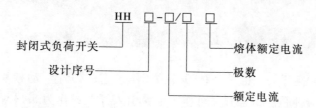

★15.7.1　封闭式负荷开关的选用

1）封闭式负荷开关用来控制异步电动机时，应使开关的额定电流为电动机满载电流的3倍以上。

2）选择熔丝要使熔丝的额定电流为电动机的额定电流的1.5~2.5倍。更换熔丝时，管内石英砂应重新调整再使用。

★15.7.2　封闭式负荷开关的安装及使用注意事项

1）为了保障安全，开关外壳必须连接良好的接地线。

2）接开关时，要把接线压紧，以防烧坏开关内部的绝缘。

3）为了安全，在封闭式负荷开关钢质外壳上装有机械联锁装置，当壳盖打开时，不能合闸；合闸后，壳盖不能打开。

4）操作时，必须注意不得面对封闭式负荷开关拉闸或合闸，一般用左手操作合闸。若更换熔丝，必须在拉闸后进行。

5）封闭式负荷开关应垂直于地面安装，其安装高度以手动操作方便为宜，通常在1.3~1.5m左右。

6）封闭式负荷开关的电源进线和开关的输出线，都必须经过铁壳的进出线孔。安装接线时应在进出线孔处加装橡皮垫圈，以防尘土落入铁壳内。

★15.7.3　封闭式负荷开关的常见故障及检修方法

封闭式负荷开关的常见故障及检修方法见表15-8。

表 15-8　封闭式负荷开关的常见故障及检修方法

故障现象	产生原因	检修方法
合闸后一相或两相没电	1. 夹座弹性消失或开口过大 2. 熔丝熔断或接触不良 3. 夹座、动触头氧化或有污垢 4. 电源进线或出线头氧化	1. 更换夹座 2. 更换熔丝 3. 清洁夹座或动触头 4. 检查进出线头
动触头或夹座过热或烧坏	1. 开关容量太小 2. 分、合闸时动作太慢造成电弧过大,烧坏触头 3. 夹座表面烧毛 4. 动触头与夹座压力不足 5. 负载过大	1. 更换较大容量的开关 2. 改进操作方法,分、合闸时动作要迅速 3. 用细锉刀修整 4. 调整夹座压力,使其适当 5. 减轻负载或调换较大容量的开关
操作手柄带电	1. 外壳接地线接触不良 2. 电源线绝缘损坏	1. 检查接地线,并重新接好 2. 更换合格的导线

★ ★ ★   **15.8   组合开关**   ★ ★ ★

组合开关又叫转换开关，也是一种刀开关。不过它的刀片（动触片）是转动式的，比刀开关轻巧而且组合性强。组合开关可作为电源引入开关或作为 5.5kW 以下电动机的直接起动、停止、正反转和变速等的控制开关。组合开关的外形如图 15-7 所示。

a) HZ-10 组合开关   b) HZ12-16 组合开关

图 15-7   组合开关的外形

常用的组合开关为 HZ 系列，其型号含义如下：

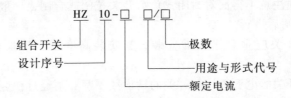

★15.8.1   组合开关的选用

1）组合开关应根据用电设备的电压等级、容量和所需触头数进行选用。

2）用于照明或电热负载，组合开关的额定电流等于或大于被控制电路中各负载额定电流之和。

3）用于电动机负载，组合开关的额定电流一般为电动机额定电流的 1.5 ~ 2.5 倍。

★15.8.2   组合开关的安装及使用注意事项

1）组合开关应固定安装在绝缘板上，周围要留一定的空间便于接线。

2）操作时频度不要过高，一般每小时的转换次数不宜超过 15 ~ 20 次。

3）用于控制电动机正反转时，必须使电动机完全停止转动后，才能接通电动机反转的电路。

4）由于组合开关本身不带过载保护和短路保护，使用时必须另设其他保护电器。

5）当负载的功率因数较低时，应降低组合开关的容量使用，否则会影响开关的寿命。

★15.8.3   组合开关的常见故障及检修方法

组合开关的常见故障及检修方法见表 15-9。

表 15-9 组合开关的常见故障及检修方法

故障现象	产生原因	检修方法
手柄转动后,内部触片未动作	1. 手柄的转动连接部件磨损 2. 操作机构损坏 3. 绝缘杆变形 4. 轴与绝缘杆装配不紧	1. 调换新的手柄 2. 打开开关,修理操作机构 3. 更换绝缘杆 4. 紧固轴与绝缘杆
手柄转动后,三副触片不能同时接通或断开	1. 开关型号不对 2. 修理开关时触片装配得不正确 3. 触片失去弹性或有尘污	1. 更换符合操作要求的开关 2. 打开开关,重新装配 3. 更换触片或清除污垢
开关接线桩相间短路	因铁屑或油污附在接线桩间形成导电将胶木烧焦或绝缘破坏形成短路	清扫开关或调换开关

★★★ 15.9 按钮 ★★★

　　按钮是用来短时间接通或分断较小电流的一种控制电器。按钮有一组常开触头,当用手按下它时便闭合,手松开后又自行复位恢复常开状态;它还有一组常闭触头,当用手按下它时便断开,手松开后它又自行复位恢复常闭状态。按钮的外形如图 15-8 所示。

a) 胶木壳三挡按扭

b) 带指示灯的按钮

图 15-8 按钮的外形

常用按钮的型号含义为

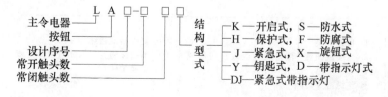

★15.9.1　按钮的选用

1）根据使用场合选择按钮的种类。
2）根据用途选择合适的形式。
3）根据控制电路的需要确定按钮数。
4）按工作状态指示和工作情况要求选择按钮和指示灯的颜色。

★15.9.2　按钮的安装和使用

1）将按钮安装在面板上时，应布置整齐，排列合理，可根据电动机起动的先后次序，从上到下或从左到右排列。

2）按钮的安装固定应牢固，接线应可靠。应用红色按钮表示停止，绿色或黑色表示启动或通电，不要搞错。

3）由于按钮触头间距离较小，如有油污等容易发生短路故障，因此应保持触头的清洁。

4）安装按钮的按钮板和按钮盒必须是金属的，并设法使它们与机床总接地母线相连接，对于悬挂式按钮，必须设有专用接地线，不得借用金属管作为地线。

5）按钮用于高温场合时，易使塑料变形老化而导致松动，引起接线螺钉间相碰短路，可在接线螺钉处加套绝缘塑料管来防止短路。

6）带指示灯的按钮因灯泡发热，长期使用易使塑料灯罩变形，应降低灯泡电压，延长使用寿命。

7）"停止"按钮必须是红色；"急停"按钮必须是红色蘑菇头式；"起动"按钮必须有防护挡圈，防护挡圈应高于按钮头，以防意外触动使电气设备误动作。

★15.9.3　按钮的常见故障及检修方法

按钮的常见故障及检修方法见表15-10。

表 15-10　按钮的常见故障及检修方法

故障现象	产 生 原 因	检 修 方 法
按下起动按钮时有触电感觉	1. 按钮的防护金属外壳与连接导线接触 2. 按钮帽的缝隙间充满导电物,使其与导电部分形成通路	1. 检查按钮内连接导线,排除故障 2. 清理按钮及触头,使其保持清洁
按下起动按钮,不能接通电路,控制失灵	1. 接线头脱落 2. 触头磨损松动,接触不良 3. 动触头弹簧失效,使触头接触不良	1. 重新连接接线 2. 检修触头或调换按钮 3. 更换按钮
按下停止按钮,不能断开电路	1. 接线错误 2. 尘埃或机油、乳化液等流入按钮形成短路 3. 绝缘击穿短路	1. 更正错误接线 2. 清扫按钮并采取相应密封措施 3. 更换按钮

★★★ 15.10 行程开关 ★★★

行程开关又称限位开关或位置开关，其作用与按钮相同，只是触头的动作不靠手动操作，而是由生产机械运动部件的碰撞使触头动作来实现电路的接通或分断，达到控制的目的。通常，这类开关被用来限制机械运动的位置或行程，使运动机械按一定位置或行程自动停止、反向运动、变速运动或自动往返运动等。行程开关的外形如图15-9所示。

图15-9　行程开关的外形

LX系列行程开关的型号含义为

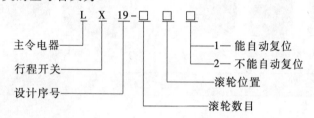

★15.10.1　行程开关的选用

1）根据应用场合及控制对象选择种类。

2）根据机械与行程开关的传力与位移关系选择合适的操作头形式。

3）根据控制电路的额定电压和额定电流选择系列。

4）根据安装环境选择防护形式。

★15.10.2　行程开关的安装和使用

1）行程开关应紧固在安装板和机械设备上，不得有晃动现象。

2）行程开关安装时位置要准确，否则不能达到位置控制和限位的目的。

3）定期检查行程开关，以免触头接触不良而达不到行程和限位控制的目的。

★15.10.3　行程开关的常见故障及检修方法

行程开关的常见故障及检修方法见表15-11。

表15-11　行程开关的常见故障及检修方法

故障现象	产生原因	检修方法
挡铁碰撞开关，触头不动作	1. 开关位置安装不当 2. 触头接触不良 3. 触头连接线脱落	1. 调整开关的位置 2. 清洁触头，并保持清洁 3. 重新紧固接线
行程开关复位后常闭触头不能闭合	1. 触杆被杂物卡住 2. 动触头脱落 3. 弹簧弹力减退或被卡住 4. 触头偏斜	1. 打开开关，清除杂物 2. 重新调整动触头 3. 更换弹簧 4. 更换触头
杠杆偏转后触头未动	1. 行程开关位置太低 2. 机械卡阻	1. 上调开关到合适位置 2. 清扫开关内部

★★★　15.11　凸轮控制器　★★★

凸轮控制器主要用于起重设备中控制中小型绕线转子异步电动机的起动、停止、调速、换向和制动，也适用于有相同要求的其他电力拖动场合，如卷扬机等。凸轮控制器的外形如图 15-10 所示。

a) KTJ1 凸轮控制器　　　　b) KT10 凸轮控制器

图 15-10　凸轮控制器的外形

凸轮控制器的型号含义为

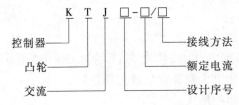

★15.11.1　凸轮控制器的选用

根据电动机的容量、额定电压、额定电流和控制位置数目来选择凸轮控制器。

★15.11.2　凸轮控制器的安装和使用

1）安装前检查凸轮控制器铭牌上的技术数据与所选择的规格是否相符。

2）按接线图正确安装控制器，确定正确无误后方可通电，并将金属外壳可靠接地。

3）首次操作或检查后试运行时，如控制器转到第 2 位置后，仍未使电动机转动，应停止起动，查明原因，检查电路并检查制动部分及机构有无卡住等现象。

4）试运行时，转动手轮不能太快，当转到第 1 位置时，使电动机转速达到稳定后，经过一定的时间间隔（约 1s），再使控制器转到另一位置，以后逐级起动，防止电动机的冲击电流超过电流继电器的整定值。

5）使用中，当降落重负载时，在控制器的最后位置可得到最低速度，如不是非对称线路的控制器，不可长时间停在下降第 1 位置，否则载荷超速下降或发生电动机转子"飞车"的事故。

6）不使用控制器时，手轮应准确地停在零位。

7）凸轮控制器在使用中，应定期检查触头接触面的状况，经常保持触头表面清洁、无油污。

8）触头表面因电弧作用而形成的金属小珠应及时去除，当触头严重磨损使厚度仅剩下原厚度的1/3时，应及时更换触头。

★15.11.3　凸轮控制器的常见故障及检修方法

凸轮控制器的常见故障及检修方法见表15-12。

表15-12　凸轮控制器的常见故障及检修方法

故障现象	原　因	检修方法
主电路中常开主触头间短路	1. 灭弧罩破裂 2. 触头间绝缘损坏 3. 手轮转动过快	1. 调换灭弧罩 2. 调换凸轮控制器 3. 降低手轮转动速度
触头熔焊	1. 触头弹簧脱落或断裂 2. 触头弹簧压力过大 3. 控制器容量太小	1. 调换触头弹簧 2. 调大触头弹簧压力 3. 调大控制器容量或减轻负载
触头过热	1. 触头接触不良 2. 触头上连接螺钉松动	1. 用细锉轻轻修整 2. 旋紧螺钉
操作时有卡轧现象及噪声	1. 滚动轴承损坏 2. 异物落入凸轮鼓或触头内	1. 调换轴承 2. 清除异物

★★★　15.12　自耦减压起动器　★★★

自耦减压起动器又叫补偿器，是一种减压起动设备，常用来起动额定电压为 220V/380V 的三相笼形异步电动机。自耦减压起动器采用抽头式自耦变压器作减压起动，既能适应不同负载的起动需要，又能得到比星-三角起动时更大的起动转矩，并附有热继电器和失电压脱扣器，具有完善的过载和失电压保护，应用非常广泛。

自耦减压起动器有手动和自动两种。手动自耦减压起动器由外壳、自耦变压器、触头、保护装置和操作机构等部分组成。常用的 QJ3 系列手动自耦减压启动器的外形结构如图 15-11 所示。

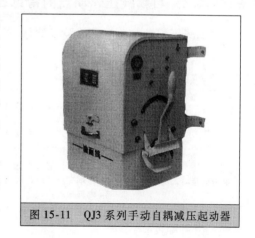

图 15-11　QJ3 系列手动自耦减压起动器

自耦减压起动器的型号含义为：

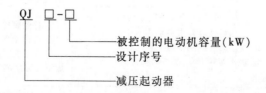

QJ □-□

被控制的电动机容量(kW)
设计序号
减压起动器

★15.12.1 自耦减压起动器的选用

1）额定电压≥工作电压。

2）工作电压下所控制的电动机最大功率≥实际安装的电动机的功率。

★15.12.2 自耦减压起动器的安装和使用注意事项

1）使用前，起动器油箱内必须灌注绝缘油，油加至规定的油面线高度，以保证触头浸没于油中。起动器油箱安装不得倾斜，以防绝缘油外溢。要经常注意变压器油的清洁，以保持绝缘和灭弧性能良好。

2）起动器的金属外壳必须可靠接地，并经常检查接地线，以保障电气操作人员的安全。

3）使用起动器前，应先把失电压脱扣器铁心主极面上涂有的凡士林或其他油用棉布擦去，以免造成因油的黏度太大而使脱扣器失灵的事故。

4）使用时，应在操作机构的滑动部分添加润滑油，使操作灵活方便，保护零件不致生锈。

5）起动器内的热继电器不能当作短路保护装置用，因此应在起动器进线前的主电路上串装三只熔断器，进行短路保护。

6）自耦减压起动器里的自耦变压器可输出不同的电压，如因负载太重造成起动困难时，可将自耦变压器抽头换接到输出电压较高的抽头上面使用。

7）自耦减压起动器在安装时，如果配用的电动机的电流与起动器上的热继电器调节的不一致，可旋动热继电器上的调节旋钮作适当调节。

★15.12.3 自耦减压起动器的常见故障及检修方法

自耦减压起动器的常见故障及检修方法见表15-13。

表15-13 自耦减压起动器的常见故障及检修方法

故障现象	原 因	检 修 方 法
电动机本身无故障,起动器能合上,但不能起动	1. 起动电压过低,以致转矩太小 2. 熔丝熔断 3. 内部接线松脱或接错	1. 将变压器抽头提高一级 2. 检查故障原因,更换熔丝 3. 按电路图检查,查出原因后作适当处理
电动机起动太快	1. 自耦变压器抽头电压等级太高 2. 自耦变压器绕组匝间短路 3. 内部接线错误	1. 调整变压器的抽头电压等级 2. 更换或重绕 3. 按电路图检查,更正错误接线
电动机未过载,操作手柄却无法停留在"运转"位置上	1. 热继电器动作后未复位 2. 欠电压脱扣器吸不上	1. 待双金属片冷却后,按复位按钮,使热继电器复位 2. 检查其接线是否正确,电磁机构是否有卡住现象,然后进行处理
自耦变压器发出"嗡嗡"声,油箱内发出特殊"吱吱"声	1. 变压器铁心片未夹紧 2. 变压器有线圈接地 3. 触头接触不良,触头上跳火花	1. 拧紧螺栓,将铁心片夹紧 2. 查出接地部分,重加绝缘或重绕 3. 检查触头表面质量并作处理,若发现油量不足应添加

（续）

故障现象	原　　因	检　修　方　法
起动器发出爆炸声,同时箱内冒烟	1. 触头间发生火花放电 2. 绝缘损坏,致使导电部分接地	1. 整修或更换触头 2. 查明故障点,并作适当处理
电动机未过载,起动器却过热	1. 油箱因油中渗有水分而发热 2. 自耦变压器绕组有匝间短路 3. 触头接触不良	1. 更换绝缘油 2. 更换或重新绕制绕组 3. 检查触头表面质量及接触压力,并作适当处理
欠电压脱扣器不动作	1. 接线错误 2. 欠电压线圈接线端未接牢 3. 欠电压线圈已烧坏 4. 电磁机构卡住	1. 按接线图检查并改正接错部分 2. 将接线端上的线重新接好 3. 更换欠电压线圈 4. 查明原因,作适当处理
联锁机构不动作	锁片锈住或已磨损	用锉刀修整或作局部更换

★★★　15.13　磁力起动器　★★★

　　磁力起动器是一种全电压起动设备，由交流接触器和热继电器组装在铁壳内，与控制按钮配套使用，用来对三相笼型电动机作直接起动或正反转控制。磁力起动器具有失电压和过载保护功能，如果在电动机的主电路中加装带熔丝的刀开关作隔离开关，则还具有短路保护功能。磁力起动器的外形如图15-12所示。

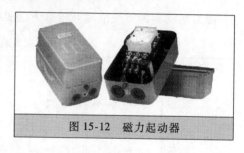

图 15-12　磁力起动器

　　磁力起动器可以控制75kW及以下的电动机作频繁直接起动，操作安全方便，可远距离操作，应用广泛。磁力起动器分为可逆起动器和不可逆起动器两种。可逆起动器一般具有电气及机械连锁机构，以防止误操作或机械撞击引起相间短路，同时，正、反向接触器的可逆转换时间应大于燃弧时间，保证转换过程的可靠进行。

　　常用的磁力起动器有QC13等系列，它们的型号含义为

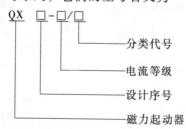

QX □-□/□
分类代号
电流等级
设计序号
磁力起动器

★15.13.1　磁力起动器的选用

　　1）磁力起动器的选择主要是额定电流的选择和热继电器整定电流的调节。即磁力起动器的额定电流（也是接触器的额定电流）和热继电器热元件的额定电流应略大于电动机的额定电流。

　　2）磁力起动器的额定电压应等于或大于工作电压。

263

3）工作电压下所控制的电动机最大功率大于或等于实际安装的电动机功率。

★15.13.2 磁力起动器的安装和使用

1）磁力起动器应垂直安装，倾斜不应大于5°。磁力起动器的按钮距地面以1.5m为宜。

2）检查磁力起动器内的热继电器的热元件的额定电流是否与电动机的额定电流相符，并将热继电器电流调整至被保护电动机的额定电流。

3）磁力起动器所有接线螺钉及安装螺钉都应紧固，并注意外壳应有良好接地。

4）起动器上热继电器的热元件的额定工作电流大于起动器的额定工作电流时，其整定电流的调节不得超过起动器的额定工作电流。

5）起动器的热继电器动作后，必须进行手动复位。

6）磁力起动器使用日久会由于积尘发出噪声，可断电后用压缩空气或小毛刷将衔铁极面的灰尘清除干净。

7）未将灭弧罩装在接触器上时，严禁带负荷起动磁力起动器开关，以防弧光短路。

★15.13.3 磁力起动器的常见故障及检修方法

磁力起动器的常见故障及检修方法见表15-14。

表 15-14　磁力起动器的常见故障及检修方法

故障现象	原　　因	检修方法
通电后不能合闸	1. 线圈断线或烧毁 2. 衔铁或机械部分卡住 3. 转轴生锈或歪斜 4. 操作回路电源容量不足 5. 弹簧反作用力过大	1. 修理或更换线圈 2. 调整零件位置,消除卡住现象 3. 除锈上润滑油,或更换零件 4. 增加电源容量 5. 调整弹簧压力
通电后衔铁不能完全吸合	1. 电源电压过低 2. 触头弹簧和释放弹簧压力过大 3. 触头超程过大	1. 调整电源电压 2. 调整弹簧压力或更换弹簧 3. 调整触头超程
电磁铁噪声过大或发生振动	1. 电源电压过低 2. 弹簧反作用力过大 3. 铁心极面有污垢或磨损过度而不平 4. 短路环断裂 5. 铁心夹紧螺栓松动,铁心歪斜或机械卡住	1. 调整电源电压 2. 调整弹簧压力 3. 清除污垢、修整极面或更换铁心 4. 更换短路环 5. 拧紧螺栓,排除机械故障
断电后接触器不释放	1. 触头弹簧压力过小 2. 衔铁或机械部分被卡住 3. 铁心剩磁过大 4. 触头熔焊在一起 5. 铁心极面有油污粘着	1. 调整弹簧压力或更换弹簧 2. 调整零件位置,消除卡住现象 3. 退磁或更换铁心 4. 修理或更换触头 5. 清理铁心极面
线圈过热或烧毁	1. 弹簧的反作用力过大 2. 线圈额定电压、频率或通电持续率等与使用条件不符 3. 操作频率过高 4. 线圈匝间短路 5. 运动部分卡住 6. 环境温度过高 7. 空气潮湿或含腐蚀性气体	1. 调整弹簧压力 2. 更换线圈 3. 更换接触器 4. 更换线圈 5. 排除卡住现象 6. 改变安装位置或采取降温措施 7. 采取防潮、防腐蚀措施

★★★　15.14　星-三角起动器　★★★

星-三角起动器是一种减压起动设备，适用于运行时为三角形联结的三相笼型异步电动机的起动。电动机起动时将定子绕组接成星形，使加在每相绕组上的电压降到额定电压的 $1/\sqrt{3}$，电流降为三角形直接起动的1/3；待转速接近额定值时，将绕组换接成三角形，使电动机在额定电压下运行。常用的 QX1 系列星-三角起动器的外形如图 15-13 所示。

图 15-13　QX1 系列星-三角起动器的外形

★15.14.1　星-三角起动器的型号

星-三角起动器的型号含义为

$$ Q\ X\ \square - \square/\square $$

起动器 ——┘
星-三角 ——┘
设计代号 ——┘
└—— 派生代号：K 为开启式，H 为保护式
└—— 电压 380V 可控制电动机的最大容量（kW）

★15.14.2　星-三角起动器的安装和使用

1）QX1 起动器的起动时间，用于 13kW 以下电动机时为 11～15s，每次起动完毕到下一次起动的间歇时间不得小于 2min。

2）QX1 系列星-三角起动器可以水平或垂直安装，但不得倒装。

3）起动器金属外壳必须接地，并注意防潮。

4）QX1 系列为手动空气式星-三角起动器，当需操作电动机起动时，将手柄扳到"Y"位置，电动机接成星形起动，待转速正常后，将手柄迅速扳到"△"位置，电动机接成三角形运行。停机时，将手柄扳到"0"位置即可。

5）QX1 系列起动器没有保护装置，应配以保护电器使用。

6）QX3 和 QX4 系列为自动星-三角起动器，由三个交流接触器、一个三相热继电器和一个时间继电器组成，外配一个起动按钮和一个停止按钮。操作时，只按动一次起动按钮，便由时间继电器自动延迟起动时间，到事先规定的时间，便自动换接成三角形正常运行。热继电器作电动机过载保护，接触器兼作失电压保护。

7）星-三角起动器仅适用于空载或轻载起动。

参 考 文 献

［1］ 王兰君，张景皓. 新时代电工自学通 ［M］. 北京：人民邮电出版社，2009.

［2］ 王兰君，张景皓. 电工实用技术巧学巧用 ［M］. 北京：电子工业出版社，2006.

［3］ 王兰君，张景皓，王文婷. 电工技术一学就会 ［M］. 北京：电子工业出版社，2010.

读者需求调查表

亲爱的读者朋友：

您好！为了提升我们图书出版工作的有效性，为您提供更好的图书产品和服务，我们进行此次关于读者需求的调研活动，恳请您在百忙之中予以协助，留下您宝贵的意见与建议！

个人信息

姓　　名：		出生年月：		学　历：	
联系电话：		手　机：		E-mail：	
工作单位：				职　务：	
通讯地址：				邮　编：	

1. 您感兴趣的科技类图书有哪些？

□自动化技术　□电工技术　□电力技术　□电子技术　□仪器仪表　□建筑电气
□其他（　　）以上各大类中您最关心的细分技术（如 PLC）是：（　　　　）

2. 您关注的图书类型有

□技术手册　□产品手册　□基础入门　□产品应用　□产品设计　□维修维护
□技能培训　□技能技巧　□识图读图　□技术原理　□实操　　　□应用软件
□其他（　　　　）

3. 您最喜欢的图书叙述形式

□问答型　　□论述型　　□实例型　　□图文对照　　□图表　　□其他（　　）

4. 您最喜欢的图书开本

□口袋本　　□32 开　　□B5　　　□16 开　　　□图册　　□其他（　　）

5. 图书信息获得渠道：

□图书征订单　□图书目录　□书店查询　□书店广告　□网络书店　□专业网站
□专业杂志　　□专业报纸　□专业会议　□朋友介绍　□其他（　　　　）

6. 购书途径

□书店　□网络　□出版社　□单位集中采购　□其他（　　　　）

7. 您认为图书的合理价位是（元/册）：

手册（　　）图册（　　）技术应用（　　　）技能培训（　　　）基础入门（　　　）其他（　　　）

8. 每年购书费用

□100 元以下　□101～200 元　□201～300 元　□300 元以上

9. 您是否有本专业的写作计划？

□否　　□是（具体情况：　　　）

非常感谢您对我们的支持，如果您还有什么问题欢迎和我们联系沟通！

地址：北京市西城区百万庄大街 22 号　机械工业出版社电工电子分社　邮编：100037
联系人：张俊红　联系电话：13520543780　传真：010-68326336
电子邮箱：buptzjh@163.com（可来信索取本表电子版）

编著图书推荐表

姓名：		出生年月：		职称/职务：		专业	
单位：				E-mail：			
通讯地址：						邮政编码：	
联系电话：			研究方向及教学科目：				

个人简历（毕业院校、专业、从事过的以及正在从事的项目、发表过的论文）

您近期的写作计划有：

您推荐的国外原版图书有：

您认为目前市场上最缺乏的图书及类型有：

地址：北京市西城区百万庄大街22号　机械工业出版社，电工电子分社
邮编：100037　网址：www.cmpbook.com
联系人：张俊红　电话：13520543780　010-68326336（传真）
E-mail：buptzjh@163.com（可来信索取本表电子版）